Christian Mähr

CARBON

ROMAN

braumüller

Bibliografische Information der Deutschen Nationalbibliothek
Die Deutsche Nationalbibliothek verzeichnet diese Publikation in der Deutschen Nationalbibliografie; detaillierte bibliografische Daten sind im Internet über http://dnb.d-nb.de abrufbar.

1. Auflage 2020

Servitengasse 5, A-1090 Wien
www.braumueller.at

Lektorat: Johann Auer
Coverfoto: © Shutterstock/Jacek Sledzinski
Druck: EuroPB, Dělostřelecká 344, CZ 261 01 Příbram
ISBN 978-3-99200-271-9

Prolog

„Ich bin die Weisheit der Griechen und die Gnosis der Barbaren … ich bin die, die überall gehasst wurde, und die, die überall geliebt wurde. Ich bin die, die man ‚das Leben' nennt, und doch habt ihr mich den ‚Tod' genannt. Ich bin die, die man ‚das Gesetz' nennt, und doch habt ihr mich ‚die Ungesetzlichkeit' genannt … ich bin der Verstand der Verständigen und die Ruhe des Schlafenden. Ich bin die Erkenntnis, zu der das Fragen nach mir führt, das Finden für die, die nach mir suchen, und der Befehl für die, die mich bitten."

Die Geschichte fängt hier an. Genau hier.

* * *

Als Oskar Klein seine Honorarforderung genannt hatte, war am anderen Ende der Leitung zunächst Schweigen ausgebrochen. So war das häufig. Viele Möchtegern-Auftraggeber versicherten dann nach einer Schreckenspause, es sich „noch einmal überlegen" zu wollen, und das war's dann. Sie hatten sich von der Aussicht auf Vergeltung blenden lassen. Alle wissen, dass Rache süß ist, aber was sie kostet, davon redet keiner; nicht einmal, wenn die Beweise erbracht sind, die Scheidung über die Bühne ist und die Gemüter sich abgekühlt haben. Weil es einfach peinlich ist, so viel Geld auszugeben.

Hier war es nicht so. Peter Hartmann wollte es sich nicht noch einmal überlegen. Er sagte nur „einverstanden".

Oskar Klein war verblüfft.

„Dann sollten wir uns treffen", erklärte er schnell am Telefon, bevor es sich sein Gegenüber anders überlegte. Sie vereinbarten einen Termin.

Peter Hartmann erschien pünktlich mit den verlangten Unterlagen. Er sah aus wie alle Männer mit diesem Problem. Oskar Klein hatte gelernt, „die Zeichen zu deuten", wie er das selber nannte, hätte solche Zeichen aber nicht auf Verlangen benennen können. Es lag nicht an Statur, Haarfarbe oder Gesichtsform, auch nicht an Titel, Stellung oder Einkommen. All das streute über ein breites Spektrum. Dennoch hatten diese Männer alle etwas gemeinsam, davon war Oskar Klein überzeugt, eine Art Aura von Verfall umgab sie. Nein, nicht Verfall, das wäre zu stark. Verstaubtheit, so etwa. Sie hatten alle etwas von Gegenständen, die jemand verloren, eine Zeit lang vermisst und endlich vergessen hatte – bis sie durch einen Zufall wieder auftauchten, wenn längst ein neueres Modell ihre Aufgaben übernommen hatte. Wem sie wieder in die Hände fallen, der schmeißt sie weg, ist ein wenig verlegen und weiß nicht, warum.

Peter Hartmann war mittelgroß und unauffällig. Das Gesicht leidlich angenehm wie ein Gesicht aus dem Autobus; eines der Gesichter, die einander auf dem Lande grüßen, ohne sich zu kennen. Das blonde Haar wich über der Stirn zurück.

„Das ist sie", sagte er und deutete auf die Fotografie einer jüngeren Frau, jünger als er selber. Deutlich jünger. „Von ihm hab ich keins."

„Das macht nichts, ist schon gut so." Das Foto maß zwanzig mal dreißig, ein professionelles Porträt. Es sollte gerahmt an der Wand hängen.

„Fällt es ihr nicht auf, wenn das Bild fehlt?"

„Sie ist doch nicht da, hab ich das nicht erwähnt?"

„Nein, haben Sie nicht."

Sie klärten das. Die Dame war seit ein paar Tagen weg. Nicht nach Südamerika oder so, sondern einfach nur nach Lech. Mit ihm.

„Hat sie das gesagt?"

„Lech, hat sie gesagt. Dass er dabei ist, vermute ich."

„Aber die Saison ist doch vorbei …"

„Er hat eine Wohnung dort. Und ich glaube nicht, dass die Ski fahren wollen …"

Oskar Kleins Miene blieb unbewegt. Er musste sich dazu nicht anstrengen. Er fand die selbstironischen Witze seiner

Klienten nicht lustig, und sie schätzten ihn dafür, denn sie machten diese Witze nicht freiwillig. Es war nur der Hang zur Selbstvernichtung, der in solchen Situationen zum Vorschein kam – eben der Hang, der sie überhaupt vor seinen Schreibtisch gebracht hatte.

„Es wird wahrscheinlich nicht sehr teuer“, sagte Oskar Klein, als er die Unterlagen überflogen hatte.

Oskar Klein nahm den Auftrag an.

Erledigt hatte er ihn eine Woche später. Ein Kinderspiel. Scharfe Fotos. Schmusereien im Auto und so weiter, ein vollzogener GV in freier Natur. Romantisch.

Peter Hartmann wohnte vor der Stadt, recht abgelegen. Das Siedlungshaus eines Einzelgängers. Das Zusammenleben mit diesem Hartmann war wahrscheinlich nicht ganz leicht gewesen. Aber das ging Oskar Klein nichts an, er sorgte nur für das Technische, für die Beweise.

Auf sein Läuten kam niemand. Er ging nach hinten in den Garten. Solche Häuser hatten immer einen Riesengarten, den ihre Besitzer voll und ganz beanspruchten. Keiner von beiden sollte eigentlich Zeit haben, fremdzugehen oder Detektive zu beauftragen. Oskar Klein fühlte Mitleid. Das ging ihm oft so, in letzter Zeit wurde es stärker und drohte, seine Professionalität zu beeinträchtigen; er hätte nicht sagen können, wie genau. Aber er fürchtete sich vor diesem zunehmenden Mitleid.

Peter Hartmann stand weit hinten im Garten. Er trug Arbeitssachen. Cordhose, ein Jackett, das schon bessere Tage gesehen hatte, und grobe Handschuhe. Er schwitzte, obwohl es noch kühl war. Der erste Sonnentag nach langem Regen.

„Schauen Sie sich das an!“, rief er und winkte Oskar Klein zu sich.

„Ich hab alles!“, rief Oskar Klein zurück und schwenkte die Aktentasche. „Vollständige Beweise, Fotos … Ihr Verdacht hat sich bestätigt …“

Sein Klient war merkwürdig uninteressiert. Er machte eine vage Handbewegung, die alles Mögliche bedeuten mochte.

Oskar Klein öffnete die Aktentasche und streckte ihm das Bündel Fotos entgegen. Peter Hartmann sah sie flüchtig durch.

„Ich hab's mir ja gedacht", sagte er, „ich hab's mir ja gedacht." Das wiederholte er noch mehrere Male, dann gab er die Fotos zurück wie pornografische Aufnahmen, die nicht seinen speziellen Geschmack getroffen hatten.

„Das wird ja dann reichen vor Gericht, oder?", fragte er und wendete sich noch während der Frage von Oskar Klein ab und wieder seiner Arbeit zu. Oskar Klein gab keine Antwort. Ihn fesselte eine Pflanze, die Peter Hartmann bis jetzt verdeckt hatte. Ein brusthohes, tropisches Gewächs, das man in so einem Garten nicht erwartet hätte. Und schon gar nicht in so einem Klima.

„Wo haben Sie das her?", fragte er.

„Nirgends. Ist von selber gekommen, vor drei, vier Wochen ..."

„In vier Wochen so groß geworden?"

Peter Hartmann überlegte. Er sah jetzt richtig traurig aus. Die Fotos zeigten wohl doch Wirkung.

„Seit wann geht das mit diesem ... was ist er?", fragte er dann.

„Polizist. Amann heißt er."

„Wird ihm auch nichts nützen vor Gericht ... da ist sie immer länger weggeblieben ... abends ... und dann über Nacht ... seit das da ist." Hartmann deutete auf die Tropenpflanze. Oskar Klein zeigte keine Regung. Das konnte er sehr gut. Wenn die Klienten mit der Wahrheit konfrontiert wurden, benahmen sie sich oft seltsam. Aber er konnte es nicht ändern. Sie hatten die Fotos bestellt, unumstößliche Beweise – wie sollte man Fotos „schonend beibringen"? Ein Bild ist ein Bild, eine Totalität auf jeden Fall. Ein Blick genügt, alles zu erfassen. Kopulierende Paare sehen eben aus wie kopulierende Paare; dass man sie kennt, ändert nichts.

Peter Hartmann bückte sich nach der Motorsäge.

„Wollen Sie das Ding umschneiden?"

Der Mann schaltete die Säge ein. Antwort gab es keine.

„Hören Sie, kann das nicht bis nachher warten … ich sollte weg, ich hab noch einen Termin“, log Oskar Klein schreiend, um den Motor zu übertönen. Er hatte es nicht gern, dass sein Klient in diesem Zustand mit einer laufenden Säge hantierte. Er trat ein paar Schritte zurück. Peter Hartmann hob die Säge.

„Was riecht denn so komisch?“, fragte der Detektiv, mehr sich selbst als seinen Klienten, den er mit normaler Lautstärke nicht erreichte. Es roch nach etwas Gutem, er kam nicht drauf, was es war. Dieser Hartmann hatte kein Geschick mit der Säge. Er hampelte damit vor der Pflanze herum, schien sich nicht entscheiden zu können, wo der Schnitt am besten anzusetzen war. Jedes Mal, wenn er die Sägekette dem Stamm näherte, zog er sie im letzten Moment fluchend und ruckartig zurück, viel zu fest, schien es Oskar Klein. Etwas stimmte ganz und gar nicht mit der Säge, vielleicht war sie kaputt. Oskar Klein dachte an einen Feuerwehrschlauch, der sich dem Griff entwindet, gewaltige Energien; dann stieg eine rote Fontäne hoch. Peter Hartmann hatte sich mit der Motorsäge höchstselbst den eigenen Hals halb durchgeschnitten. Der Blutbogen endete zwanzig Zentimeter vor Oskar Kleins Schuhspitzen; es war schlau gewesen, ein paar Meter zurückzugehen. Peter Hartmann stürzte nach hinten, die Motorsäge kam neben ihm zum Liegen und ratterte vor sich hin. Oskar Klein bemühte sich, nicht in die riesige Blutlache zu treten, und machte die Maschine aus. Peter Hartmann starrte in den Himmel. Er sah irgendwie überrascht aus, man hätte nicht einmal sagen können unangenehm, eher neutral überrascht. Der Detektiv verstaute die Fotos in seiner Aktentasche und die im Auto. Erst dann rief er an. Zuerst seinen Schulfreund Floriani, der beim örtlichen Sender arbeitete. Dann die Polizei. Dann ging er wieder hinter das Haus. Beide hatten zugesagt, gleich zu kommen. So schnell als möglich. Das Fernsehen und die Polizei. Es war überaus lästig, aber in seinem Metier konnte er sich nicht einfach aus dem Staub machen, strengste Beachtung staatsbürgerlicher Pflichten war absolut notwendig. Hätte Peter Hartmann auch nur die geringsten Anzeichen von Restleben gezeigt oder solche wenigstens vermuten lassen, hätte Oskar die Rettung verständigt und mit unverzüglichen Wiederbelebungsmaßnahmen begonnen. Aber bei dieser Wunde konnte er sich das sparen und seine weitere Rolle auf die eines Zeugen beschränken. Die Wunde sah gezackt und zerrissen aus, wie man dies bei jemandem erwarten durfte, der augenscheinlich versucht hatte, sich den eigenen Hals mit einer Motorsäge durchzuschneiden.

Zimt, Scheiße

Es roch nach Zimt. Damit hatte es angefangen – dass es nach Zimt roch.

„Riecht ihr das nicht?", fragte Floriani auf der Programmsitzung. „Hier riecht es doch nach Zimt!"

Die anderen schnüffelten, schüttelten die Köpfe. Sie rochen scheinbar nichts. Alles Raucher natürlich. Floriani hatte es aufgegeben, vor zwei Jahren schon. Das Geschmacksempfinden werde sich verbessern, hatte Sophia behauptet, und das Geruchsvermögen; aber wie fast alles, was Sophia von sich gab, war das gelogen, alles schmeckte wie vorher, alles roch, wie es immer gerochen hatte. Natürlich stritten sie deswegen, er warf ihr hysterische Übertreibung vor, sie ihm mangelnde Sensibilität usw. Es war egal, sie stritten wegen allem und jedem. Buchstäblich bis zu der Minute, als Sophia mit den letzten Umzugskartons zum Wagen gegangen war.

Es roch immer noch nach Zimt. Nach zwei Jahren konnte das nicht mehr vom eingestellten Rauchen kommen. Eine Geruchshalluzination. Davon hatte er noch nie gehört, aber warum sollte es so etwas nicht geben? Und woher kam eine Halluzination? – Von einem Hirntumor natürlich. Bingo. Was die anderen sagten, rauschte an ihm vorbei, er hörte nicht zu. Seine Gedanken kreisten um das Wort „Hirntumor". Ihm wurde schlecht. Normalere Symptome wären Gleichgewichts- und Sehstörungen, aber Geruch ging sicher auch, war eben ein anderes Segment betroffen, der hintere Mandelkern oder wie das alles hieß, spielte keine Rolle, das Ende war sowieso bei allen gleich. Ein sabberndes Wrack, entsetzlich …

„Doch, es stinkt", sagte Renate, die Sekretärin von Baumann endlich, „wie kommst du bloß auf Zimt? Zimt riecht doch angenehm, das hier stinkt …"

„Was stinkt?", fragte Baumann, der die Sitzung leitete. „Ich rieche nichts."

„Doch", sagte Vohringer, „Floriani hat recht, es riecht hier nach Glühwein ..."

„Nach Zimt, sag ich doch!", rief Floriani lauter als beabsichtigt.

„Nach Zimt ganz sicher nicht", sagte Baumann, „Renate hat recht, jetzt merk ich's auch. Es riecht unangenehm, wie ... wie soll ich sagen, das riecht doch exakt wie ..."

„Wie Scheiße", sagte Frau Mag. Wildgruber. „Exakt wie Scheiße."

„Du hast recht", sagte Baumann. Er seufzte. Baumann leitete die aktuelle Berichterstattung, die größte Abteilung des Senders. Baumann hasste es, zu „leiten". Er wollte, dass alles wie am Schnürchen lief, weiter nichts. Er war beliebt deswegen.

„Man sollte herausfinden, wo es herkommt", meinte Renate beiläufig, „egal, wie es riecht." Die Wildgruber sprang mit einer raschen Bewegung auf und begann, im Sitzungszimmer herumzulaufen. Das war charakteristisch für sie, abrupte Bewegungen. Manche Kollegen hatten deswegen ein bisschen Angst vor ihr, auch deshalb, weil sie die Gewohnheit hatte, einem dabei viel zu nahe zu kommen.

Jetzt lief sie von einer Ecke zur anderen, öffnete die Aktenschränke und schnüffelte herum. Floriani bewunderte ihre Tatkraft. Sie war eben eine Vollblutjournalistin, er dagegen ... Seit Sophia weg war, hatte er Anfälle von Grübelei, stand immer am Rande der Depression ...

„Hier ist nichts", sagte die Wildgruber. Sie klang gereizt. „Es muss über die Lüftung kommen."

Baumann meldete die Sache der Haustechnik, erhielt die Zusage, man werde sich gleich darum kümmern, und die Empfehlung, doch mittlerweile die Fenster zu öffnen.

„Das ist eigentlich eine Frechheit", sagte Baumann, nachdem er aufgelegt hatte, mit eigentümlich trauriger Stimme. Aufsässigkeiten widerten ihn an, weil sie Sand ins Getriebe streuten.

„Floriani, geh doch bitte und stell fest, wo es noch so stinkt. Diesen …“, er deutete vage in Richtung Korridor, „also, ich trau ihnen nicht, die nehmen das alles recht locker.“ Am Tisch wurde gelacht, Floriani stand auf.

„Ich mach das Fenster auf“, sagte Baumann und tat genau dies. Es ging ihm nicht darum, Leute herumzuschicken, er griff auch immer selber zu, da konnte man nichts sagen.

Floriani stellte fest, dass es im ganzen Gebäude nach Zimt roch. Die Leute bestätigten ihm, dass auch sie etwas röchen, nur behaupteten manche, es sei Scheiße, was so rieche, nicht Zimt. Das war ihm gleich, nur ein Detail. Kein Hirntumor. Floriani war erleichtert.

Als er in den Sitzungsraum zurückkehrte, waren die Fenster wieder zu.

„Draußen ist es noch ärger“, erklärte ihm die Wildgruber, „es muss ein Chemieunfall auf der Autobahn sein.“

„Ja, wahrscheinlich, mit einem Laster Zimtpulver!“, höhnte er. Er konnte die Wildgruber nicht leiden; sie machte die Society-News und produzierte immer das Gleiche; ein einziger, endloser Fernsehbeitrag, jedes Mal mit den gleichen zwei Dutzend angetrunkenen Prominenten auf dem immer gleichen Event, die immer dieselben Wortspenden absonderten und darüber lachten, obwohl das, was sie von sich gaben, niemals witzig war, dafür grammatikalisch fast immer falsch. Aber das war eben die Gesellschaftsberichterstattung, mehr oder schlauere Prominente gab es halt nicht. In aller Regel waren es die nämlichen, von den Wogen des Wirtschaftslebens hochgespülten Proleten, die auch sonst überall die Spritzer ihres Wortdurchfalls hinterließen, ein Gegrunze eher als menschliche Rede; wie konnte es sein, dass solche Leute allüberall das Sagen hatten, fragte sich Floriani jeden Tag etwa zehn Mal. Das Einzige, was er davon hatte, war heißer, ätzender Hass, jetzt zum Beispiel fiel ihm das alles ein, bloß, weil die Wildgruber etwas Harmloses geäußert hatte – sie konnte doch gar nichts dafür, dass die Prominenten so imbezill waren. Sie liebte ihren Job nicht, dennoch sagte er nun zu ihr: „Denk doch bitte ein einziges Mal nach, bevor du den Mund aufmachst! Versuch doch bitte, diese Worthülsen wenigstens außerhalb deiner Beiträge zu unterdrücken! Chemieunfall! Mach dich doch nicht lächerlich, du kannst Chemie doch nicht von einem Loch im Boden unterscheiden …"

„Wenn es so stinkt, kann man doch annehmen …"

„Wenn es nach Scheiße stinkt, kann man annehmen, dass ein Jauchefass umgefallen ist, jawohl! Es stinkt aber nicht nach Scheiße, sondern nach Zimt, also ist vielleicht ein Behälter mit Zimtaroma undicht geworden; und wenn ich Journalist sein will, überleg ich halt, wo in der Nähe so etwas verwendet werden könnte, und dann fällt mir die Großbäckerei Schild ein, keine vierhundert Meter von hier – das natürlich nur, wenn ich die vierzehn oder fünfzehn Gehirnzellen, über die ich als Journalist verfüge, auch alle gleichzeitig einschalte, ohne das geht es nicht …"

„Wo er recht hat, hat er recht!", bestimmte Baumann, der es nicht mochte, wenn seine Untergebenen stritten. „Müller, gehen Sie doch der Sache gleich einmal nach, wir sind hier ohnehin fertig …"

Müller, der bisher keinen Ton gesagt hatte, erhob sich träge und verließ wortlos das Sitzungszimmer. Baumann sagte: „Wenn etwas dahinter ist, möchte ich das in der Mittagssendung haben und nicht erst morgen in der Zeitung lesen, okay?"

Alle murmelten Zustimmung. Die Zeitung war der Feind. Als die Wildgruber an Floriani vorbeikam, der noch seine Papiere auf dem Tisch zusammenschob, beugte sie sich zu ihm hinunter, als wolle sie ihm etwas ins Ohr flüstern, sagte dann aber so laut, dass es alle hören konnten: „Du bist ein aufgeblasenes Arschloch, weißt du das?"

„Wie schlimm, ließ ich von dir daran mich mahnen!", sang er mit vollem Bariton. Sie blickten ihn alle an, unsicher und fragend, verstanden nichts. Nur Vohringer grinste und sagte: „Lohengrin, erster Akt, König Heinrich." Floriani nickte. „Da siehst du es selbst“, sagte er zu Vohringer, „sie wissen nichts – sie wissen einfach nichts. Du kannst in diesem Haus zitieren, wen und was immer du willst – niemand erkennt es; du könntest genauso gut mitten in Afrika sein, im tiefsten Dschungel, die Reaktion wär dieselbe …“

„Geh scheißen“, sagte die Wildgruber kalt und verließ den Raum.

„Später, Teuerste“, rief ihr Floriani nach, „später! Und seid versichert, ich werde dabei an Euch denken!“

Die meisten Kollegen hielten Floriani für einen bösen Menschen, mit dem nicht gut auszukommen war; dass seine Frau ihn verlassen hatte, gönnten ihm fast alle, und manche sagten es ihm auch ins Gesicht.

Das konnte man bei ihm riskieren, weil ihm die Fähigkeit zur Intrige fehlte. Er blökte, was er dachte, immer offen heraus. Er schlich nicht hinter den Kulissen herum, um dort kleine, wohlbedachte Sätze abzusondern. Er kämpfte nicht mit offenem, sondern mit gar keinem Visier.

Im Laufe des Vormittags verflüchtigte sich der Duft/Gestank, ohne dass die Recherchen irgendetwas Brauchbares über die Herkunft ergeben hätten. Weder war in der Großbäckerei eine Leitung noch auf einem der Höfe der Umgebung ein Jauchefass undicht geworden. Das Einzige, was Müller medientechnisch an Land zog, waren Unmutsäußerungen zahlreicher Passanten, die er der Bequemlichkeit halber an der nächsten Bushaltestelle befragt hatte. Auch hier gab es zwei widersprüchliche Meinungen: die einen hielten den Geruch für Zimt, die anderen für Scheiße; beide Gruppen hielten sich in etwa die Waage. Das gab Müller, der viel heller war, als er andere merken ließ, doch zu denken. Er konsultierte die Umweltschutzabteilung der Landesregierung. Dort konnte man sich das Ganze nicht erklären. Es gebe zwar Duftstoffe, die von verschiedenen Personen verschieden wahrgenommen würden, aber nicht mit einer Bandbreite von Zimt bis Fäkalien. Weil der Geruch am Nachmittag ohnehin verschwunden war, bastelte Müller nur einen Beitrag für die Abendsendung im Radio. Für das Fernsehen war es nichts. Wenn kein umgestürztes Fass zu filmen war, wären als Bildmaterial nur naserümpfende Passanten geblieben, idiotisch, wie Floriani bemerkte, dem die anderen zustimmen mussten. Etwas Ähnliches war noch nie passiert, niemand hatte eine Idee, wie ein *Geruchsvorfall* zu filmen wäre. Sonst hatte man immer einen Kesselwagen der Eisenbahn oder einen Tankwagen, aus dem, wie es jedes Mal im Text hieß, „eine chemische Flüssigkeit ausgelaufen ist". Diese sah man nie, sie war, wenn das Fernsehen eintraf, längst in den Massen weißen Pulvers verschwunden, das die eifrig hantierenden Feuerwehrmänner um das havarierte Fahrzeug verteilt hatten. Der Zuseher erfuhr auch nie, was für eine Flüssigkeit es gewesen war. Angeblich, weil die chemische Bezeichnung ihn, den Zuseher, sowieso überfordert hätte; in Wahrheit aber, weil ihre Nennung einen Rattenschwanz von weiteren Fragen nach sich gezogen hätte, die in einem vierzig Sekunden langen Meldungsfilm nicht behandelt werden konnten.

Am Nachmittag traten dann Ereignisse ein, die über das rein Geruchliche weit hinausgingen. Nun hatte man etwas zu filmen. Einen Unfall.

Oskar Klein hatte seinen Schulfreund Floriani angerufen und einen entsetzlichen Unfall am Stadtrand gemeldet, etwas mit einer Motorsäge und „eimerweise Blut", wie er sich ausdrückte. „Senden könnt ihr das sowieso nicht", sagte er, „ich sag's dir auch nur, dass es nicht wieder heißt, ich lass dich hängen!" Floriani konnte sich nicht erinnern, Oskar Klein je in dieser Form getadelt zu haben, also sagte er nur „Brav, wirklich brav!", und ließ sich die Adresse geben.

Die Art der Benachrichtigung entsprach nicht dem Schema.

Unfälle oder Brände fernsehmäßig „wahrzunehmen" – so sagte man intern – war die Spezialität sogenannter „freier" Teams, die über die Vorgänge immer unmittelbar nach dem betreffenden Ereignis „informiert wurden", wie es hieß. Von wem, sagten sie nicht, und es fragte sie keiner, auch nicht die

Polizei; es herrschte stillschweigendes Übereinkommen, dass Unfall- und Brandberichterstattung einfach sein musste. Und wie konnte man schnell am Ort des Geschehens sein, wenn man nicht den Polizeifunk abhörte? Die freien Teams waren dann auch immer sehr rasch am Ort des Geschehens, so dass es die Fernsehkonsumenten um sieben Uhr abends brennen sehen konnten – fast live, wenn auch der reale Brand schon seit Stunden gelöscht war. Schon wegen dieser Brände lohnte sich die Abendsendung. „Der Mensch sieht es gern brennen", sagte Baumann immer, wenn er von den Grünen wegen Voyeurismus kritisiert wurde, „es haut uns die Quote zusammen, wenn wir so etwas nicht bringen." Autounfälle waren nicht ganz so gut, weil sich nichts mehr bewegte, aber immer noch annehmbar wegen der schrecklich zertrümmerten Wracks; je schrecklicher zertrümmert, desto besser natürlich; Verletzte oder Leichen zeigte man aus Pietätsgründen nicht. Am besten war natürlich ein schrecklich zertrümmertes, *brennendes* Autowrack, einsamer Höhepunkt aktueller Berichterstattung, das war wirklich *live.*

Floriani, der Dienst hatte, nahm sich ein Team und fuhr selber. Es war sonst wenig los. Moser war der Kameramann, Strasser der Assistent. Er drehte gern mit den beiden, er brauchte ihnen nichts zu erklären, sie kannten sich seit vielen Jahren. So ein Unfall wäre an sich unter seiner Würde gewesen, befände der Ort des Geschehens sich nicht knapp außerhalb der Fasoltsiedlung. In der wohnte er selber.

Moser saß am Steuer. „Mit einer Motorsäge … den Hals? Wie soll das gehen?", rätselte er. „Kommt mir undurchsichtig vor."

„Deshalb fahren wir ja hin, um es durchsichtig zu machen." Moser sagte nichts darauf, Strasser sowieso nicht, es war nur hochtönendes Geschwätz. Floriani meinte es nicht herablassend, er redete meistens so geschwollen, wenn er nervös war.

Die Fasoltsiedlung bestand aus einer riesigen Ansammlung von Einfamilienhäusern am Stadtrand. So viele waren es gar nicht, dachte Floriani, als sie durchfuhren, sie nahmen nur so viel Platz weg; es waren meistenteils Häuschen, die lagen aber nicht in Gärtchen, die dazu gepasst, sondern in ordentlichen Gärten, in die weit imposantere Gebäude gehört hätten. Die Diskrepanz kam von der Siedlungsgeschichte, die keine dreißig Jahre umfasste. Davor war das Gelände Riedboden gewesen, mindestens zehntausend Jahre lang seit dem Abschmelzen der Gletscher; dann hatten die bäuerlichen Grundbesitzer die „Streueböden“ an ihre Nachkommen vererbt, die keine Kühe mehr hatten, denen sie die Streu hätten aufschütten können, sondern in Büros und Betriebe gingen, ihr Erbe in großzügige Parzellen teilten und verkauften. Darauf wurden dann Häuser gebaut, klein und mit viel Nachbarschaftshilfe. Entwässert wurde natürlich auch. Und pilotiert. Oft nicht ausreichend, weshalb Teile der Fasoltsiedlung einen merkwürdigen Eindruck machten. Die Häuser standen in alle Richtungen schief, weil der Boden nachgegeben hatte. Floriani wohnte im Abschnitt weiter draußen, wo der Untergrund besser und die Grundstückspreise höher waren. Sein eigenes Haus stand bolzengrade. Durch die Siedlung liefen kreuz und quer verkehrsberuhigte Sträßchen; es gab viele Sackgassen. Und Thujen. Die gediehen zwar nicht besonders auf dem nassen Boden, wurden aber zäh auf Übermannshöhe hinaufgepäppelt. Sie waren unerlässlich als Sichtschutz gegen die Nachbarn.

„Warum heißt es eigentlich Fasoltsiedlung?“, fragte Moser, der sich peinlich genau an die 30er-Beschränkung hielt. Er stellte diese Frage jedes Mal, wenn sie hier durchfuhren.

„Nach einem Bürgermeister aus dem letzten Jahrhundert“, antwortete Floriani dann. Bis zum nächsten Mal würde Moser die Antwort vergessen haben, Floriani die Frage.

„Es muss die lange Straße sein, die hinten hinausführt“, sagte Moser.

„Ja“, sagte Floriani leicht genervt. Moser fuhr wie ein vorsichtiger Tourist. „Erst schauen, dann fahren“, sagte er oft, studierte Hinweisschilder und kommentierte die Bauwerke am

Straßenrand, als sei dies Cordoba oder San Francisco und er nicht schon dutzendfach daran vorbeigefahren. Es war natürlich die lange Straße, die hinten hinausführte; eine andere gab es nicht. Ein stadtbekannter Schleichweg.

Wo die Häuser aufhörten, begannen die Felder, von Baumgruppen und Entwässerungsgräben durchzogen. Am Rand dieser Zone standen Bauernhöfe und ein paar einsiedlerische Anwesen ohne erkennbaren landwirtschaftlichen Konnex. Da hatten Leute hingebaut, die ihre Ruhe wollten.

Am Straßenrand vor einer dichten Ligusterhecke stand ein amerikanischer Briefkasten mit einer knallroten 17. Auf der Straße vor der Hecke stand der Vierradjapaner von Oskar Klein. Sie hielten an und stiegen aus.

Neben dem Postkasten gab es eine Lücke in der Hecke, die durch ein Flügeltor von seltsamer Bauart ausgefüllt wurde. Es bestand aus senkrecht stehenden Eisenbahnschwellen. Ein Torflügel stand halb offen. In der Hecke selbst konnte man Stacheldraht erkennen, fünf oder sechs Linien von unten nach oben.

„Man kann auf jeden Fall sagen, wer hier wohnt, bevorzugt eine zurückgezogene Lebensweise", sagte Strasser, der gehörig beeindruckt schien, weil er stets nur dann etwas äußerte, wenn er beeindruckt war. Floriani stieß den Torflügel ganz auf.

„Sehen wir uns erst einmal um", sagte er. Moser hantierte am anderen Flügel. Er wollte immer so nahe wie möglich an den Drehort fahren, er liebte Außendrehs.

Das Haus stand recht weit von der Hecke entfernt. Ein breites Gebäude mit dem Eingang an der Traufseite, gelb gestrichen, die Fensterläden grün. Da und dort blätterte die Farbe ab. Zwischen Hecke und Haus eine Wiese mit drei Apfelbäumen und zwei überwucherten Beeten mit blühenden Stauden. Denen hatte man offenbar die Freiheit gelassen, sich ein wenig auszubreiten. Niemand war zu sehen, die Haustür verschlossen. Der Fahrweg führte vom Tor auf die Tür zu, machte kurz davor einen eleganten Linksschwung und verschwand hinter dem Haus.

„Es ist so still“, sagte Strasser. Floriani, der versucht hatte, durch ein Erdgeschoßfenster zu spähen, drehte sich um.

„Wie meinst du das?“

„Keine Vögel. Die ganze Au ist voll Gezwitscher. Hier hört man nichts.“

„Vielleicht haben die hier eine gefährliche Katze“, sagte Moser.

„Sehen wir uns hinten um“, meinte Floriani. „Und dann schauen wir, dass wir wegkommen.“

Sie folgten dem Weg zur Rückseite des Hauses. Das Anwesen war viel größer, als man von der Straßenseite aus vermuten durfte. Dicht beim Haus gab es eine getrennt stehende Garage, einen großen Gemüsegarten und dahinter ein Wäldchen aus niederstämmigen Obstbäumen. Die rückseitige Begrenzung war nicht zu sehen. Der Garten war verwildert, Floriani erkannte halbmeter hohen, ausgewachsenen Kohl. Die Ernte war längst überfällig. Der Anblick erinnerte ihn an seinen eigenen Garten, der seit Sophias Weggang haltloser Verwilderung anheimfiel. Geschah ihm ganz recht. Er hasste das Grünzeug, das sie in Riesenmengen angebaut und eingekocht hatte, und weigerte sich, auch nur ein einziges Glas aufzumachen. Der Besitzer dieses Gartens war ihm sympathisch, es musste ein Mann sein, nur ein Mann würde einen Gemüsegarten dieser Größe so verkommen lassen.

Oskar Klein winkte ihnen aus dem hinteren Teil des Gartens zu.

„Ich versteh euch nicht“, sagte er, als sie bei ihm waren, „ihr wollt schon heute noch aufnehmen, oder? Die Polizei kommt nämlich auch bald, die räumen dann die Leiche weg – also erstmal Drehortbesichtigung und morgen filmen wird nichts, glaube ich.“

„Halt die Pappen“, sagte Floriani gut gelaunt. „Und danke für den Anruf.“

Moser schnüffelte.

„Da wird in der Nähe gebacken“, sagte er.

„Sicher nicht in diesem Haus.“ Strasser hatte die Rückseite kurz inspiziert. „Es kommt von da hinten.“

„Was?", fragte Floriani.
„Dieser Duft. Riechst du das nicht?"
Moser hatte recht. Auch hier roch es nach Zimt.
„Es riecht schon die ganze Zeit so", sagte Oskar Klein. „Ich glaube, es kommt von dieser Pflanze."
„Welcher Pflanze?"
„Der da." Oskar Klein deutete auf das tropische Gewächs, das aber die Aufmerksamkeit der drei Fernsehschaffenden nicht fesseln konnte. Daran war Peter Hartmann schuld, der vor der Pflanze lag.
Verkrümmt. Und rot angemalt, jedenfalls die obere Hälfte seines Körpers leuchtete von widerlich roter, völlig unnatürlicher Lackfarbe. Er trug eine schwarze Schnürlsamthose, ausgetretene Halbschuhe, ein Jackett mit Lederflicken an den Ellbogen, dessen Musterung an den Stellen erkennbar blieb, wo die rote Farbe nicht hingelangt war. Darunter eine Strickjacke und noch ein Flanellhemd. Lauter alte Kleidungsstücke, wie man sie an einem kühlen Tag bei der Gartenarbeit trug.
„Ich möchte bloß wissen, wieso jemand seine Obstbäume rot anstreichen muss", sagte Floriani, der bei Kollegen als begriffsstutzig galt, „oder ist das so ein Mittel gegen Ameisen?" Er drehte sich zu Strasser um, der gegen einen Halbstamm kotzte.
„Den hat's ganz schön erwischt", sagte Moser und schritt vorsichtig um die Leiche herum. Der rot verkleisterte Gegenstand daneben war eine Motorsäge, klein, aber groß genug, ein Bäumchen ganz oder einen menschlichen Hals halb durchzusägen.
„Er wär natürlich problemlos ganz durchgekommen", sagte Oskar Klein, „er hat nur vorher das Bewusstsein verloren. Leicht ist so was nicht."
„Ich hab gar nicht gewusst, dass in einem Menschen so viel Blut drin ist", sagte Moser.
„Hör auf!", stöhnte Strasser, „hör um Himmels willen auf!" Strasser war eine Mimose, manchmal machte das Probleme.
„Also, komm schon", sagte Moser begütigend, „fangen wir an. Du brauchst ja nicht hinzuschauen."

„Die Umgebung, das Haus und so, die Obstbäume", rief ihnen Floriani nach. „Und die Polizei, wenn sie kommt!" Moser hob bestätigend die Hand, mit der anderen führte er den viel größeren Strasser, der einen wackligen Eindruck machte. Bis zum Eintreffen der Polizei würde Moser mit der Kamera bereitstehen und Strasser mit dem Mikro, Floriani selbst für einen spontan formulierten Aufsager.

Natürlich konnten sie nicht mal den kleinsten Ausschnitt von der Schweinerei selbst ins Bild bringen, nicht den allerkleinsten Tropfen Blut. Das gehörte sich für einen öffentlich-rechtlichen Sender nicht. Moser musste zum Bebildern einige nichtssagende Zwischenschnitte drehen, mit denen sie sich zwischen Aufsagern und Interviews entlanghangelten.

„Dich brauch ich natürlich auch", sagte Floriani zu Oskar Klein. „Als Augenzeugen."

Oskar Klein seufzte. Ein bisschen theatralisch.

„Stell dich bloß nicht so an! Ihr wollt alle ins Fernsehen, gib's doch zu!"

„Aber nicht in so einem Zusammenhang." Das war gelogen, der Zusammenhang völlig egal.

Moser hatte inzwischen entdeckt, dass auf die Pflanze kein einziges Blutströpfchen gelangt war – man konnte sie also filmen und dem ansonsten langweilig bebilderten Beitrag einen exotischen Touch geben. Er nahm die Pflanze auf, eine etwas gepresste Totale, wegen der Leiche, die gleich davor lag und nicht aufs Bild durfte. Die Pflanze erinnerte eher an einen Gegenstand, einen Scherzartikel, an ein Requisit vielleicht, Floriani assoziierte Theater, Show, Pappe, nein – Styropor. Ganz klar. Das Ding war aus Kunststoff. Es war völlig grün, etwa einen Meter fünfzig hoch, schenkeldick, oben trug es einen dichten Schopf merkwürdig schmaler, dichtstehender Blätter. Oder Nadeln. Irgendwas zwischen schmalen Blättern und sehr breiten Nadeln. Der Stamm darunter glatt bis auf regelmäßige narbenartige Vertiefungen; dort hatten offenbar auch solche Nadelblätter oder Blätternadeln dringesteckt. Floriani wunderte sich, wie primitiv das gemacht war, Blätter zum Einstecken, das sah man doch.

„Sieht so aus, als hätte er das umschneiden wollen", sagte Strasser und zündete sich eine kurze Zigarre an. Auf die Idee war Floriani noch nicht gekommen. Der Stamm der Plastikpflanze wies nicht den kleinsten Kratzer auf. Er trat näher heran. Hier kam der Zimtgeruch her, kein Zweifel. In der Nähe des Stammes eine metallische Note, an der Grenze zum Widerlichen.

„Das ist kein Plastik", sagte Moser, der eben mit der Hand über den Stamm fuhr. „Fühlt sich an wie … wie … Rinde. Oder so." Von der Vorderseite des Hauses kamen Autogeräusche. „Besser, wir halten jetzt ein bisschen Abstand", sagte Strasser. Alle vier zogen sich ein paar Meter zurück. Noch vor der Polizei erschien der Notarzt. Der stellte den Tod fest und betrachtete die Leiche mit offenem Widerwillen. „Trottel", murmelte er, bevor er abzog. Es war schon schlimm genug, dass die Waldarbeiter tödlich verunglückten; die Hobbygärtner mussten es ihnen nachtun. Entweder fielen sie von ihren Obstbäumen oder sie rutschten mit der Motorsäge ab.

Nach dem Notarzt erschien die Polizei in Gestalt der Beamten Mitterer und Amann und machte einen ganzen Haufen weiterer Feststellungen: dass es sich beim Toten um einen gewissen Peter Hartmann handelte, und dass es sich bei Moser, Strasser, Floriani und Oskar Klein um Moser, Strasser, Floriani und Oskar Klein handelte. Alle vier waren persönlich bekannt, weil drei von ihnen oft als Team bei Polizeisachen auftauchten und Oskar Klein oft beruflich mit der Polizei zu tun hatte; er kam auch von dort.

„Was machst du hier?", fragte ihn Mitterer.

„Er war mein Klient."

Mitterer wurde von Oskar Klein angestarrt und vom Kollegen Amann am Ärmel gezupft. „Lass mich das machen", sagte er. Oskar Klein und Amann traten etwas abseits, während Mitterer ins Notizbuch kritzelte.

„Warum hat er dich engagiert?“, fragte Amann leise.

„Du weißt genau, dass ich dir das a) nicht sagen darf und b) nicht sagen muss, weil du die Antwort ohnehin kennst.“

Amann sagte nichts mehr, schaute nur fragend.

„Der Auftrag ist erledigt, bin nur zur Schlussbesprechung hergekommen.“

Bei Inspektor Amann wechselte die Durchblutung der Gesichtshaut. Von gut nach ausreichend.

„Ich hab ihn so gefunden, wie er jetzt daliegt. Und euch verständigt …“

„Und den Fernsehheini …“

„Mit dem Fernsehheini bin ich in die Schule gegangen. Aber wenn dir das nicht passt, mach ich das in Zukunft streng nach Vorschrift. Als Erstes schick ich eine Sachverhaltsdarstellung an die Staatsanwaltschaft …“

„Halt's Maul!“

„Der Einzige, der hier das Maul hält, bist du, lieber Amann. Ich habe eine ganze Menge Fotos, auf denen du mit der Frau des Verblichenen das Tier mit zwei Rücken machst. Der Auftraggeber ist tot, also vergess ich das. Vorausgesetzt, ihr fangt keine großartige Untersuchung an von wegen Fremdverschulden. Da bliebe an mir was hängen.“

Amann nickte. Ganz langsam.

„Okay“, sagte er dann und gesellte sich zu seinem Kollegen, dem er sofort versicherte, er werde ihm danach alles genau erzählen.

Die Polizisten stellten fest, dass es nach Fäkalien stank. Die Kriminalpolizei, die gleich darauf in Zivil erschien, war derselben Ansicht. Dass es stank. Die Fernsehleute protestierten, es rieche nach Zimt, behaupteten sie, sehr stark, aber eindeutig nach Zimt. Die seltsame Pflanze rückte in den Fokus des allgemeinen Interesses. Sie wies keine Verletzungen auf, nicht den kleinsten Kratzer. Auch an den jungen Obstbäumen, die rundherum standen, gab es keine Schnittwunden einer Säge.

„Als ob er“, sagte der zivile Kriminaler, „in den Garten gegangen wäre, die Säge angeworfen und sich schnurstracks den Hals durchtrennt hätte. Für einen Selbstmord schon eine merkwürdige Methode …"

Floriani mischte sich ein.

„Das war sicher kein Selbstmord." (Einmischen von Journalisten war hierzulande üblich und geduldet; es passierte so selten etwas, dass sich kein Sensationsjournalismus und keine berufsbedingte Antipathie zwischen Polizei und Medien entwickelt hatte.)

„Also Mord?", fragte der Kriminaler. „Habt ihr ihn umgebracht, damit die Sendung voll wird?" Der Kriminaler galt unter Kollegen als Spaßvogel, in dem Beruf eine seltene Eigenschaft. „Oder der Herr Detektiv hat ihn umgebracht", wandte er sich an Oskar Klein.

„Nein", sagte der, „wir standen erst am Anfang unserer geschäftlichen Beziehung, da gibt es noch keine emotionalen oder finanziellen Probleme."

„Was wollte er denn?"

Oskar Klein ging mit dem Kriminaler ein Stück zur Seite, damit die Fernsehleute nichts mithören konnten, und erklärte, Peter Hartmann habe wohl an der Treue seiner Frau gezweifelt und ihn deshalb mit ihrer Überwachung beauftragt. Dazu sei es halt nicht mehr gekommen.

„Es war ein Unfall", sagte Floriani laut, „er wollte diese Pflanze umsägen."

Der Kriminaler schüttelte den Kopf.

„Dann müssten doch Spuren dran sein, oder? Eine Ansatzstelle für den Schnitt – wo er nach Ihrer Theorie dann abgerutscht wäre. Aber da ist gar nichts. Außerdem ist das ein teures exotisches Gewächs, das er offensichtlich selber gepflanzt hat. Und gut in Schuss. Warum sollte er das umschneiden?"

„Weil es stinkt", sagte Floriani.

„Nach Scheiße", sagte der Beamte Amann.

„Nein, nach Zimt", sagte der Kameramann Moser. Noch während angeregt darüber diskutiert wurde, ließ diese Wahrnehmung allmählich nach; für die Fernsehleute verflüchtigte sich der Zimtgeruch zu einem feinen Duft, der Moser an die Weihnachtsbäckerei seiner Mutter erinnerte. Für die Polizisten wurde der Gestank zu einem Kloakenlüftchen, das ihnen der Wind aus der Ferne herwehte. Man war sich einig, dass dies auf einen Gewöhnungseffekt zurückzuführen sei.

Der Kriminaler erwähnte in diesem Zusammenhang den starken Bittermandelgeruch der Blausäure, der gar nicht von allen Menschen wahrgenommen werden könne; bei anderen werde die Nase im Laufe weniger Stunden unempfindlich. Bei Chlor gelte dasselbe … hier wurde er von Strasser unterbrochen: „Das sind doch alles Giftgase, oder?"

Der Kriminaler bestätigte das.

„Das heißt, dieser Geruch – für uns nach Zimt, für euch nach Scheiße – könnte uns alle umbringen?"

„Also, ich glaube nicht, dass man aus dem unterschiedlichen …"

Den Rest hörten Floriani, Strasser und Moser nicht mehr, weil sie schon ums Hauseck waren. Oskar Klein schloss sich ihnen an. Die Polizisten, zivile wie uniformierte, schlossen die Aufnahme des Unfallortes ab. Danach wies der zivile Kriminaler die inzwischen eingetroffenen Bestatter an, Herrn Hartmann mitzunehmen und sich dabei ein bisschen zu beeilen. Vor dem Haus war der Geruch nicht mehr wahrzunehmen, was aber nach den Ausführungen des Kriminalers nichts heißen musste.

„Ich werde das Umweltinstitut verständigen", sagte der Polizist. „Sollen die das untersuchen. Schönen Tag noch."

Die Staatsmacht fuhr davon. Die Medienvertreter und Oskar Klein blieben zurück und beobachteten das Einladen der bekannten Blechschachtel in den dezenten Lieferwagen. Natürlich filmten sie.

„Die Pflanze habt ihr ja drauf?", fragte Floriani.

„Von allen Seiten. Groß, halbtotal, Details, was du willst!"

„Also, was soll ich sagen?", fragte Oskar Klein.

„Was … ach so, ja, gut … stell dich da hin."

Oskar Klein stellte sich vor das Haus, Floriani daneben. Dann drehten sie das Interview.

Oskar Klein war sehr gut. Er sprach flüssig, mit innerer Anteilnahme; was genau er sagte, war nicht so wichtig. Es hörte sich gut an. Bizarrer Unfall, aber wohl in Zusammenhang mit einer exotischen Pflanze, die seltsame Düfte verströmte. Floriani fühlte sich plötzlich sehr müde. Er ließ den Schulfreund reden. Als der geendet hatte, fing er sich wieder. Fragen waren nicht mehr nötig.

Moser blickte betreten, Strasser machte sich am Mikrofon zu schaffen, Oskar Klein verabschiedete sich und fuhr weg.

„Willst du das so senden?", fragte Moser.

„Warum nicht?"

„Weil er praktisch die ganze Story erzählt. Was bleibt dir dann noch?"

„Aber er spricht gut ..."

Moser sagte nichts mehr, sie stiegen ins Auto. Floriani versank in Brüten. Er würde den Beitrag umorganisieren. Bis jetzt hatte er die kanonische Form der Berichterstattung über schlimme Ereignisse im Sinn gehabt. Diese bestand aus einer Aneinanderreihung von Detailaufnahmen des Tatortes. Fenster, Veranden, Türen, Totalen unauffälliger Häuser. Um 19 Uhr durfte man das Schreckliche selbst nicht zeigen, deshalb zeigte man das Drumherum. Wenn in der Abendsendung eine Tür oder ein stinknormales Fenster auftauchte oder ein buchsbaumheckengeschütztes Hauseck – Bilder, die für sich genommen die reine Langeweile ausstrahlten – dann wusste der erfahrene Zuseher, dass hinter diesen Türen, Fenstern und Glanzputzmauern wahrhaft unerhörte Verbrechen begangen worden waren, die er sich nun in aller Deutlichkeit ausmalen konnte, während der Sprecher mit leicht tremolierender Stimme die Details ausbreitete. Die technischen, sagbaren, nicht die wirklichen, unsagbaren. Floriani, der die Menschen nicht liebte, es aber auch ablehnte, ihnen unnötige Qualen zu bereiten, vermied „häusliche Tragödien", wo er nur konnte.

Ehrliche Unfälle und Katastrophen gefielen ihm besser. Naturkatastrophen ohne menschliche Beteiligung waren am allerbesten. Bei solchen Beiträgen lief er zu großer Form auf. Schlammströme, die Verheerungen gewaltiger Staublawinen, Überschwemmungen.

Heute bot sich die Gelegenheit, eine häusliche Tragödie als etwas anderes darzustellen. Als Naturkatastrophe. Verbunden mit einem Rätsel. Er hatte ein wirkliches Rätsel, ganz außerordentlich. Rätsel kamen selten vor. Die Fernsehmenschen liebten keine Rätsel und die Zuschauer auch nicht. Besonders die Zuschauer nicht. Die wollten jeden Abend sehen, was sie schon kannten.

„Ich bau das Ganze als Rätsel auf", sagte er, den Kopf nach links hinten gewandt, um Moser, der fuhr, und Strasser auf der Rückbank einzubeziehen.

„Das Rätsel ist diese exotische Pflanze, versteht ihr? Kein Gejammer von wegen: seid doch bitte vorsichtiger mit euren Motorsägen; keine Unfallstatistik, keine langweiligen Hausecken – das Rätsel ist die Pflanze, basta! Und nicht zu vergessen: wir haben einen Augenzeugen!"

„Fast – Augenzeugen", sagte Strasser.

„Er redet wie ein Buch, das müsst ihr zugeben!"

„Prima!", sagte Strasser ohne Begeisterung. Moser sagte nichts. Erst nach einer Weile: „Mich wundert, dass der so einfach mitmacht … als Detektiv."

Darauf fiel Floriani nichts ein.

„Ich meine, da sollte er doch schauen, dass er unerkannt bleibt, oder?"

„Ja, ja", sagte Floriani abweisend, „ich hab schon verstanden."

Sie schwiegen für den Rest der Fahrt. Das Thema kam auch später nicht mehr zur Sprache. Floriani überlegte – er äußerte das nicht – dass Oskar Klein scheinbar genau an diesem Vormittag beschlossen hatte, den Beruf zu wechseln; innerhalb einer halben Minute, bildete Floriani sich ein, oder noch kürzerer Zeit; ein Blitz, eine Eingebung, dass er auserwählt war oder so. Floriani kannte ihn so eigentlich nicht.

Floriani baute die gewohnten Fenster-, Türen- und Hauseckbilder, drei Totalen des Hauses aus verschiedenen Richtungen, Aufnahmen der Pflanze mit den Blattnadeln und Oskar Klein zu einem verdammten Rätsel zusammen; über dem Beitrag leuchtete ein dickes, hysterisch flackerndes Fragezeichen. Was war das für eine Pflanze? Warum roch sie für die einen nach Zimt, für die anderen nach Fäkalien? Hatte Peter Hartmann versucht, sie umzuschneiden? Der Beitrag endete mit dem Hinweis auf unbekannte Gase, die der Pflanze entströmen mochten, und einer dringenden Warnung, sich solchen Pflanzen nicht zu nähern. Dass es mehrere geben musste, war sowieso klar, woher sonst hätte der Geruch bei der Vormittagssitzung stammen sollen?

Florianis Beitrag ging auf Sendung. Die Reaktion setzte zehn Sekunden danach ein und übertraf ihre Erwartungen.

Rund zwanzig Anrufer. Keiner von ihnen hatte Kontakt mit solchen Pflanzen gehabt, aber alle hatten solche Pflanzen *gesehen*. In ihren Gärten. Es gab nicht nur Pflanzen mit „einem Schopf" oben, wie sich eine Anruferin ausdrückte, sondern auch „Schachtelhalme" ungewöhnlicher Größe (zwei Meter) und anderes mehr; aus den Beschreibungen wurde niemand so recht schlau. Und alle hatten etwas *gerochen*. Die schon bekannte Aufteilung zwischen „Weihnachtsgebäck" und „Kanal".

Floriani saß mit ein paar anderen beim Bier in der Kantine. Die Sache hatte die Mann- und Frauschaft aufgewühlt. Um irgendwo zu filmen, sei es draußen schon zu dunkel, versicherten sie einander. Morgen würden sie ordentlich loslegen. Morgen.

„Jetzt ist es also passiert", sagte die Wildgruber. Es klang ergriffen.

„Was ist passiert?", wollte Floriani wissen.

„Die Gen-Katastrophe", sagte sie tonlos. Sie klang, als sei sie von ihrer eigenen Stimme erschrocken.

„Ach was", sagte Floriani. Es klang nicht so abschätzig wie sonst. Er merkte es selber. Zum ersten Mal sah er sich mit der Tatsache konfrontiert, dass die Wildgruber recht haben könnte.

Sonst kritisierte er sie gnadenlos; sie war ihm mit ihrem Ökogetue schon am ersten Tag auf die Nerven gegangen. Aber jetzt hatte sie vielleicht recht. Es war kein Trost, dass die Katastrophe für ihn nach Zimt roch und für sie nach Scheiße …

Direkt beängstigend war, dass die Wildgruber nicht weiterredete und ihre Theorie erläuterte, wie sie es sonst mit großer Hartnäckigkeit zu tun pflegte. Sie sagte gar nichts. Jeder konnte sich alles Nötige selber denken. Pflanzen solcher Art gab es nicht in der realen Welt – um das zu sehen, brauchte man kein Botaniker zu sein. Wenn es sie doch gab, diese Pflanzen, war etwas passiert. Gentechnik, eh klar.

Dass die Wildgruber tief getroffen sein könnte, wollte sich niemand am Tisch so recht vorstellen. Niemand im Sender nahm ihr das Ökogetue ab, das war einfach ihre Masche, ihr Logo. Das bedachte Floriani, während er die Wildgruber beobachtete. Depressiv sah sie aus. Das hatte er an ihr noch nie gesehen. Die Vorstellung, eine Journalistin oder ein Journalist könne wirklich an etwas glauben, war weniger lächerlich als einfach peinlich. Sogar hier, in der äußersten Provinz, hatten die Mitglieder der Zunft, wenn schon nicht zynisch, dann mindestens völlig illusionslos zu sein. Niemand musste in diesem Beruf besonders gut schreiben oder reden oder filmen können. Tatsächlich gab es einige fest Etablierte, die buchstäblich gar nichts konnten. Aber sie durften nicht mit einer idealistischen oder sonst wie positiv gefärbten Weltanschauung stigmatisiert sein, das war untragbar. Floriani kannte aus diesen Kreisen außer der Wildgruber auch niemanden mit einem solchen Makel. Jetzt sah es danach aus, dass die Wildgruber von dieser Pflanzengeschichte aus der Bahn geworfen wurde. Unangenehm. Alle am Tisch spürten es, wenn es auch niemand wie Floriani hätte formulieren können.

Er trank aus und ging. Auf der Heimfahrt ging ihm die Wildgruber nicht aus dem Kopf. Und Oskar Klein. Beide verhielten sich anders, als er erwartet hatte. Seit seiner Trennungsgeschichte mit Sophia musste ihn so etwas alarmieren.

Abweichendes Verhalten konnte das erste Anzeichen grober Probleme sein. Wie etwa die ersten Anzeichen einer Geisteskrankheit. Darin lag auch ein gewisser Trost. Dass Sophia ihn verlassen hatte, konnte er einer zwar leichten, aber manifesten geistigen Störung zuschreiben. Die Einschätzung war natürlich epochenabhängig. Noch vor zweihundert Jahren hätte er Sophia ins Irrenhaus sperren, vor vierhundert Jahren als Hexe verbrennen lassen können.

Floriani freute sich, wenn ihm so böse Gedanken kamen. Er freute sich, dass er sie, wenn schon nicht laut formulieren, so doch wenigstens denken konnte; dass er selbst noch so weit funktionierte, dass ihm noch solche spitzen Sachen einfielen. Außerdem, das war auch nicht zu verachten, nahmen diese Gedanken den Druck weg, der sich oft vorn auf die Brust legte, wenn er an Sophia dachte. Eigentlich immer, wenn er an sie dachte.

Er ließ das Auto in der Einfahrt stehen und beeilte sich, ins Haus zu kommen. In der Küche setzte er sich auf den Stuhl, auf dem er bei solchen Gelegenheiten immer saß, und begann, zu schluchzen. Nach ein paar Minuten hörte das Schütteln auf, er ging ins Bad, wusch sich das tränennasse Gesicht und wurde langsam ruhiger. Diese Anfälle hatten inzwischen deutlich abgenommen. Gleich nach der Trennung hatte es ihn jeden Tag mindestens einmal erwischt, an schlechten Tagen auch zweimal. Jetzt hatte er höchstens einmal in der Woche einen Weinkrampf, der aber keine Viertelstunde mehr dauerte, nur noch drei, vier Minuten. Denken an Sophia konnte er eigentlich ohne Umstände, es durfte ihm bloß das Gefühl nicht in die Quere kommen. Das überwältigte ihn wie plötzlicher Brechreiz.

Floriani trat auf den Balkon. Die Sonne stand schon tief hinter dem Haus, der Balkon lag im Schatten. Floriani war das recht, er mochte den Schatten.

Gegenüber lag das Haus der Stormbergers. Im ersten Stock stand ein Fenster offen, der Wind bewegte die Gardine dahinter. Hier hatten sie alle Gardinen.

Floriani beobachtete das Fenster. Er setzte sich auf den Gartenstuhl, der das ganze Jahr auf dem Balkon stand, und kaute an einem Stück Mohnstrudel. Die Balkonverkleidung aus gelbem Wellplastik reichte bis zur Betonplatte hinunter. Wer oder was auf dem Boden lag, war unsichtbar. Er hatte das einmal ausgenützt vor einigen Jahren – eine Laune nur, damals war alles noch gut zwischen ihnen gewesen; er hatte eine Matratze auf den Balkon geschleift und es an einem hellen Sommertag mit seiner Frau getrieben. Leise natürlich, weil rings in den Gärten die Siedlerfrauen werkelten.

Lange her. Sophia fort. Frau Stormberger erschien am Fenster und schob die Gardine beiseite. Eine rasche Bewegung mit der linken Hand. Am Handgelenk blitzte etwas in der Sonne. Die Armbanduhr, dachte Floriani mit offenem Mund. Das Kauen hatte er eingestellt. Mit dem sensorischen Input stimmte etwas nicht; zuerst musste er sich klar darüber werden, was er gesehen hatte, damit er darüber nachdenken konnte. Frau Stormberger trug eine Armbanduhr, die in der Sonne blitzte, da war er sich sicher, das war aber nicht das Problem. Das Problem war, dass sie *nur* diese Uhr trug. Sonst nichts.

In dem Augenblick, als Floriani klar wurde, dass Frau Stormberger splitterfasernackt im Spätnachmittagslicht am Fenster stand, verschwand sie im Zimmer. Vielleicht kommt sie ja aus dem Bad, dachte Floriani. Möglich, aber keine Erklärung für ihr Verhalten. Das hier war kein angesagtes Großstadtquartier, sondern eine Siedlung von Einfamilienhäusern. Und Frau Stormberger über vierzig. Und die Frau des Bürgermeisters. Solche Leute taten so etwas nicht.

Floriani hatte den rechten Zeitpunkt versäumt, sich leise zurückzuziehen; er saß auf dem Balkon wie auf dem Präsentierteller, wenigstens vom ersten Stock der Stormbergers aus gesehen; es hatte auch keinen Zweck, den Aussichtspunkt jetzt noch zu verlassen; sie hatte ihn sicher bemerkt. Nun erschien sie wieder im Fenster, als hätte er sie auf einen Gedanken gebracht. Sie blickte ihn an. Sie lehnte auf dem

Fensterbrett. Die Gattin des Bürgermeisters von D. lehnte nackt am Fensterbrett und schaute zu ihm herüber. Floriani stand auf, beobachtete den Himmel, als suche er Anzeichen eines Wetterwechsels. Der Himmel zeigte ihm das stumpfe Blassblau, das er in dieser Weltgegend im Sommer immer zeigte, und nicht eine einzige kleine Wolke, an der sich der suchende Blick hätte festsaugen können. Floriani ging hinein. Das hatte er, so glaubte er, gut hingekriegt, das Nichtsgesehen-haben. *Nackt? Was, wie nackt? Oberkörper? Nein, mir ist nichts aufgefallen, Herr Rat.* Warum eigentlich „Herr Rat"? Warum fantasierte er bei jedem Regelbruch als Erstes eine Gerichtsszene? Die Frau war verrückt, nichts weiter. Verrückt geworden. Genau: beginnende manische Phase bei – wie hieß das? – Zyklothymie. Er war stolz auf sich, dass ihm solche Sachen immer noch einfielen. Fremdwörter, abseitige Gegenstände. Das wäre übrigens ein guter Anlass für einen vertiefenden Beitrag: Geistig Kranke (nicht Geisteskranke!) im Alltag. Wie kommen sie zurecht, wie stellt sich die Umwelt? Gegensatz früher-heute. Natürlich nicht mit der Frau Bürgermeister, da findet sich bestimmt …

Das Telefon läutete.

„Herr Floriani, könnten Sie vielleicht einen Moment herüberkommen und sich etwas anschauen? Ich hab da etwas im Garten."

Erst jetzt begriff er, dass es die verrückt gewordene Bürgermeisterin war.

„Ja, also …"

„Es dauert sicher nicht lang; es sieht aus wie eine Pflanze. Kommen Sie!" Das war ein Befehl.

„Ja", sagte er.

Sie legte auf. Sofort brach ihm der Schweiß aus. Er musste dort hinüber. Irgendwie – er konnte es nicht begründen, aber es war so – hatte er keine Wahl, er musste da hinüber zur verrückten Frau Stormberger. Sollte aber nicht. Natürlich nicht, auf keinen Fall. Sollte die Rettung rufen oder sich verbarrikadieren oder einfach flüchten mit dem Auto; irgendwas. Bloß nicht hinüber gehen. Sollte nicht. Musste aber.

Er ging.

Später fiel ihm auf, dass er sich nichts dabei gedacht hatte, einfach gegen die eigene Vernunft zu handeln. Nicht, dass sie einen dunklen Bann über ihn verhängt hätte, keine Spur, da war nichts dunkel. Er selber hatte sein Nachdenken abgeschaltet. Im Flur schlüpfte er in die Slipper und verließ das Haus. Wenn es Winter gewesen wäre, hätte er sich Schuhe anziehen müssen und zubinden. Diese kleine Verrichtung hätte schon gereicht zum Nachdenken. Oder das Anziehen eines Jacketts. So ging er im Hemd und dachte nur an die Pflanze im Garten der nackten Frau Stormberger.

Sie wartete hinter dem Haus. Sie trug jetzt ein gelbes Hauskleid. Es roch nach Zimt. Der ganze Garten roch nach Zimt. Aber es war noch etwas anderes dabei, das er nicht einordnen konnte.

„Da hinten“, sagte sie und ging voran.

Im hausnahen Teil des Stormberger'schen Gartens wuchs Gemüse. Floriani verabscheute Gemüse. Der hintere Gartenteil war eine Obstplantage, Miniobstbäumchen, höchstens drei Meter hoch, die Blüte schon vorbei, alles grün und dicht. Oben Blätter, unten Gras. Dorthin gingen sie, Frau Stormberger voran. Der Geruch wurde stärker.

„Es riecht nach Zimt“, sagte er.

„Ich weiß“, sagte sie.

Vor der Pflanze blieben sie stehen.

Es war ein Schachtelhalm. Er stand zwischen den Miniobstgehölzen, als ob er hierher gehörte. Dabei war er makro. Drei oder vier Meter hoch statt dreißig Zentimeter, wie es sich gehört hätte. Aber sonst in allem ein Schachtelhalm, das wusste sogar Floriani, der keinen Bezug hatte zur Botanik. Ein dicker, grüner Stamm, in regelmäßigen Abständen die Seitenäste heraus, immer mehrere auf gleicher Höhe. Und Zimtgeruch. Der ging vom Schachtelhalm aus, kein Zweifel. Das andere, was er nicht zuordnen konnte, war auch noch da und viel stärker geworden. All das gehörte sich nicht.

„Ich kenne das", sagte er mit rauer Stimme, „für manche riecht es wie Scheiße."

„Zimt ist besser", sagte sie.

„Viel besser", sagte er.

Er merkte, dass sie direkt hinter ihm stand. Dann umarmte sie ihn von hinten, er fasste nach ihr, legte die Hände an ihre Hüften. Er drehte sich langsam um. Ihr Gesicht war erhitzt, kleine Schweißperlen standen auf der Stirn. Sie schob sich an ihn, drängte ihm Mund und Zunge auf; ihre Hände liefen wie eingesperrte Tiere über seinen Rücken. Auf und ab, kleine Tiere.

Sie zogen sich aus, ein Körper den andern, mit flinken, sicheren Bewegungen, kein Gezerre und Gereiße an Kleidungsstücken, alles blieb heil, bis sie nackt waren. Kein Streicheln und Tasten und Grapschen, sondern zielsicheres Agieren im weichen, grünlichen Abendlicht der Plantage. Sie ließ sich zurückfallen. Er tat, was sich gehörte. Auch sie tat, was sich gehörte, riss die Beine hoch, spreizte sie, legte sie ihm auf die Arme, dann das linke Bein weiter hoch auf die Schulter. Das gehörte sich jetzt, kein Zweifel. Wenn es nach Zimt roch auf diese Weise und nach dem anderen, gehörte sich das so. Sie stöhnte in seinem Rhythmus. Es dauerte und dauerte; eine Explosion in Zeitlupe, die nicht mehr aufhören konnte, er hörte jemanden schreien, dann noch jemanden; das geht bis auf die Straße, konnte er noch denken.

Er lag schräg auf ihr. Das Herz hämmerte. Und noch etwas unter seiner Brust – das war ihr Herz, konnte nur ihr Herz sein; aber der Rhythmus war anders. Sie murmelte Worte, die er nicht verstand, die vielleicht nicht an ihn gerichtet waren. Nur ihre Bewegung galt ihm, das langsam kreisende Becken, wieder ein neuer Rhythmus (der dritte oder vierte?), den er aufnahm, beantwortete, wiederholte wie eine Frage, auf die eine erwartete, aber notwendige Antwort kam, die eine vorgeschriebene, ebenso notwendige, neue Frage auslöste; so, sich fragend, einander antwortend, wieder fragend, steigerten sich die Körper in wilde Hatz. Diesmal spürte er alles deutlicher, den Schweiß auf seinem Rücken, ihre Nägel in den Hinterbacken, dann die nackten Fersen an derselben Stelle, was all dies zu einem wirklichen Ritt machte. Langsamer jetzt, alles viel langsamer, und regelmäßiger. Sie hatte die Augen geschlossen, als interessiere sie sich nicht mehr für die Umgebung; der Mund war leicht geöffnet, ab und zu erschien darin die rosige Zungenspitze, ihre Anteilnahme steigerte die seine und ließ alles in einem ganz und gar unglaubwürdigen, aber realen Farbtaumel zerplatzen, untergehen in einem Schreien und Röhren, das er nicht zuordnen konnte und zuerst für eine Sinnestäuschung hielt. Er hatte so etwas noch nie gehört, glaubte auch nicht, irgendjemand anderer habe dergleichen schon einmal gehört. Er fürchtete, sich hüftabwärts zu verflüssigen und zu verströmen in einem pumpenden Zucken, das nicht aufhören wollte und nicht aufhören konnte, weil es schon am Anfang aller Tage begonnen hatte und erst nach der Vollendung des Äons beendet war.

Dann war es vorbei. Nicht verflüssigt, nur nass und schwer atmend. Diesmal rollte er sich zur Seite ins Gras, zog die Beine an, sie umschlang ihn von hinten, ganz leicht nur, er empfand das als Trost. Vielleicht war es auch so gemeint. Sagen tat sie nichts. Sie fuhr ihm mit dem zusammengeknüllten Kleid über die Stirn und machte eine Bemerkung, wie stark er schwitzte. Es klang wie ein Kompliment. Sie redeten ein bisschen darüber, wie heiß es doch sei, und über den starken Zimtgeruch und diesen zweiten, den er darunter noch wahrnahm, ohne angeben zu können, was es war. Sie rieche das auch, dieses Zweite, es erinnere sie an etwas, sie komme schon noch darauf. So gingen sie zum Haus, Kleider und Schuhe locker in der Hand.

Er hatte das Haus selten betreten. Sophia oft, weil sie Gemüse von Frau Stormberger bezogen hatte, aber seit Sophia fort war, gab es keinen Grund mehr, engere Beziehungen zur

Familie Stormberger zu unterhalten. Schon die Diele machte einen viel freundlicheren Eindruck als seine eigene, alles schien hell und bunt …

„Heute Abend bin ich in dieser Wohnung", sagte sie leise. Sie gab ihm einen gelben Zettel. Die Adresse darauf kam ihm bekannt vor.

„Das Haus neben dem Museum", sagte sie. „Im obersten Stock. Wohnung 24. Läuten musst du bei ‚Hausmann'."

„Ab wann?"

„Ich bin ab zehn dort. – Eine Freundin, die verreist ist."

„Schön", sagte er und zog sich an. Alles war jetzt ganz einfach. Er ging ohne Abschied zu seinem Haus hinüber; vom Fenster des Arbeitszimmers sah er zurück. Die Traufseite des Stormbergerhauses lag ruhig in der Abendsonne, die Fenster an der Vorderseite waren dunkel.

Er würde dort sein. In dem Haus neben dem Museum für Naturgeschichte. Die Leute in D. nannten es alle nur „Museum". Naturgeschichte, das passte gut.

Er ließ sich ächzend in den Sessel fallen. All das gefiel ihm nicht. Er fühlte sich zerschlagen. An jede Einzelheit der vergangenen Stunde konnte er sich erinnern, dennoch hatte alles die unwirkliche Plastizität eines Traums. Es war nicht möglich, dass er das wirklich erlebt hatte. Er wäre rein körperlich dazu nicht fähig gewesen. So tröstete er sich, wusste aber, dass alle Ausflüchte und Beschwichtigungen nichts an den Fakten ändern konnten. Schon heute Abend würde er mit ihr sprechen müssen; „sprechen" ist gut, dachte er. Und wenn sie erst miteinander Kontakt hatten, dann waren sie zu zweit und nur noch halb so stark. Klang verrückt. Er hatte aber das Gefühl, dass es sich genauso verhielt, dass Gemeinsamkeit sie nicht stärken, sondern schwächen würde.

Der Zimtgeruch war verschwunden, jetzt konnte er auch wieder nachdenken, ein bisschen, nichts Schwieriges, bloß nichts Schwieriges. Eine Invasion also. Von Pflanzen. Aus einem Genlabor entwichen. Vollkommen lächerlich. Rochen nach Zimt oder nach Scheiße, je nachdem. Je nach was? Keine Ahnung. Zimt war besser. Und nach noch etwas rochen sie, auf das Frau Stormberger noch kommen würde, hatte sie angekündigt, fast schon versprochen; aber nicht alle rochen danach, fiel ihm ein, je mehr er sich von der Anstrengung der letzten Stunde erholte. Der Riesenschachtelhalm hatte nach diesem anderen gerochen, das Gewächs im Garten des unseligen Heimwerkers Peter Hartmann aber nicht. Botanische Unterschiede. Soll sein.

Er wurde müde. Er musste ein wenig schlafen. Er hatte heute Abend noch etwas vor. Er musste auf dem Damm sein. Nichts in der Welt war wichtiger.

Die Drohung

Jede Bahnfahrt ist eine Tortur. Diese Überzeugung hatte sich seit der Studentenzeit in ihm festgesetzt. Damals war er gezwungen gewesen, mit der Bahn zu fahren; da er nur über ein kleines Stipendium verfügt hatte, war gar nichts anderes infrage gekommen. Lange her. Er hatte jetzt mehr Geld. Ein Auto hatte er auch. Aber für lange Strecken benutzte er die Bahn, seine Frau wollte das so; es sei zu gefährlich mit dem Auto. Lange Strecken hieß alles über 100 Kilometer. Von D. bis Innsbruck waren es 160 Kilometer, also Eisenbahn. Er fuhr mit dem Peugeot jedes Jahr tausende Kilometer innerhalb von Vorarlberg. Das, so schien es, war weniger gefährlich. Manchmal dachte er, sie sei einfach zu ängstlich, ärgerlich war das. Und manchmal, sehr selten, dachte er die Wahrheit. Nicht sie war ängstlich, er war es. Er traute sich nicht, weit zu fahren, und sie wusste das und lieferte eine Masse guter Gründe, das Auto stehen zu lassen.

Er saß in einem Abteil erster Klasse und wartete auf die Abfahrt. Auf der rechten Seite in Fahrtrichtung. Draußen wenig Betrieb. Der Hauptbahnhof Innsbruck in der Wochenmitte, kurz nach neun Uhr Abend.

Nur zwei Sachen störten ihn an der Bahn. Die Mitreisenden und die Warterei. Der Zug fuhr an. Er ging schnell hinaus auf den Gang. Niemand zu sehen. Vorzüglich. Dieses Abteil würde leer bleiben; mindestens bis Landeck. Wenn er etwas mehr hasste, als normale Reisende, dann waren es die Irren, die mit zwei Koffern noch Minuten nach der Abfahrt die Gänge auf und ab tigerten, bis sie unter zwei Dutzend Abteilen eines fanden, das ihnen gefiel. Immer das, in dem er saß. Die Leute mochten ihn.

„Ein gebildeter Mensch“, dachten sie wohl. „Mit dem lässt sich reden.“ Er hatte nichts gegen die Leute. Er hatte nur etwas dagegen, sich zu unterhalten. Manchmal ließ es sich nicht vermeiden; obwohl er ein mürrisches Gesicht aufsetzte und eine großformatige Zeitung hochhielt, wurde er ins Gespräch gezogen. Mit mir kann man alles machen, dachte er. Und wenn er dann sprach, konnte er gar nicht damit aufhören, und die Zeit verging im Flug; er lernte interessante Menschen kennen, die er gar nicht hatte kennenlernen wollen, die Fremden stiegen aus, und er verachtete sich.

Heute war er allein hier drin. Sein Spiegelbild überlagerte die vorüberziehenden Vorortsiedlungen. Je dunkler es draußen wurde, desto deutlicher trat das Spiegelbild in der Fensterscheibe hervor. Unansehnlich. Ja, konnte man sagen. Man brauchte nicht lang zu debattieren, was daran zu verbessern wäre. Im Fenster stand ein Mann, Mitte dreißig, im grauen Anzug, der hier, bei dieser Beleuchtung, in dem unvollkommenen Abteilfensterspiegel nicht mehr grau aussah. Eher wie Straßendreck. Bartloses Gesicht, nichtssagend auch in einem besseren Spiegel, die blonden Haare straff zurückgekämmt. Keine Brille. Die Brille hätte ihn positiv verändert.

Scholz. Dr. Werner Scholz. Seine Frau hieß Livia. Sie mochte das nicht, diese Selbstzweifel. Natürlich; wenn er damit recht hatte, war sie auf eine Null reingefallen.

„Ich mag dich so, wie du bist“, sagte sie, wenn er anfing, über sich zu lamentieren. „Schau, die anderen, die du so bewunderst, sehen alle aus ‚wie‘. Wie ein Intellektueller, wie ein Sparkassenangestelllter, wie ein Zyniker, wie ein Jungunternehmer. Aber sie sind es nicht, sie sehen nur so aus.“

„Ja, ja“, sagte er dann.

„Sie strengen sich an, so auszusehen, und das sieht man ihnen an. Du bist was Besonderes. Nicht einzuordnen. Du siehst einfach aus wie du.“

Dann gab sie ihm einen Kuss und er war getröstet. Er liebte seine Frau, ja doch, aber er hätte trotzdem gern markanter ausgesehen.

Dr. Werner Scholz war Buchhändler. Und Germanist. Und Verleger. Scholz-Verlag. Er schimpfte zwar und klagte über das

Publikum, das nur Kochbücher, Psychoratgeber und Kalender kaufte, aber er liebte seinen Beruf. Was waren denn die anderen Germanisten? Deutschprofessoren an irgendwelchen Schulen. Zwölfe aufs Dutzend. Ihn gab's nur einmal. Und dann noch die Zeitschrift. Sie hieß „Semikolon" und erschien einmal im Monat. Sogar überregional. Wer mitreden wollte, musste sie gelesen haben. Er veröffentlichte auch Tiroler Autoren. Nicht nur in der Zeitschrift. Manchmal auch Bücher. Das waren keine Bücher, die sich besonders gut verkauften; und er konnte sie nur herausbringen, weil er Druckkostenzuschüsse und regionale Literaturförderung systematisch ausnutzte. Die Autoren rissen sich drum, bei ihm zu erscheinen. In der bunten Palette der bundesweit operierenden Ein-Mann-Verlage hatte er einen guten Namen, weil er sogar über Ansätze eines Vertriebs verfügte. Manchmal musste er nach Innsbruck fahren, Kontakte pflegen. Er wollte den persönlichen Kontakt.

Der Verlag, mit dem er seinen Lebensunterhalt bestritt, war nicht der Scholz-Verlag, sondern ein alteingesessenes, örtliches Unternehmen, das seit siebzig Jahren den größten Teil aller Druckaufträge im Land übernahm, vor allem diverse Gemeindeblätter. Außerdem unterhielt er drei Buchhandlungen im Land, die größte in F., und dort war Dr. Werner Scholz Geschäftsführer mit Umsatzbeteiligung. Mit den verlegerischen Hauptaktivitäten war er dort nicht befasst; herausgegeben wurden Mundartdichter und Bildbände wie „Sakrale Kunst in Vorarlberg" oder „Alpenstraßen". Und Kalender natürlich. Die vor allem.

Er setzte sich und ließ die Landschaft Landschaft sein. Er hatte Anton Pettenkoffer besucht (nicht verwandt mit dem berühmten Arzt) und ihn überredet, die Herausgabe seines Riesenromans ihm, Dr. Werner Scholz, zu überlassen. An dem Ding schrieb Pettenkoffer schon zehn Jahre, außer Scholz glaubte niemand, dass der Roman überhaupt existierte. Pettenkoffer hatte sein Opus magnum sonst niemandem gezeigt. Er war misstrauisch. Der Roman – vorläufiger Titel „Weiße

Berge" – handelte von der Erschaffung der Alpen, das erste Kapitel spielte in der Kreidezeit vor 100 Millionen Jahren. Allein das Personenverzeichnis umfasste 14 Manuskriptseiten.

Natürlich war nicht gedacht, den Roman als Ganzes zu veröffentlichen, das hätte jedes Budget gesprengt. Dr. Scholz dachte an eine Kurzfassung, dreihundert Seiten oder so. Da war viel editorische Arbeit zu leisten. Drei, vier Auszüge könnte er zuerst im „Semikolon" abdrucken, die Reaktion der Szene testen. Pettenkoffer'sche Sprachungetüme – das war Avantgarde. Wenn das keine Avantgarde war, dann gab es so was überhaupt nicht.

„Fertig!", hatte ihn Pettenkoffer schon an der Tür begrüßt, als er im zehnten Stock aus dem Hochhauslift gestiegen war. Für den Roman war in der Vorstellung des Dr. Scholz die Vokabel „fertig" eine völlig inkommensurable Bezeichnung; man hätte ebenso gut behaupten können, die Tilgung der Staatsschuld sei „fertig". Scholz war von der ganz natürlichen Annahme ausgegangen, „work in progress" bedeutete eine Art ontologische Sachverhaltsdarstellung, an der sich nie etwas ändern würde, solange Pettenkoffer am Leben war. Der Roman, so dachte Scholz, werde den Autor überleben und unvollendet zurückbleiben – wenn eben bei einem so gigantischen Opus „Vollendung" überhaupt noch ein anwendbarer Begriff war.

All dies schoss ihm in den kurzen Augenblicken durch den Kopf, als er den festen Handschlag Pettenkoffers spürte, während der ihn, fortgesetzt redend, in die Wohnung geleitete. Das heißt, Pettenkoffer stürmte voran, Dr. Scholz musste die Tür zumachen und beeilte sich, seinem Schützling ins Arbeitszimmer zu folgen, wo Frau Amalie Pettenkoffer auf dem großen Nussholztisch zur „Jausn" gedeckt hatte. Gewöhnlich brachte man bei dieser Jause ein, zwei Stunden zu, wobei verschiedene, von der weithin berühmten Delikatessenhandlung „Hörtnagl" in der Anichstraße bezogene Esswaren zum Verzehr gelangten; Tiroler Speck, Wildhase in Aspik, Gamspâté und so fort. Amalie Pettenkoffer war eine kleine, resolute Frau, blond, rundlich und rundgesichtig. Essen machte ihr Spaß und es machte ihr

Spaß, anderen beim Essen zuzusehen. Dr. Scholz genoss diese Stunden, weil sie etwas Besonderes waren; weil er etwas Besonderes war – was man ihm durch diese Bewirtung zu verstehen gab. Er aß das ganze Jahr keine Wildpasteten und wusste, dass es die Pettenkoffers auch nicht taten; solche Köstlichkeiten gab es nur, wenn er, Dr. Werner Scholz, zu Besuch kam.

Es tat unendlich wohl, auf diese handgreifliche Art verwöhnt zu werden.

* * *

Werner Scholz lehnte sich zurück. Er war müde. Die Begegnung mit Pettenkoffer hatte ihn diesmal erschöpft. Außerdem tat ihm der Arm vom Schleppen weh.

Dann schlief er ein.

Als er erwachte, erschrak er und fragte: „Wo sind wir?"

„Nach Imst", antwortete ein Jemand, der gegenübersaß. Der Jemand trug ausgebeulte Schnürlsamthosen, einen Lodenjanker und einen schwarzen Vollbart. Mehr Männlein als Mann, der ortstypisch alpine Wurzelsepp. Er musste in Imst eingestiegen sein. Hatte scheinbar literarische Interessen, denn auf seinen Knien lag ein Schreibmaschinenmanuskript und neben ihm auf der Sitzbank ein geöffneter Aktenkoffer voll beschriebenem Papier. Erst beim zweiten Hinsehen begriff Werner Scholz, dass dies sein Koffer war.

„Was fällt denn Ihnen ein?"

„Was meinen Sie?"

Reines Hochdeutsch, kein erkennbarer Akzent; irritierend.

„Fremde Koffer aufzumachen! Geben Sie her!"

Der Wurzelsepp reichte ihm gleichmütig den Papierstoß.

„Ist sowieso nichts Besonderes. War auch schon besser, der Pettenkoffer."

Werner Scholz machte den Mund auf, um tief Luft zu holen, und vergaß, ihn wieder zuzumachen. Die Manuskriptseiten flatterten auf den Boden – keiner bückte sich danach.

„Sie haben was verloren."

„Woher wissen Sie …" Scholz deutete hilflos auf die Papiere.

„Von Pettenkoffer, meinen Sie? Dass er dieses Zeug schreibt?"

Der Fremde wandte sich zum Fenster und schaute lächelnd in die Nacht.

„Ich kenn ihn schon lang", sagte er. „Er ist ziemlich eingebildet, finden Sie nicht?"

Scholz antwortete nicht. Er war entsetzt über die Eröffnung und unangenehm berührt von dem widerlich vertraulichen Tonfall.

„Verzeihung", sagte der Wurzelsepp, „ich wollte Ihnen nicht zu nahe treten, Herr Dr. Scholz. Ich weiß, Sie schätzen den Pettenkoffer als bedeutenden Autor. Jeder sucht sich seine Freunde selber aus. Nichts für ungut also."

Er verbeugte sich im Sitzen vor Scholz. Scholz holte tief Luft.

„Sie haben mich durchsucht!"

„Wie bitte?"

„Sie haben in meinen Sachen gekramt, während ich geschlafen habe, meinen Ausweis gesehen, meine ganzen Papiere!"

Er sammelte nun rasch die Manuskriptblätter ein und stopfte sie in den Aktenkoffer, den er auf seine Seite herüberzog.

„Das ist ja wohl einmalig!"

Er verließ das Abteil. Und dafür bezahlte er den Aufschlag für die erste Klasse. Das alles war viel schlimmer als jede seiner bisherigen Befürchtungen. Und er fürchtete sich vor einer Menge unangenehmer Umstände in der Eisenbahn: Besoffenen Mitreisenden; nüchternen Mitreisenden, die dafür ihre Lebensgeschichte erzählten; allgemeiner Überfüllung; alles schon erlebt. Nur ein Verrückter war ihm bisher nicht untergekommen. Er hatte nicht gewusst, dass man solche Leute ohne Begleitung mit der Bahn fahren ließ. Er hatte nicht einmal gewusst, dass man sie frei herumlaufen ließ. Der hätte ihn glatt abstechen können. Ein Glück, dass er nur die Koffer durchsucht.

Er setzte sich in ein leeres Abteil und überprüfte den Inhalt des Aktenkoffers. Komplett. Wo war der Speisewagen? In einem

Abteil konnte er nicht bleiben. Der Wurzelsepp war imstande und kam ihm nach. Außerdem musste der Schaffner informiert werden. Und in F. würde Livia informiert werden, dass diese Eisenbahnfahrt die unwiderruflich letzte ihres Gatten gewesen war. Beim nächsten Mal würde er das Auto nehmen, Punktum.

Der Speisewagen war hell erleuchtet und enthielt zwei Personen. Den Kellner und den Wurzelsepp. Der bekam grade eine Suppe serviert. Zu spät, umzukehren. Der Wurzelsepp hatte ihn schon entdeckt, winkte freundlich und zeigte gestikulierend auf den freien Stuhl an seinem Tisch. War vielleicht gar nicht so schlecht. Hier konnte er nichts tun. Der Kellner würde einschreiten. Blödsinn. Der Kellner würde sich im Falle des Falles mit dem Koch in der Küche verschanzen, während die beiden späten Gäste versuchten, sich gegenseitig aus dem Zug zu stoßen. Aber es wäre unterlassene Hilfeleistung; da konnten sie dann schauen, wie sie sich herauswanden bei der Einvernahme.

Dr. Werner Scholz setzte sich an den bewussten Tisch.

„Was wollen Sie von mir?", fragte er. Der andere pustete auf seine Suppe; tat so, als ob er gar nichts gehört hätte, unterbrach das Löffeln und wischte sich den Mund sorgfältig mit der Serviette ab.

„Die ist gut", sagte er, „wollen Sie nicht auch eine?"

„Ich bin nicht hungrig und ich hasse Drumherumgerede. Sie wollen doch was von mir. Was?"

Der andere begann wieder zu essen.

„Ich interessiere mich halt für Literatur. Das ist doch nicht verboten."

Scholz wusste nicht mehr, was er sagen sollte. Der Wurzelsepp drehte sich in Richtung Küche um.

„Bringen Sie dem Herrn auch eine Suppe!"

„Ich hab doch gesagt, ich bin nicht hungrig ..."

„Das glauben Sie bloß. Ich seh's Ihnen an. Sie müssen essen, Herr Doktor, wenn Sie Hunger haben. Sie dürfen das Gefühl nicht immer unterdrücken. Das ist ungesund."

Scholz sagte nichts. Die Suppe wurde serviert und roch ausgezeichnet. Er begann zu essen.

„Wie heißen Sie eigentlich? Meinen Namen wissen Sie ja schon, woher auch immer …"

„Wurzelsepp."

Scholz lachte. Wer lacht, findet Zugang, dachte er. Wenn man lacht, sticht man einander nicht gleich darauf ab. Der andere lächelte. Wenigstens das.

„Nein, ich heiße so. Ich heiße Wurzelsepp."

Ach so. Scholz hörte auf zu lachen. So war das. Eine Wahnidee.

„Sie sollten den Roman nicht veröffentlichen, Herr Doktor."

„Den von Pettenkoffer?"

„Genau. Er ist nicht schlecht geschrieben, größtenteils, das geb ich zu, ich meine, die Qualität schwankt sehr stark. Aber er ist ungenau, er verbreitet streckenweise Unrichtigkeiten, wie soll ich sagen … es gibt da Stellen, die nicht sorgfältig genug recherchiert sind … ‚Weiße Berge' ist übrigens ein Scheißtitel, aber das wissen Sie ja selbst."

Herr Wurzelsepp zerbröselte ein Brötchen und steckte kleine Stücke davon nachlässig in den Mund.

„Essen Sie", sagte er dann, „sie wird sonst kalt."

Dr. Scholz saß da, mit offenem Mund.

„Machen Sie doch den Mund zu. Immer, wenn Sie überrascht sind, lassen Sie den Mund offen, das ist mir aufgefallen. Sehr vorteilhaft sieht das nicht aus, unter uns gesagt."

Alles, was Herr Wurzelsepp sagte, entsprach der Wahrheit. Zuerst war Scholz entsetzt. Den Titel „Weiße Berge" hatte sich Pettenkoffer heute Nachmittag ausgedacht. Hatte er behauptet. Das eben sei die inspirierende Anwesenheit des Dr. Scholz, hatte er gesagt, wo er doch schon seit zwei Monaten über den Titel nachgrüble, vergeblich; und kaum sei Herr Dr. Scholz persönlich anwesend, falle ihm, Pettenkoffer, dieser phänomenale Titel ein. Weiße Berge. Daraus könne man doch ersehen, wie wichtig persönlicher Kontakt zwischen Autor und Verleger sei für den schöpferischen Prozess und so weiter … Pettenkoffer war ein

Lügner. Natürlich, so war es. Den Titel hatte er sich schon lange vorher ausgedacht und diesem Wurzelsepp davon erzählt. Anders war es ja nicht möglich.

„Ich wusste nicht, dass Sie den Pettenkoffer so gut kennen", sagte Scholz ganz ruhig. „Anscheinend nimmt er es mit der Wahrheit nicht so genau. Mir erzählt er immer, ich sei der Einzige, der von seinem Projekt weiß."

Herr Wurzelsepp blieb unerschüttert.

„Er hat subjektiv recht", sagte er, „objektiv natürlich unrecht. Pettenkoffer weiß gar nicht, dass ich existiere."

Scholz zuckte die Achseln und widmete sich seiner Suppe. Weitere Unterhaltung so sinnlos wie die mit einem Bibelforscher.

„Dieser Roman", sagte Wurzelsepp bedächtig, „er kann und darf in der vorliegenden Form nicht erscheinen … die Veröffentlichung dieses sogenannten Romans würde als unfreundlicher Akt angesehen werden."

„Warum?" Die Sache begann, Dr. Scholz zu interessieren.

„Wenn das nur so einfach zu erklären wäre! Anders herum ist es wiederum sehr einfach … aber verboten."

„Sie reden um den heißen Brei. Wenn Sie mir nicht klipp und klar sagen können, was oder wer hinter Ihrem Ansinnen steckt, können Sie kaum erwarten, dass ich darauf eingehe! Wie stellen Sie sich das vor? Ich treffe einen wildfremden Menschen im Zug, und der sagt mir, ich darf den Roman nicht herausbringen, den ich seit Jahren betreue. Das ist doch absurd!"

Wurzelsepp schien bekümmert und schwieg. Dr. Scholz begann er leid zu tun.

„Sie müssen selbst wissen, was Sie tun", sagte er traurig. „Es tut mir leid, ich kann Ihnen nichts sagen und ich kann Ihnen nicht helfen. Sie sind in Ihren Entscheidungen völlig frei, verstehen Sie? Völlig frei …"

„Aber Sie können doch wenigstens eine Andeutung machen!"

„Bedaure, das ist unmöglich. Ich bin nämlich nicht frei in meinen Entscheidungen."

Er wischte sich den Mund mit der Serviette ab, sorgfältig und methodisch, dass kein Brösel im Bart hängenbliebe.

Dr. Scholz wusste nicht, was er noch sagen konnte. Als der Mensch die Serviette vom Gesicht nahm, sah es gealtert aus. Runzeln wurden sichtbar, tiefe Falten um die Mundwinkel, die nicht vom Lachen stammten. Wurzelsepp hob die Hand, ohne sich umzudrehen. Der Kellner eilte herbei. Wurzelsepp zahlte, gab ein großzügiges Trinkgeld, was Dr. Scholz noch mehr wunderte, dann stand er auf und ging.

Dr. Scholz wollte ihn noch fragen, ob er wieder ins Abteil zurückkehre, unterließ es aber. Er zahlte auch und blieb im Speisewagen sitzen. Er hatte jetzt Angst. Nicht mehr vor Herrn Wurzelsepp, der sich bis jetzt – alles in allem – korrekt verhalten hatte. Eigentlich sollte er ins Abteil zurück und das Manuskript bewachen. Das wäre logisch und umsichtig gehandelt, aber irgendwie war die Zeit logischen und umsichtigen Handelns vorbei. Wurzelsepp könnte in aller Gemütsruhe das Gepäck an sich nehmen und aussteigen, während er hier saß und auf die Tischdecke stierte. Der Zug wurde langsamer und hielt. Landeck. Dr. Scholz bestellte einen Kaffee, trank ihn aus, zahlte und ging in sein Abteil. Dort fand er alles unverändert vor. Ein unglaublicher Leichtsinn war das gewesen, alles liegen zu lassen.

Vor dem schwarzen Hintergrund der Nacht sah er sein Spiegelbild im Fenster, blass war es und gelblich braun. Er öffnete das Fenster und schaute hinaus. Es roch nach feuchter Erde. Zu sehen waren die Schatten der Bäume an der Strecke und vereinzelte Lichter von der anderen Talseite. Unten schimmerte der Fluss. Alles vertraut. Hunderte Male hatte er das gesehen, bei jedem Wetter, jeder Beleuchtung, in jeder Jahreszeit. Schönes, düsteres Tal der Rosanna. Er verstaute das Manuskript in seinem Aktenkoffer und zitterte, als er den Deckel zumachte. Er spürte, wie er müde wurde. „Es hat ja keinen Zweck", sagte er, „ich muss schlafen. Einfach schlafen." Er setzte sich vorsichtig wie ein alter, gebrechlicher Mann und lehnte den Kopf an die Fensterscheibe. Das war die beste Stellung. Er schlief sofort ein.

„Haben Sie Feuer?"

Er erschrak. Jemand hatte nach Feuer gefragt. Jemand weiblicher. Ihn. Wieso ihn? Er war doch Nichtraucher. Dann, allmählich, wusste er wieder, wo er war. Im Zug. Die Dame, die Feuer brauchte, saß ihm gegenüber. Was bildete die sich ein? Ihn aufzuwecken wegen der Scheißraucherei. Er blickte auf das Schild über der Abteiltür. War das überhaupt Raucher? Leider ja. Auch das war nicht wie sonst. Er vermied Raucherabteile; nur konnte er sich nicht mehr recht erinnern, warum er grade heute eines genommen hatte. War der Zug so voll gewesen? Ach ja, sein Abteilwechsel.

„Tut mir leid", sagte er. „Ich bin Nichtraucher." Dann, nach einer kleinen, Missbilligung andeutenden Pause: „Außerdem habe ich geschlafen."

„So?" Ihre Stimme klang voll und tief wie eine Glocke. Durchaus angenehm. Beim Aufwachen tat er sich immer schwer. So kam ihm erst jetzt allmählich zu Bewusstsein, wie außerordentlich die Frau war, die ihm gegenübersaß. Er schaute bei Frauen immer zuerst aufs Haar. Ihres war kupferrot mit einem Stich ins Feurige; hinten gebunden mit einer nachtblauen Schleife. Große, hellgraue Augen. Das fiel ihm als nächstes auf, dieses fantastische Grau. Sie musterte ihn interessiert. Er blickte weg. So weit war er noch nicht, den Blick auszuhalten, ließ die Augen über das Fenster und Waggoninnere schweifen, musste doch zu ihr zurückkehren, zu ihrem Kostüm, hellgrau, mit einem schmalen, schwarzen Gürtel. Sie war schlank, „zart gebaut", hätte Pettenkoffer gesagt. Er blickte schnell nach oben. Der Aktenkoffer lag noch genau über ihm im Gepäcknetz. Da, wo er ihn hingelegt hatte.

Sie stand auf, lächelte ihm kurz zu und ging hinaus. Als sie wiederkam, brannte die Zigarette. Sie sah fantastisch aus.

„Ich weiß schon, es ist nicht gesund", sagte sie munter. „Die Sucht … die Sucht …" Sie nahm einen tiefen Zug.

Er stellte sich vor und erfuhr, dass die Dame Regina Sommerring hieß und in F. ein Antiquitätengeschäft betrieb. Danach hatte er gar nicht gefragt; das Geschäft erwähnte sie von sich aus, wodurch ein unmerklicher, aber wirksamer Zwang entstand, nun seinerseits die Rede auf den Scholz-Verlag zu bringen und auf die Stellung, die er dort einnahm. Frau Sommerring war gehörig beeindruckt, denn sie hatte – sieh an! – eine Schwäche für die Literatur und sogar Otto Mosers Gedichtband gelesen und auch die Mundarterzählungen von Franziska Winkler, wenn sie sich dabei auch etwas schwergetan hatte.

„Alles hab ich nicht verstanden", meinte sie und lächelte ganz liebreizend dabei.

„Und es hat Ihnen trotzdem gefallen?"

Ach, gefallen habe es ihr sogar sehr, meinte sie, besonders diese Geschichte mit dem Traktor, der nicht anspringt, wo man unter der Oberfläche des ländlich humoristischen Sujets doch auch die existentielle Geworfenheit herausspüre. Dann fühlte sich Frau Sommerring bemüßigt, die Geschichte mit dem nicht anspringenden Traktor haarklein nachzuerzählen, wobei sie einige Details herausarbeitete, die Dr. Scholz selbst längst entfallen waren. Dr. Scholz war bass erstaunt, dass jemand, den man im Zug traf, eine so intime Kenntnis dieser Art von Literatur haben konnte; er kannte ja die Auflagen des Scholz-Verlags.

„Ich habe noch nie jemanden getroffen, der ein Buch von der Winkler gelesen hat", sagte er. „Ich meine, natürlich verkaufen wir diese Bücher, gar nicht so schlecht, würde ich sagen, aber … sehen Sie, jeder weiß, es gibt Stotterer – überall, auf der ganzen Welt, soviel ich weiß, ein sehr geringer Prozentsatz der Bevölkerung, aber sagen Sie: kennen Sie einen?"

Frau Sommerring lachte glockenhell auf und beteuerte, das sei ein ganz entzückender Vergleich. Dr. Scholz war geschmeichelt. Sein Puls jagte zwar nicht, ging aber schneller, ihm war heiß, auf der Stirn hatte sich ein feiner Schweißfilm ausgebreitet.

„Es ist entsetzlich heiß hier", bemerkte Regina Sommerring, wodurch sie einer gleichlautenden Äußerung von seiner Seite zuvorkam. Und auch das nächste, was er hatte anhängen wollen, nahm sie vorweg, gleichsam aus seinem Mund, denn sie schlug vor, in den Speisewagen zu gehen und „etwas Spritziges“ zu trinken. Dr. Scholz erhob sich in leichter Trance und öffnete die Abteiltür.

„Etwas Spritziges“ erwies sich als gespritzter Roter, was Dr. Scholz, der sich nur an gespritzte Weiße erinnern konnte, merkwürdig vorkam, aber bitte, warum eigentlich nicht? Kühn bestellte er dasselbe.

„Auf die Literatur!“, sagte sie und funkelte dabei mit ihren grauen Augen, genauso war es, dachte er, das macht sie extra, es ist ja gar nicht möglich, dass die Augen so etwas von selber … nein, nein, sie verfolgt eine Absicht dabei … Seine Gedanken trieben sich unstet in entlegenen Ecken seines Kopfes herum, das hatte er zum Beispiel auch noch nie gesehen, graue Augen, die solcherart blitzen können, aber was hieß das schon, rot Gespritzte hatte er ja angeblich auch noch nie gesehen. Ich bin ein rechter Tropf, dachte er, das Leben läuft an mir vorbei; natürlich hätte ich so was schon hundertmal sehen können, wenn ich richtig hingeschaut hätte, in die pralle Wirklichkeit, statt immer nur auf bedrucktes Papier …

„Auf die Literatur“, sagte er lustlos, die Gläser klangen, ihr grauäugiges Gefunkel wurde stärker und seine Laune trostloser.

Er nahm hastig einen großen Schluck, der nie probierte, rote Gespritzte schmeckte ausgezeichnet. Das sei eine gute Empfehlung gewesen, sagte er, sie tat ihm den Gefallen und lächelte geschmeichelt. Dann begann der literarische Teil.

„Haben Sie ‚Die Schwebung‘ schon gelesen … von diesem … na, wie heißt er gleich, Sie wissen schon, dieser junge …“

„Ich weiß, wen Sie meinen, mir fällt er nur im Moment nicht ein, aber das Buch heißt auch ‚Webungen‘, glaub ich, nicht ‚Schwebungen‘ …“

„… oder ‚Währungen‘? Ich komm nicht drauf.“ Sie begann zu lachen und er lachte mit, und damit war ein weiterer Damm gebrochen. Er wusste, was das hieß, dieses Lachen.

„Ein ordentlicher Dreck“, meinte sie, „ich hab mich gefragt, warum merkt das keiner, die Kritiker haben sich ja überschlagen, ich versteh das immer noch nicht, so ein verlogener Scheißdreck …"

Sie wurde Rot, weil sie sich hatte gehen lassen, aber er teilte ihre Ansicht voll und ganz. Die nächste Viertelstunde (und das nächste Viertel rot gespritzt) verging mit der Erörterung der intellektuellen Unredlichkeit jenes Autors, dessen grobschlächtige Effekte das breite Publikum gleichwohl zu blenden vermochten. Leider, leider.

Sie plauderte, er überließ ihr gern das Reden, lächelte sie freundlich an, nickte zu ihren Ausführungen, manchmal sagte er auch: „Genau!", und schlug mit der flachen Hand auf die Tischplatte; freilich nicht so, dass die Gläser davon hochsprangen, sondern eher pantomimisch. Er hatte sich seit Langem nicht mehr so köstlich über Literatur unterhalten, was schon etwas heißen mochte, weil ja seine ganze Freizeitbeschäftigung darin bestand, sich mit allen möglichen Menschen über Literatur zu unterhalten. Nein, nicht mit allen möglichen Menschen. Mit seiner Frau. Eigentlich nur mit seiner Frau. Das heiße Schuldgefühl, das dieser Gedanke hervorrufen sollte – widerlicher, machohafter Verrat an der Gefährtin mit der erstbesten hergelaufenen … dieses Schuldgefühl war durch den rot Gespritzten deutlich abgekühlt und leicht erträglich. Ein erstaunliches Getränk. Damit die Wirkung anhielt, bestellte er noch einen, während Frau Sommerring sich mit der Bemerkung entschuldigte, sie sei gleich zurück, und leicht schwankend über den Mittelgang dem Waggonende zustrebte. Er blickte ihr nach. Sie imponierte ihm. Eine Frau, die nichts unterdrückt oder kaschiert, sondern ganz einfach aufs Klo geht.

Sie kam auch gleich wieder. Die Konversation über heimische und benachbarte Literaten wurde fortgesetzt, allerdings eher von ihr; er beschränkte sich auf kurze Einwürfe. Erstens hörte er gern ihrer Glockenstimme zu, die, je weiter der Abend fortschritt, immer tiefere, tönendere Resonanzen zu enthalten schien. Zweitens war er nun schon ein klein wenig betrunken und hatte, wie er wohl wusste, Artikulationsprobleme. Das war immer die erste Wirkung des Alkohols bei ihm, das und eine ungesunde Gesichtsrötung. Ärgerlich, aber unausweichlich.

Nun war es an ihm, sich zu entschuldigen. Er musste dringend ein bisschen nüchterner werden. Also ging er ins Abteil zurück, machte das Fenster auf und ließ die Haare im kalten Fahrtwind flattern. Eine bemerkenswerte Frau. Das mit dem kalten Wind funktionierte, er wurde tatsächlich nüchterner. Ein bisschen. Das Schuldgefühl analog ein bisschen heißer, aber noch nicht so, dass man sich daran verbrannt hätte. Dem Gefühl trotzte er: Er war nicht aus Stein, oder? Er schloss das Fenster und setzte sich. Auf ihren Platz. Genau hier war sie gesessen. Konnte es sein, dass der Platz noch warm war, nach über einer Stunde? Das bildete er sich doch nur ein … Er schaute nach oben. Ihr Koffer auf der Ablage. Mittelgroß, rindsledern und braun. Der Koffer passte nicht zu ihr, zu ihm selber hätte er gepasst. Durchschnittliche Unauffälligkeit. Mit abgestoßenen Ecken. Seltsame Diskrepanz zu ihrem Äußeren. Seltsam auch, wie sie ihn hingelegt hatte. Mit dem Griff nach hinten. Er streckte den Hals noch ein wenig und entdeckte den Griff zwischen Koffer und Abteilwand eingeklemmt. Und da war noch etwas Ledernes. Er stand auf, trat auf den Gang und sah sich um. Draußen war niemand.

Dann drehte er den Koffer um. Das Lederne war ein Anhänger. „Regina Sommerring, Oberer Riegel 45“, stand da in Blockschrift unter der durchsichtigen Abdeckung. Er brachte den Koffer schnell wieder in die frühere Lage und ging zurück in den Speisewagen. Er rannte fast.

Sie war wie zuvor. Redete und redete. Dabei blickte sie ihn unverwandt an. Mit großen, grauen, gleichwohl glänzenden Augen. Er wich dem Blick aus, suchte ihn dann wieder. Beide bestellten noch ein Viertel Rot gespritzt.

Dann hielt der Zug in Bludenz, er beglich hastig die gesamte Zeche, wogegen sie keinen Einwand erhob; eben eine Klassefrau, die nicht herumzickt, wer wen einladen darf und überhaupt … sie kehrten ins Abteil zurück. Es wurde nun, das fiel ihm erst hinterher auf, fast nichts mehr gesprochen. Als ob sie nach einer Vorstellung von der Bühne abgetreten wären und einander privat nicht viel zu sagen hätten. Wenn er es später genau bedachte, dann war dieses gleichgültige Schweigen von ihr ausgegangen, er hätte durchaus noch dies und das zur Sprache gebracht, war aber unfreiwillig mitverstummt. Bis auf kurze und banale Bemerkungen, die sie über den Regen austauschten, der in schrägen Bahnen übers Abteilfenster lief.

Dann kam F. Frau Sommerring stand auf, wuchtete den Koffer herunter, bevor er ihr dabei zur Hand gehen konnte, verabschiedete sich. Beiläufige Freundlichkeit, es war so nett und so weiter, danke, bemühen Sie sich nicht, es geht schon, ist ja nicht schwer, und ja, sicher kommt sie in seine Buchhandlung. Bei Gelegenheit. Dann stand sie schon auf dem Bahnsteig und der Zug fuhr wieder an. Er stand am Gangfenster und blickte ihr nach, wie sie auf die Unterführung zuging. Sie drehte sich nicht um. Er kehrte ins Abteil zurück und war, er wusste nicht genau warum, mit einem Mal verdrossen. In D. wartete seine Frau am Bahnsteig. Sie wusste gleich, dass etwas nicht stimmte.

„Was ist los?", rief sie, wodurch sie die Aufmerksamkeit der anderen Wartenden auf sich konzentrierte. Gedämpft sprechen konnte sie nicht. Schon nicht in einer normalen Unterhaltung, wenn sie sich aber aufregte, begann sie zu schreien; mit vollem Ton.

„Nichts, nichts!", zischte er. „Komm jetzt, mach kein Theater, die Leute schauen schon!"

Sie verstummte. Ihre Stimme war ihr peinlich, man hatte sie schon in der Schule deshalb aufgezogen; wegen der Stimme und wegen der Gestalt, die in der Wachstumsphase bedenklich in die Länge gestrebt war, ohne dass Umfang und weibliche Rundungen sich ebenmäßig ausgeprägt hätten. Später kam alles ins rechte Lot, wo etwas fehlte, kam etwas hinzu. Livia wurde attraktiv. Das war sie heute noch. Nicht mehr lang, sondern hochgewachsen, nicht mehr dürr, sondern schlank. Nur die laute Stimme war ihr geblieben. Sie hatte Dr. Scholz während des Studiums kennengelernt.

„Wie geht's dir?", wollte er wissen.

„Gut", sagte sie leiser. Sie war etwas eingeschnappt. Wie jedes Mal, wenn man ihre Stimme kritisierte. Alle paar Schritte schüttelte sie den Kopf, die lange Mähne flatterte als blonde Fahne hinter ihr her; er ging zwei Schritte hinter ihr, weil sie sich den kleinen Koffer geschnappt und zwei Schritte vorgesetzt hatte. Wenn sie beleidigt war, machte sie das so. Er fasste sie leicht am Arm, zog sie zu sich her, sie drehte sich um, und er umarmte sie. Sie küssten sich. Sie war ja auch nicht schwer beleidigt.

Sie fuhr. Im Auto beruhigte er sich. Es war nichts passiert. Eine zickige Mitreisende, die sich komisch verhalten hatte. Na und? Aber er musste es loswerden. „Mir ist da was Komisches passiert …"

Er erzählte ihr alles. Die Bekanntschaft, die Unterhaltung, die seltsame Abkühlung im Verhalten der Frau Sommerring. Die emotionale Abkühlung schien übertragbar zu sein. Von Frau Sommerring auf ihn – nur zeigte er keine Symptome, da war er ähnlich wie die „Typhoid Mary" – und von ihm auf Livia. Die zeigte nun durchaus Symptome, indem sie nämlich so leise sprach, wie sie es gerade noch zustande brachte, und starr geradeaus blickte.

„Ich hätte nicht gedacht, dass du dich so beeindrucken lässt", sagte sie.

„Wie meinst du das, wieso beeindrucken?"

„Von dieser Frau, die du im Zug getroffen hast. Die muss dich ungeheuer beeindruckt haben, dass du jede kleine Änderung im Verhalten registrierst. Ich wollte, du wärst auch sonst so aufmerksam …"

Er sagte gar nichts, weil er sich erstens über diesen dummen Eifersuchtsanfall ärgerte, und zweitens wusste, jedes weitere Wort würde zu einem ausgewachsenen Streit führen. Streiten würden sie sich später sowieso, aber nicht jetzt im Auto; er hasste das, es lenkte ab und war gefährlich.

Dr. Scholz bewohnte mit seiner Frau Livia ein Einfamilienhaus am Stadtrand von D. Es stand etwas zurückgesetzt in einer Siedlung ähnlich aussehender Häuser, das heißt, einem Fremden wären sie ähnlich vorgekommen, die Bewohner selbst hätten das schroff verneint. Die meisten dieser Häuser waren mit solchen Entbehrungen errichtet worden, dass sie davon gezeichnet waren; eine Aura finanziellen, also seelischen Leidens dünstete aus ihnen heraus. Weil zwar die Geldsorgen überall die gleichen, die Seelen der Hausbesitzer aber verschieden waren, hatte der Dunst von Haus zu Haus ein jeweils anderes Aroma.

Livias Eltern hatten den Bau unterstützt und dafür gesorgt, dass sich die Aura des Leidens an dem speziellen Objekt Tulpenstraße 4 zu einem schwachen Düftchen verflüchtigt hatte. Dafür war er dankbar. Es fiel ihm wieder ein, als er ausstieg, was alles mit dem Haus zusammenhing, er wollte es ihr auch sagen, das mit der Dankbarkeit, aber sie wandte sich gleich der Haustür zu; als er aus der Garage zurückkam, war sie schon im Bad.

Er ging ins Arbeitszimmer im ersten Stock.

Und machte den Koffer auf. Kurze Zeit später schritt er den Korridor entlang, aufs Badezimmer zu. Er spürte eine gewisse Ruhe, ein Gefühl großer innerer Kälte. Merkwürdig kam er sich vor, wie ein Automat.

Er öffnete die Tür des Badezimmers.

„Diese Frau Sommerring hat mich beklaut." Livia saß in der Wanne und schien unwirsch.

„Wer ist Frau Sommerring?"

„Die Dame aus dem Zug, deren Erwähnung diesen Anfall von Eifersucht bei dir hervorgerufen hat." Sie rutschte tiefer unter die Badeschaumdecke, nur der Kopf war noch zu sehen.

„Geld?"

„Nein, das Manuskript vom Pettenkoffer. Das er – wie du weißt – an der Schreibmaschine verfasst hat … das ist das einzige Exemplar …"

Sie seufzte und blickte ihn an.

„Ja, sehr unangenehm. Ich kann es ihm unmöglich sagen."

„Und das hast du erst jetzt gemerkt?"

„Die haben mir einen Papierstoß in den Koffer gelegt, beim Gewicht war kein Unterschied …"

„Wieso ‚die'? Außer dir und dieser Frau war doch niemand im Abteil?"

Er erzählte ihr von Wurzelsepp, dem Verrückten, der angeblich in Landeck ausgestiegen war, aber eben doch nicht ausgestiegen war. Irgendwo im Zug hatte er gewartet, bis seine Komplizin das Opfer in den Speisewagen geschleppt hatte. Er verwendete tatsächlich die Ausdrücke „Opfer" und „geschleppt". Sie lächelte, stand mit einem feuchten Schwung auf und stieg aus der Wanne. Er reichte ihr das Badetuch.

„Sag nichts", sagte er.

„Wie meinst du das?"

„Ich weiß, was du sagen willst. Du willst sagen: das kommt davon. Oder?"

Sie trocknete sich mit trägen Bewegungen ab, nachlässig sah das aus, provozierend.

„Also?", fragte er.

„Du hast gesagt, ich soll nichts sagen." Sie zog den Bademantel an und ging neben ihm aus der Tür. Aber sie lächelte dabei. Noch war sie böse, aber nicht mehr wie vor fünf Minuten. Er folgte ihr in die Küche.

„Reg dich nicht auf", sagte sie, „da finden wir schon eine Lösung. Wir müssen nur intensiv nachdenken."

Er schwieg bedrückt. Intensives Nachdenken war für seine Frau eine Art Allheilmittel, auf dessen Wirksamkeit sie fest vertraute; es fiel ihm allerdings kein einziges Problem ein, das sie je durch intensives Nachdenken gelöst hätten. Eher durch intensives Herumlavieren und ein wenig göttliche Fügung.

Livia kam mit dem Kaffee. Der roch nach Alkohol.

„Trink erst mal", sagte sie. „Du fühlst dich gleich besser." Dr. Scholz nahm vorsichtig einen kleinen Schluck. Es schmeckte widerlich.

„Widerlich!", sagte er.

„Das sagst du jedes Mal", gab sie zurück. „Trink einfach."

Er nahm noch einen kleinen Schluck. Der war schon besser. Nach einer halben Tasse brach ihm der Schweiß aus. Den Herzschlag spürte er bis in den Hals. Livia hatte sich auch eine Tasse eingeschenkt. Ihre Augen funkelten, ein Schweißfilm glänzte auf ihrer Stirn. Sie genoss das. Kaffee mit Cognac. Das machte sie scharf. Ihn nicht. Ihn machte es scharf, ihr dabei zuzusehen. – Frau Sommerring fiel ihm plötzlich ein, seine Stimmung verfinsterte sich.

Dr. Scholz stand auf, schwer, dieses Aufstehen, dieses fest auf den Boden Treten. Er fühlte sich müde. Kaffee mit Cognac hatte sonst nie diese Wirkung.

„Wir fragen Oskar", sagte sie.

„Warum Oskar?"

„Was du jetzt brauchst, ist ein Detektiv. Oskar ist doch Detektiv."

Das hatte etwas für sich. Er beneidete Livia um ihren praktischen Verstand. Er selber hielt sich in dieser Beziehung für unterbelichtet. Wahrscheinlich hätte sich seine Frau im Zug ganz anders verhalten; sie zu bestehlen, da war er sicher, hätten diese Ganoven gar nicht versucht. Inzwischen glaubte er fest daran, dass es mehrere gewesen sein mussten. Diese Frau Sommerring – wenn sie wirklich so hieß – und mindestens ein Komplize … was soll das: wenn sie wirklich so hieß? … stand doch auf dem Kofferanhänger … es war alles sehr verwirrend. Er besaß nicht die Art Intelligenz, die man zur Lösung solcher Verzwicktheiten brauchte. Oskar kannte sich da besser aus. Oskar war ein guter Vorschlag.

Aber er wollte Oskar nicht anrufen. Sollte sie das machen. Es war nicht so, dass er Oskar nicht mochte. Er kannte Oskar Klein seit der ersten Klasse Gymnasium, da waren sie zehn gewesen. Bei Bekanntschaften dieser Dauer verlieren Begriffe wie „mögen" oder „nicht mögen" ihre Bedeutung, sind selber veraltet, wie die Wörter „Klafter" und „Fuder", von denen man nur noch weiß, dass sie Länge und Volumen bedeutet haben, aber sonst keine Vorstellung mehr damit verbindet. Nein, es war nicht so, dass er Oskar nicht mochte. Er wollte ihn nur nicht anrufen.

Seine Frau telefonierte schon mit ihm, er hörte es an ihrer Stimme, die nicht nur laut, sondern auch eine Quint nach oben gerutscht und von teenagerhafter Munterkeit erfüllt war. Seine Frau bemühte sich, aus der Stimme ein ganzes Vierteljahrhundert wegzupressen; es klang schauderhaft, fand er. Oskar fand das nicht, er telefonierte gern mit Livia, „Deine Frau ist wirklich prima!“, sagte er oft. Wirklich prima. Oskar Klein drückte sich so aus. Wenn er privat auftrat, trug er ausgebleichte Jeans oder Cordhosen und eine Lederjacke, als wären gerade die Siebziger. Siebziger allerdings, die so nie existiert hatten, vor allem nicht für Oskar Klein, der vor seiner zweiten Laufbahn Gendarmerieoffizier gewesen war. Niemand wollte das glauben, wenn man es erzählte. In der Schule war Oskar Klein der Klassenclown gewesen, faul und intelligent, oft mit einem „Wenig Zufriedenstellend“ in Betragen, was bei allen anderen häusliche Katastrophen ausgelöst hätte. Bei Oskar Klein gab es keinen Aufstand, seine Mutter hatte ihr Pensum an Katastrophen schon absolviert und das Pensum von ein paar anderen Leuten gleich dazu. Ihr Mann war gestorben, als Oskar fünf war. Ihr einziger Bruder war tödlich verunfallt, ein Bruder ihres Mannes hatte sich zu Tode getrunken, einer war bei der Fremdenlegion verschollen. Da konnte sie sich über die Betragensnote nicht mehr groß aufregen.

Seine Frau sprach mit Oskar Klein nicht über die Vorfälle im Zug, sondern über Kleins Urlaub auf Fuerteventura. Oskar Klein erörterte berufliche Angelegenheiten nie am Telefon. „Ist heute nicht mehr sicher“, sagte er dann mit bedeutungsschwangerer Stimme. Oskar Klein „spielte“ den Privatdetektiv, aber auf eine merkwürdige Weise. Auf den ersten Blick hätte man ihn für einen flachköpfigen Wichtigtuer gehalten, etwa wie diesen Floriani, der auch mit ihnen zur Schule gegangen war und es immerhin zum Fernsehredakteur gebracht hatte – aber das traf die Sache nicht. Oskar stellte nicht den Privatdetektiv dar, sondern eine Karikatur davon, als wolle er sich über die Figur als solche lustig machen. Oder über sich selber. Oskar Klein, der Privatdetektiv. Schon die Vorstellung war absurd. Scholz war acht Jahre neben ihm gesessen. Niemand war beim Schwindeln so oft erwischt worden wie Oskar Klein. Daher kam die schlechte Note in Betragen. Er hatte sich ja auch nur erwischen lassen, um seine Mitschüler zu unterhalten und den Professor. Klein war in Wirklichkeit viel gerissener, als sie alle dachten. Scholz hoffte, dass es so wäre.

Ein Hinweis darauf war der merkwürdige Karriereknick, den Oskar Klein erlitten hatte; ein Thema, über das er sich nur in höchst geheimnisvollen Andeutungen äußerte. Von einem Tag auf den anderen hatte er die Polizeilaufbahn aufgegeben und ein privates Ermittlungsbüro aufgemacht. Einen konkreten Grund erfuhr niemand, Oskar ließ aber keinen Zweifel, dass es einen solchen Grund gab. Es „sei für alle Beteiligten so am besten gewesen“, ließ er etwa wissen. Immer, wenn das Gespräch auf seinen Berufswechsel kam, verstand er, den diffusen Eindruck zu erwecken, er sei dazu gezwungen worden und es stecke noch viel mehr dahinter, als der misstrauischste Zuhörer sich vorstellen konnte. Seine privaten Verhältnisse passten dazu. Er war nicht verheiratet, es gab „feste Freundinnen“, die so fest aber auch nicht waren, was man schon am Zweijahresrhythmus sah, in dem sie sich ablösten.

„Er kommt gleich“, sagte Livia.

Bald danach läutete es an der Tür. Sie sprang auf und lief hinaus. Er hörte ihre laute Stimme; auch Oskar Klein sprach laut, aber er konnte die Worte nicht genau verstehen. Sie schienen sich überschwänglich zu begrüßen, das machten sie jedes Mal so, auch wenn sie sich nur zwei Tage nicht gesehen hatten. Scholz fand das kindisch. Eifersüchtig war er nicht. Oskar betrat das Zimmer, breitete die Arme aus und rief: „Werner, lange vermisster Freund! Sei gegrüßt! Das Manuskript, das sehnlich begehrte, hast du endlich erworben?"

Scholz war nicht nach Späßen. Langsam stand er auf, gab Oskar Klein die Hand.

„Sie haben es mir geklaut", sagte er mürrisch.

Oskar sagte nichts, setzte sich, lächelte erfreut, als ihm Livia Kaffee und Cognac servierte. Er lehnte sich zurück und holte das Buch heraus. Dieses Buch war gebunden, in schwarzes Skai eingeschlagen, etwa so groß wie ein Terminkalender und für Oskar unentbehrlich. Drinnen gab es linierte Blätter, wusste Werner Scholz, der einmal einen Blick hatte hineinwerfen dürfen; ein enttäuschender Blick. Nur feinziselierte Stenografie wie aus dem Lehrbuch, Seite um Seite, dazwischen langschriftliche Abkürzungen wie abs., cdt. oder o.H.!, über die man lang hätte nachdenken können, ohne jedes Ergebnis vermutlich. Dr. Scholz war etwa überzeugt, dass „abs." ganz sicher nicht „absolut" bedeutete, was nahe gelegen hätte. Bei Oskar Klein stimmte immer das Fernerliegende, und da kam man nicht von selber drauf. Oskar benutzte dieses Buch bei allen beruflichen Gesprächen.

Dr. Scholz schaute Oskar Klein zu, der mit gesenktem Kopf in das schwarze Buch hineinschrieb, während er ihm die Geschichte dieser Bahnfahrt erzählte, unzusammenhängend und ohne großes Interesse, sodass Livia oft mit klärenden Bemerkungen aushelfen musste. Dr. Scholz kam das Ganze schon während des Erzählens lächerlich und uninteressant vor, ein Diebstahl in der Eisenbahn; wegen dieses Blödsinns hatten sie Oskar Klein hergerufen, der als Freiberufler doch schauen musste, wie er mit der Zeit umging. Wieso gingen sie nicht einfach zur Polizei? Dr. Scholz staunte, dass ihm das erst jetzt eingefallen war. Oskar schien es nicht besonders gut zu gehen, die ausgefransten Jeans, das billige Hemd unter der schwarzen Lederjacke, die als einziges Stück teuer aussah, dafür aber alt. Er schämte sich jetzt, dass sie Oskar gerufen hatten.

„Was unternimmst du nun?“, fragte Livia. Ihre Stimme war laut und kühl. Oskar Klein kritzelte weiter und ließ sich mit der Antwort Zeit.

„Aufspüren, denke ich“, murmelte er dann. „Ich werd zuerst einmal rauskriegen, wo sich die Dame aufhält …“

„Und dann?“

„Keine Ahnung. Hängt dann ganz von den Umständen ab.“ Er klappte das schwarze Buch zu und stand auf. „Zunächst fahr ich …“, er blickte in sein Buch, „… an den Oberen Riegel 45, was und wo immer das sein mag. Ihr hört von mir.“

Oskar Klein war schon an der Tür, Livia begleitete ihn hinaus. Dr. Scholz fühlte sich müde.

„Er wird es schaffen“, tönte die Stimme seiner Frau aus dem Vorzimmer. Sie hatte diese Angewohnheit, sich quer durchs Haus mit ihm zu unterhalten. Manchmal war es ihm gleich, obwohl es ihn zwang, selber zu brüllen oder ihr wie ein Hündchen überallhin nachzulaufen; manchmal ärgerte er sich darüber. Jetzt ärgerte er sich.

„Brüll nicht so!“, brüllte er. Sie erschien in der Tür und nahm es nicht krumm. Ihre Augen leuchteten. Sie machten ihr Spaß, diese Heimlichkeiten und Mystifikationen. Sie kam auf ihn zu, legte ihm die Arme um den Hals und zog ihn an sich. „Du musst noch duschen“, sagte sie nach einer Weile. Ihre Stimme war jetzt sehr leise; er verstand kaum, was sie sagte. Er löste sich und ging ins Badezimmer. Eine halbe Stunde später hatten sich die Dinge auf beruhigende, voraussehbare Art entwickelt. Nichts war mehr eilig oder besonders wichtig. Er lag; endlich konnte er sich ausstrecken, der Eisenbahndreck war runter von ihm, alle Kleider und die gespannte, ängstliche Sorge, als einzige Last noch Livia, die auf ihm saß und ihr Becken bewegte und kleine, unverständliche Laute vor sich hin murmelte; sehr leise, was in dieser Art auch sehr seltsam war – den ganzen Tag schreit sie herum, aber bei der einzigen Gelegenheit, wo andere Frauen ihre Stimme erheben, bleibt ihre Stimme wohlanständig temperiert. „Na und?“, sagte sie, wenn er sie darauf ansprach. „Was willst du denn hören? Den Soundtrack von einem Pornofilm?“ Er hörte es nur an einem bestimmten Keuchen, wenn sie so weit war; gar nicht laut, etwas Seltsames war darin – von einem großen Tier, das noch nie jemand zu Gesicht bekommen hatte; aber alle wussten, es war da, an irgendeiner Stelle zwischen ihm und seiner Frau, oder in ihnen beiden; das dachte er jedes Mal, bevor er die Finger in ihre Hinterbacken krallte und einen funkenstiebenden Vulkanschlot hinaufritt in engen und steilen Spiralen in eine schwarze und heiße Nacht.

* * *

„Sie hat es noch“, sagte Oskar Klein, als er zwei Tage später wieder zu Besuch kam.

„Wer, bitte, hat was?“, fragte Dr. Scholz.

„Diese Sommerring das Manuskript. Sie heißt übrigens wirklich so, die Daten stimmen alle, hab ich überprüft … rate, was sie von Beruf ist!“ Scholz blickte ihn nur fragend an.

„Buchhalterin!“ Oskar Klein lachte schallend. „Verstehst du? Buch-Halterin!“ Dr. Scholz rang sich ein Gemecker ab, er konnte selten über Oskars Witze lachen, weil sie entweder zu blöd waren, oder er das Gefühl hatte, sie gingen eigentlich auf seine Kosten.

„Woher weißt du, dass sie das Manuskript noch hat?“

„Ich bin reingegangen.“

„In ihre Wohnung?!“

„War kein Problem. Scheint sich völlig sicher zu fühlen, keinerlei Maßnahmen, Sicherungen und so. Sie fährt in der Früh zu ihrer Arbeit bei einer Textilfirma in Altach, kommt am Abend heim. Ich hatte den ganzen Tag Zeit …“

„Aber das ist doch nicht legal, oder?“

„Warum? Sie ist ordnungsgemäß gemeldet, ich hab doch gesagt, die Papiere sind okay …“

„Dass du einfach bei ihr einbrichst!", brüllte Dr. Scholz und erschrak über die eigene Lautstärke. Er blickte zu seiner Frau, deren Miene keine Gemütsbewegung verriet.

„Reg dich nicht auf, Werner", sagte sie voll Gleichmut. Wenn sie ihn mit „Werner" anredete, war er im Begriff, sich auf Dinge einzulassen, von denen er nichts verstand, Geschäfte zum Beispiel.

„Livia hat recht", sagte Oskar Klein ruhig. „Es mag nicht legal sein, auf jeden Fall ist es aber legitim. Du willst dein Eigentum doch wiederhaben?"

„Es ist das Eigentum von Anton Pettenkoffer, nicht meins", sagte Dr. Scholz. Es klang aufsässig und kläglich zugleich, das merkte er selber. Wie die Antwort eines trotzigen Fünfjährigen.

„Warum hast du's nicht gleich mitgenommen?", fragte er.

Oskar lachte, Livia war anzusehen, dass sie das Lachen unterdrückte. Sie wollte ihren Mann nicht blamieren. Dr. Scholz spürte, wie er rot wurde.

„Das wäre", sagte Oskar Klein, „entschuldige schon, also … keine sehr gute Idee. Weißt du, die ganze Sache stinkt sowieso gewaltig. Diese alleinstehende Buchhalterin klaut dir im Zug das Manuskript …"

„Lässt es klauen", unterbrach Dr. Scholz.

„Eben. Wieso ist es dann in ihrer Wohnung? Wieso nicht bei ihrem Komplizen, den wir nicht kennen? Und du darfst nicht glauben, dass sie es etwa besonders versteckt hätte, keine Spur! Es lag in ihrem Kleiderschrank neben einem Stoß Decken, einfach wie ein Packen Papier, den man nicht irgendwo herumliegen lassen will."

„Also fühlt sie sich völlig sicher", sagte Livia.

„Mit diesem Gefühl wäre es sofort vorbei, wenn ich es zurückstehlen würde …"

„Stähle", sagte Dr. Scholz versonnen, „wenn du es zurückstählest …"

„Was … ach so, ja. Wenn ich es zurückstähle, wer käme wohl als Dieb in Betracht?"

Dr. Scholz spürte eine große Müdigkeit in sich aufsteigen.

„Ich“, sagte er leise.

„Nicht du direkt, sondern eine von dir beauftragte Person oder Personengruppe“, präzisierte Oskar Klein. „Von der Existenz einer solchen hat der Gegner keine Ahnung. Bis jetzt. Und das soll so bleiben.“

Livia nickte heftig.

„Man muss“, fuhr Oskar Klein dozierend fort, „in solchen Fällen immer das Ganze im Auge behalten. Zeitlich, räumlich und vom inneren Aufbau her. Diese Frau Sommerring ist doch nur ein kleines Rädchen …“

„Wir wollen nicht nur das Manuskript“, sagte Livia, „wir wollen auch wissen, warum es überhaupt gestohlen wurde. Bei einem Diamantcollier ist es offensichtlich, aber bei einem Roman von Anton Pettenkoffer …“

„Höheren Orts würde man es nicht gern sehen, wenn der Roman veröffentlicht wird, hat er gesagt“, erinnerte Dr. Scholz an die Worte des sinisteren Wurzelsepp.

„Eben“, sagte Oskar Klein, „wo ist dieser höhere Ort? Es ist, das kann ich dir gleich sagen, nichts, was dir dazu einfällt: keine Behörde, kein Geheimdienst, auch keine Weltverschwörungstruppe.“

„Woher willst du das wissen?“

„Weil diese Leute keine Profis sind. Vor dem Diebstahl planen sie alles, lenken dich gekonnt ab, führen mit kaltem Blut die Operation durch – und danach benehmen sie sich wie Anfänger, lassen das Diebesgut im Schrank der Hauptverdächtigen und am leichtesten Identifizierbaren liegen. Das passt nicht zusammen. Ich tippe auf etwas anderes: Wir *sollen* diese Frau Sommerring und das Manuskript finden!“

„Na, das haben wir doch, oder?“

Dr. Scholz konnte diesen Gedankengängen nicht folgen.

„Verstehst du nicht“, mischte sich Livia mit einer gewissen Ungeduld ein, „die wollen entdeckt werden!“

„Warum?“

„Eben das wissen wir nicht“, sagte Oskar Klein. „Es ist eine Falle, aber wir haben keine Ahnung, was uns zustößt, wenn wir hineintappen …“

Oskar Klein fuhr sich mit beiden Händen durchs wirre Haar.

„Wir werden also nicht das tun, was die Gegenseite erwartet. Wir verhalten uns ruhig, liegen auf der Lauer …“

„… während das Manuskript woanders hingebracht wird und für immer verschwindet!“

„Sie können es woanders hinbringen, das stimmt, verschwinden lassen können sie es nicht, weil ich mir erlaubt habe, eine elektronische Sicherung anzubringen – einen Minisender … eigentlich mehr einen Mikrosender.“

„An einem Packen Papier?“

„Ja, das geht heute, kein Problem. Wir wissen immer, wo das Manuskript sich aufhält.“

Dr. Scholz missfiel die Vorstellung, ein Manuskript könne sich, wie eine lebendige Person, irgendwo „aufhalten“; das schien ihm auf schwer bestimmbare Weise unangemessen.

„Auch wo Frau Sommerring sich aufhält, wissen wir. Vorausgesetzt, sie benutzt ihr Auto. Dort ist nämlich seit gestern auch ein Peilsender angebracht. Und selbstverständlich hören wir jedes Wort, das in ihrer Wohnung gesprochen wird, sei es frei in die Luft oder ins Telefon.“

„Du hast eine Wanze angebracht?“

Oskar nickte.

„Wanz*en*. Sieben Stück.“

Auf eine solche Zurschaustellung aggressiver Kompetenz wusste Dr. Scholz nichts mehr zu antworten. Die Sache war, dies sah er ein, seinen Händen entglitten.

Das war erst gestern gewesen. Den ganzen heutigen Tag verbrachte Dr. Scholz in größter Unruhe in seiner Buchhandlung, wo er sich bemühte, die Zeit mit Routinearbeiten totzuschlagen. Außer, dass sein Manuskript für immer verschwand (aufgrund einer Klein'schen Überwachungspanne, wer konnte das wissen?), fürchtete er nichts so sehr wie einen Anruf Anton Pettenkoffers und literarische Debatten über ein Phantom.

Anton Pettenkoffer rief nicht an. Oskar Klein rief auch nicht an, der kam am Abend gleich selber.

„Sie haut ab", sagte er noch in der Tür, die Livia geöffnet hatte.

„Was willst du dann hier?", fragte sie.

„Werner abholen. Wenn er Lust hat", sagte Oskar Klein und trat an Livia vorbei in den Flur. Dr. Scholz kam ihm entgegen.

„Lust wozu?", fragte er.

„Die Sommerring verfolgen. Los, zieh dir was Warmes an!"

„Die haut ab, und du fährst noch extra hierher?", ereiferte sich Livia. „Ich hätte dich für professioneller gehalten ..."

„Liebste Livia, ich habe natürlich jemanden dran, was glaubst du denn, ich wollte nur ..."

„... und jetzt sollen dir die Klienten auch noch helfen? Ist das wie bei diesen Billigangeboten, wo man nur den Rohbau zahlt und den Rest selber macht?"

„... ich wollte ja nur sagen, vielleicht interessiert es ihn, dass nicht nur Frau Sommerring sich in Bewegung gesetzt hat, sondern auch das Manuskript."

Dr. Scholz zog sich hastig die Schuhe an. Livia sagte nichts. Sie hält mich auch nicht zurück, dachte er, obwohl so eine Verfolgungskiste sicher gefährlicher ist als eine Autofahrt nach Innsbruck. Er fühlte sich im Stich gelassen. Wollte sie das so dringend – dass er den Helden spielte? Oder sich wenigstens auf etwas halbwegs Abenteuerliches einließ? War er zu langweilig?

Diese Gedanken würden lange in seinem Bewusstsein bleiben, er würde sich daran erinnern, was er gedacht hatte, und auch daran, dass sein Interesse am Pettenkoffer'schen Lebenswerk in genau diesem Augenblick rapide gesunken war. Auch, dass sie keine Anstalten gemacht hatte, mitzukommen, würde ihn noch beschäftigen. Warum hatte sie ihn so einfach gehen lassen? Hatte sie überhaupt etwas gesagt? Oder hatte sie ihn stumm ziehen lassen?

„Du brauchst dir um das Manuskript keine Sorgen zu machen“, sagte Oskar Klein im Wagen. „Der Sender funktioniert eins a, meine Assistentin ist dran, es kann nichts passieren.“ Eine Routinesache, Verfolgung, Aufspüren des Komplizen, Fotos, Zugriff. Während der Fahrt sprach Oskar mit seiner Assistentin Erika, mit der ihn, wie Scholz vermutete, nicht nur berufliche Interessen verbanden. Sie unterhielten sich in einem Code, von „Schwalbe“ war öfters die Rede, von „Wasserfall“ und einem Haufen anderen Landserquatsch, der Dr. Scholz, je länger es so ging, mit immer größerem Ärger erfüllte.

„Meine Güte, hör halt auf, den großen Geheimagenten zu spielen!“, sagte er irgendwann. „Glaubst du, mich beeindruckt dieses Code-Zeugs?“

„Du hast keine Ahnung“, meinte Oskar Klein. Er blieb ganz ruhig. Der Angriff einer so unqualifizierten Person war nicht einmal ärgerlich; nur kindisches Geplapper.

„Jeder“, sagte er, „buchstäblich jeder hat heute einen Scanner, und jeder hört damit jeden ab. Wenn du da Klartext redest, kannst du dich gleich über einen Lautsprecherwagen unterhalten. Code ist eine absolute Notwendigkeit …“

„Und diese Scanner … ist das nicht illegal?“

Oskar Klein schlug sich mit der flachen Hand auf die Stirn. „Natürlich ist das illegal! Die ganze Branche ist mehr oder weniger illegal! Nimm mich als Beispiel: Wenn ich nur den Pfaden des Gesetzes folge, kann ich gleich dicht machen!“

Dr. Scholz war wider Willen beeindruckt.

„Sie fährt in die Au“, meldete Oskar Klein nach kurzer Funkunterhaltung.

„In welche Au?“

„Die Gisinger, rechts der Ill.“

„Was will sie denn dort?“

„Das, lieber Werner, wenn wir wüssten, täten wir uns gleich viel leichter!“

„Ha, ha“, sagte Dr. Scholz. Oskar Klein war nicht beleidigt. „Ich zeig dir, wo sie wohnt”, sagte er.

Der Obere Riegel in F. erwies sich als schmales Sträßchen, das an Schwimmbad und Campingplatz vorbeilief, schnurgerade bis in die Au hinunter. Links und rechts Einfamilienhäuser und kleine Wohnblocks, keiner älter als fünf Jahre und keiner über den ersten Stock hinausgebaut. Auf einer solchen Straße konnte man spazieren gehen, aber nicht zu Observierungszwecken mit dem Auto stehen bleiben; wenn hier ein Wagen entlangfuhr, erwartete man, dass er irgendwo einbog, weil er hier *hingehörte*, andere Autos hatten da nichts verloren. Unmöglich, sich einfach hinzustellen und angelegentlich ein Haus zu beobachten. Bei Nummer 45 ging das zweimal nicht, das war ein Block mit sechs Wohnungen. Er stand zurückgesetzt als hinteres von zwei Wohnhäusern, von der Straße nicht einsehbar, links und rechts Einfamilienhäuser in Grundstücken, die mit Thujen und Buchenhecken umzäunt waren.

„Nicht schlecht gewählt", meinte Oskar Klein, als sie daran vorbeifuhren. „Wenn die's darauf angelegt hat, für sich zu sein, ist das ideal."

„Wieso denn? In dieser Nummer 45 wohnen doch fünf andere Parteien, das kann man kaum abgeschieden nennen."

„Schon – aber wenn sie keine wahnsinnig illegalen Sachen vorhat, wenn sie quasi nur aus der Schusslinie bleiben will, ist so ein kleiner Block genau das Richtige. Schwer zu observieren. Hier kannst du dich nicht im Auto an den Straßenrand stellen und das Haus beobachten. Das sind alles Hausfrauen hier, der Typ, den man früher ‚grüne Witwen' genannt hat. Das Dumme ist nur, die fahren heute alle selber, die haben ein Nahverhältnis zum Auto. Ich meine, die kennen die einzelnen Marken und so. Und in der Straße hier kennen die jeden Wagen. ‚Das ist der Opel Corsa von Meiers und das dort der amerikanische Angeberwagen von dem Anwalt, diesem Doktor Sowieso, und der Renault 18 dort gehört der Familie Schmitt, die Beule hinten hat natürlich er reingefahren', … und so weiter, verstehst du?"

Dr. Scholz war wieder einmal beeindruckt. Ich habe Oskar Klein unterschätzt, dachte er. Wie viele andere aus der Klasse wohl noch? Das ist die Crux, wenn man mit jemandem in die Schule gegangen ist. Auch, wenn er den Nobelpreis kriegt, bleibt er derselbe Trottel, den man immer schon gekannt hat.

Sie fuhren an Nummer 45 vorbei.

„Woher weißt du das alles?", fragte er mit leichtem Unwillen. „Diese Details über diese … diese Leute …"

„… durch Beobachtung. Lange Beobachtung."

„Also berufsbedingt."

„Beruf ist nur die halbe Wahrheit." Er bog schwungvoll in eine Seitenstraße ein, die auf den Auwald zuführte.

„Beruf allein genügt nicht dafür." Er fuhr jetzt langsamer, sah Dr. Scholz von der Seite an. „Du musst die Leute gernhaben, verstehst du? Du musst sie lieben, sonst erträgst du es nicht, sie zu beobachten. Nicht lange. Du musst auch ihre Schwächen lieben. In diesem Metier hat man ja fast nur mit Schwächen zu tun. Die Starken zu lieben, ist keine Kunst."

Der Wagen tauchte in den tiefen Schatten des Waldes ein. Draußen war Dämmerung, hier war Nacht.

„Und?", fragte Dr. Scholz. „Du liebst also die Schwächen der Menschen?"

„Nicht nur ihre Schwächen", sagte Oskar Klein. „Ich liebe sie überhaupt. Ja, ich darf sagen: Ich liebe die Menschen, alle Menschen. Ich bin Humanist." Der Wagen schwankte leicht über die halb mit Fichtennadeln und Ästchen gefüllten Schlaglöcher des Waldweges einem Ziel entgegen, das Dr. Scholz sich nicht vorstellen konnte. Die Scheinwerfer hatte Oskar Klein abgeschaltet.

„Siehst du überhaupt noch, wo du hinfährst?", fragte Dr. Scholz.

„Ja", sagte Oskar Klein. Weiter sagte er nichts. Der Wagen wurde immer langsamer, blieb stehen. Oskar stieg aus, es blieb dunkel, als die Tür aufging. Daran hatte er also auch gedacht. Draußen war noch jemand. Scholz hörte gemurmelten Wortwechsel, gedämpftes Schlagen einer Autotür, Oskar stieg wieder ein und fuhr weiter. Zu sehen war nichts.

„Ist das nicht gefährlich?", fragte Scholz flüsternd. Oskar gab keine Antwort. Vor ihnen wurde es hell. Oskar hielt an und holte das Nachtsichtgerät vom Rücksitz. Er machte Einstellungen, schaute durch und reichte es Scholz hinüber. Es war lange nicht so eindrucksvoll, wie sich Dr. Scholz das vorgestellt hatte, vor allem, weil der Mond die Szenerie ohnehin ausleuchtete. Konnte auch daran liegen, dass er das Gelände kannte. Eine riesige Lichtung im Auwald, rechteckig, in der Mitte die Baggerlöcher in Reih und Glied, davor ein Wäldchen, eigentlich eher ein mit Maschendraht umzäuntes Gebüsch.

„Sie ist dort rein", sagte Oskar Klein leise. „Ist mit dem Wagen durch das Tor gefahren. Sie hat es hinter sich aber wieder zugemacht."

„Da gibt es einen Weg?" Oskar Klein sagte nichts.

Erika meldete sich über Funktelefon. Oskar hörte eine Weile zu, dann sagte er: „Gut, bleib, wo du bist." Er legte auf. Dann drehte er sich halb zu Scholz um, das hatte er nicht getan, seit sie in diesem Auto saßen.

„Erika hat das Ganze beobachtet. Wohin sie dort drin fahren kann, frage ich mich auch …"

„Vielleicht geht der Weg durch und sie ist hinten wieder raus, um uns abzuhängen."

„Liegt nahe. Um diese Sache abzuklären, ist Erika auf die Rückseite gefahren, direkt am Baggerloch vorbei, und hat sich den Zaun angesehen. Der ist unversehrt und es gibt kein zweites Tor. Also ist das Auto der Frau Sommerring noch drin."

„… und die Frau Sommerring auch." Dr. Scholz verstummte und dachte nach. Dann sagte er: „Also schön, Oskar, ich hab nicht die Erfahrung und so weiter, komm mir vor wie der Ochs vorm Tor, also bitte, wo liegt die Lösung?"

„Nur keine Aufregung! Es ist nun, wie es ist … ich hab keine Ahnung. Wir warten einfach, bis sie wieder rauskommt."

Eine halbe Stunde war das her. Am Anfang dieser halben Stunde hatte Dr. Scholz eine gewisse Erregung gespürt. Ein Rätsel! Ein Geheimnis! Das Verschwinden eines Audi und der Frau Sommerring! Leider war er nicht der richtige Mann für Rätsel dieser Art. Irgend so ein Denksportblödsinn war das. Er war nie gut gewesen bei Denksportaufgaben. Eigentlich ging es nur darum, die Leute zum Narren zu halten – auf diese dummschlaue Art, die er verabscheute. Wer hatte Lord Sowieso umgebracht? Irgendwer halt.

„Also schön, sehen wir nach." Oskar stieg aus. Dr. Scholz wurde aus seinen Träumereien gerissen. Beim Aussteigen bemerkte er, wie nervös er war. Seine Beine waren wie mit Blei gefüllt. Er hielt sich am Türrahmen fest.

„Geh einfach", sagte Oskar leise, „einfach nur gehen, dann hört das gleich auf." Dr. Scholz ließ das Auto los und stolperte hinter Oskar her. Von wegen – geh einfach.

„Was ist mit Anschleichen?", fragte er. Oskar merkte wohl, dass die Frage reiner Hohn war, und würdigte sie keiner Antwort. Er drehte sich nicht einmal um, ging nur mit großen Schritten auf die Baggerlöcher zu, mitten auf dem Feldweg, der aus dem Wald auf die mondbeglänzte Fläche hinausführte. Es war still, nur Oskars Stiefel knarrten bei jedem Schritt. Wie will er denn mit solchen Stiefeln jemanden verfolgen, dachte Dr. Scholz. Wahrscheinlich spielte es keine Rolle, weil Observierende und Observierte sich nur per Auto fortbewegten. Beim Gasgeben und Kuppeln konnte der Schuh ja ruhig knarren. Dr. Scholz wollte aufholen, aber Oskar merkte das und ging noch schneller; dann beschleunigte wiederum Scholz und so weiter, bis sie im Laufschritt auf den verdammten Zaun zurannten.

„Sie hat abgesperrt", sagte Oskar Klein. „Scheiße!"

„Wieso rennst du dann so?" Dr. Scholz war außer Atem, der Schweiß brach aus allen Poren, besonders am Rücken wurde es feucht, und alles wegen dieser zweihundert Meter. Auch eine Sache, die Livia nicht wissen durfte, sie hatte mehr Angst um sein Herz als er. Ich muss anfangen zu trainieren, aber richtig …

Oskar Klein stocherte mit einem spitzen Gegenstand im Schloss herum. Er machte es auf, sie traten ein. Zwei Fahrspuren, zwischen denen hohes Gras wuchs. Weidengebüsch drängte von beiden Seiten heran. Der Weg, fast ganz zugewachsen, machte einen scharfen Rechtsschwenk. In den Spurrinnen lagen Weidenzweige, platt in den weichen Dreck gedrückt; hier war ein Auto langgefahren, sogar Dr. Scholz fiel das auf, der keinerlei detektivische Ausbildung hatte.

„Unterbrich mich, wenn ich was Dummes sage, aber ist das nicht gefährlich, einfach so hier reinzurennen?"

Oskar Klein brummte Unverständliches und kämpfte sich durchs Gebüsch. Die Zweige ließ er achtlos zurückschnellen, Dr. Scholz stolperte mit erhobenen Armen hinterher, er hatte keine Lampe und sah nicht, was da an Astwerk im Dunkeln auf ihn zuschoss. Bei jedem Schritt trat er auf Weiches, meistens war es auch nass und machte schmatzende Geräusche unter der Sohle. Die Schuhe konnte er ohnehin wegwerfen. Oskar Klein hielt an, und Dr. Scholz rannte in ihn hinein. Sie standen vor einer Bretterwand, senkrechte Planken, oben mit vierreihigem Stacheldrahtaufsatz, im weichen Boden die viertelkreisförmigen Schleifspuren zweier Torflügel, das Tor selbst kaum erkennbar.

„Schau, schau!", sagte Oskar Klein und deutete auf das Schloss. „Da hat man sich schon besser abgesichert." Es war ein Zylinderschloss. Eine Klinke gab es nicht. Oskar Klein kauerte sich nieder. „Schön kompliziert", sagte er. „Kann ich nicht so ohne Weiteres aufmachen …" Dr. Scholz staunte, dass man einem Sicherheitsschloss so was von außen ansehen konnte.

„Wir gehen außen rum", sagte Oskar Klein, „vielleicht gibt's noch einen Eingang." Er wandte sich nach links. Dr. Scholz hatte keine Lust, durchs Gebüsch zu kriechen.

„Ich warte hier", sagte er. Es waren die letzten Worte, die Oskar Klein von seinem Schulfreund Dr. Werner Scholz hören sollte. Ein Geviert; zehn Schritte nach links bis zu einer Ecke, dann die zweite Seite entlang zwanzig Schritte, zwanzig

Schritte an der Hinterseite lang und endlich zwanzig Schritte an der vierten. Nach der letzten Ecke ging es wieder zehn Schritt auf den Ausgangspunkt zu. Dort war alles unverändert. Nur Dr. Scholz fehlte. Oskar Klein stellte fest, dass keine Spuren zurückführten. Demnach konnte Scholz nur durch das Tor gegangen sein. Das war auch gar nicht versperrt. Wenn man die Finger in den Spalt zwischen den Flügeln schob, ließ es sich leicht aufziehen. Dahinter gab es Weidengebüsch, sonst nichts.

Oskar Klein sagte später aus, er sei in dieses Gebüsch hineingegangen, ein paar Meter weit, dann habe er es aufgegeben, denn das Strauchwerk sei so dicht und mit Schlingpflanzen verwachsen gewesen, das an kein Durchkommen mehr zu denken gewesen sei. Polizei und Presse wollten natürlich wissen, wo das Auto der Frau Sommerring hingekommen war. Das Auto fanden sie interessanter als Frau Sommerring selbst, die war nämlich auch weg. Nach Gran Canaria verreist, wussten die Nachbarn. Das Auto war deshalb interessanter, weil es offenbar hinter dem Holzzaun verschwunden war, denn Oskar Klein habe es selbst hineinfahren sehen, aber nicht mehr heraus. Die Polizei dachte natürlich anders über Oskar Klein, kurzzeitig war er sogar festgenommen; die Polizei glaubte kein Wort von einem verschwundenen Auto. Sofortige Nachforschungen ergaben nicht den geringsten Hinweis auf den Verbleib von Dr. Scholz, Frau Sommerring oder ihrem Audi. Hinter dem Holzzaun stand dasselbe Gestrüpp wie davor. Versuche seitens Oskar, das Auto oder das darin befindliche Manuskript mittels seiner Sender zu orten – davon erzählte er der Polizei natürlich nichts – scheiterten.

Oskar Klein wäre in große Schwierigkeiten geraten, hätten sich seine Angaben nicht wenigstens zum Teil bestätigen lassen. Ja, es gab Reifenspuren eines Audi von außen in das Grundstück hinein und auch noch weiter bis unmittelbar hinter das Tor im Holzzaun. Dort endeten die Spuren abrupt. Im regenweichen Boden hatte sich das Profil wie in Stuckaturgips abgedrückt. Also hätten sich auch die Fußspuren jener Person oder jener Personen abzeichnen müssen, die ausgestiegen waren. Solche Spuren gab es nicht, also war wohl auch niemand ausgestiegen. Das war unangenehm, denn so konnte auch niemand das Auto weggetragen haben. Aber jemand musste es weggetragen haben, es war ja nicht mehr da, und weiterführende Reifenspuren gab es keine. Es gab auf dem eingezäunten Grundstück überhaupt keine Spuren, bis auf die eines Igels und einiger Feldmäuse, die von Frau Dr. Wellenhof, Direktorin des Naturkundemuseums in D., zweifelsfrei als solche identifiziert wurden.

Als diese Tatsachen an die Öffentlichkeit gelangten, war man immer mehr bereit, auch ungewöhnliche Erklärungsversuche heranzuziehen. Es meldeten sich natürlich Ufo-Forscher und Parapsychologen, heraus kam aber nichts.

Frau Sommerring, ihr Audi und Dr. Scholz blieben verschwunden. Unmittelbar darauf traten Ereignisse ein, die das Verschwinden zweier Personen und eines Autos zur platten Bedeutungslosigkeit herabsinken ließen. Ereignisse des Auftauchens, nicht des Verschwindens.

Pflanze und Gespenst

„Ich muss mit dir reden“, sagte Oskar Klein und trat ohne Umschweife ins Treppenhaus. Floriani lächelte, behielt die Tür länger in der Hand, als nötig war, und blickte Oskar Klein hinterher, der schon auf der Treppe war.

„Oben, oder?“

Floriani schloss die Haustür und ging Oskar Klein nach.

„Ich hab doch gewusst, dass du oben wohnst“, sagte der. Floriani kam es so vor, dass sein Schulfreund gut gelaunt war, eine seltsame Sache. Oskar Klein war früher immer verdrossen und verschlossen gewesen. Schon das Interview hatte er ihm nicht zugetraut. So frisch und lebendig, so geschliffen in der Formulierung. Er hatte natürlich das meiste wegschneiden müssen, nur achtzehn Sekunden waren übriggeblieben – bei den meisten Interviewpartnern in dieser Gegend brachte man aber nicht mal achtzehn Sekunden zustande.

Oskar Klein fand auch den Weg ins Wohnzimmer ohne Hilfe des Hausherrn und während er sich in den Lehnstuhl am Fenster setzte, begann er, die Geschichte vom verschwundenen Dr. Werner Scholz zu erzählen, die Floriani nur flüchtig kannte. Sie waren nicht in dieselbe Klasse gegangen. Oskar Klein war in der Vierten sitzen geblieben und hatte deshalb doppelt so viele Klassenkameraden. Floriani interessierte sich nur mäßig für diese Geschichte; sie hatten natürlich darüber berichtet. Nicht er selbst, irgendjemand von den Jungen, aber die Sache wurde nicht besonders hoch gehängt, weil das Ganze für Baumann nach Mystifikation roch. Wenn auch keiner genau wusste, was das eigentlich wirklich war, eine Mystifikation, machte sich niemand die Mühe nachzuschauen, weil es im praktischen Betrieb genügte zu wissen, dass Baumann so etwas nicht mochte. Floriani hatte nicht mitbekommen, dass sein Schulfreund Oskar Klein darin verwickelt war, dass dieser Dr. Scholz jener aus der Klasse über ihm war, hatte er auch nicht gewusst.

„Eigentlich dürfte ich dir das alles gar nicht erzählen. Schutz von Klientengeheimnissen, strikte Vertraulichkeit und so, aber das ist ein spezieller Fall, der Klient verschwunden, also …“ Oskar Klein zögerte, als ob er mitten im Satz den Faden verloren hätte. Er sieht müde aus, dachte Floriani, aber vielleicht nur für mich. Die Frau des Bürgermeisters fiel ihm ein, sofort hatte er wieder dieses Hochgefühl, dieses extraordinäre Herausgehobensein durch vollkommenes sexuelles Glück.

„… das musst du doch zugeben!“ Oskar Klein sah ihn erwartungsvoll an. Floriani hatte keine Ahnung, wovon die Rede war.

„Ja, da ist was dran“, sagte er glatt, „aber bist du dir sicher?“

„Eben nicht, es ist ja nur ein schwaches Indiz, buchstäblich leicht flüchtig, ein Hauch … und jetzt natürlich schon lang verflogen. Aber die Art war gleich, verstehst du, das Qualitative, es hat so nach … nach Zimt gerochen, genau wie im Garten von diesem Hartmann.“

„Wo hat es so gerochen?“

„Auf dem Grundstück, wo der Scholz verschwunden ist, hab ich doch grad gesagt!“

Oskar Klein wollte weiterreden, wurde aber von Florianis Telefon unterbrochen. Oskar, der direkt daneben saß, nahm ab und sprach kurz, dann legte er wieder auf. Es war eine seiner Unarten, in jeder Lebenslage das Telefon abzunehmen. Scheinbar sogar, wenn es nicht einmal sein eigenes war.

„Eine Frau Stormberger“, sagte Oskar Klein. „Deine Nachbarin von gegenüber. Sie muss mit dir reden. Kommt gleich her.“

„Was?!“

„Was regst du dich auf? Hast du was gegen die Frau? Sie hat da was im Garten, irgendeine Pflanze, und sie meint, wir sollten uns das anschauen.“ Sofort kam Oskar Hartmanns Pflanze wieder in den Sinn.

Floriani war verwirrt, er hatte das Gefühl, die Dinge entglitten ihm. Er fühlte sich überrumpelt. Schon läutete es an der Tür. Draußen stand die Frau, deren außereheliche Erfahrung er war. Sie lächelte ihn zerstreut an, umarmte und küsste ihn. Aber sie war nicht ganz bei der Sache.

„Komm mit, dein Freund soll auch mitkommen, das ist vielleicht günstig, dass wir mehrere sind – dieser Schachtelhalm, den ich dir gezeigt hab, ist nicht der einzige! Kommt mit, kommt alle mit!", rief sie mit unpassender Überschwänglichkeit. Wer, dachte Floriani, sind „alle"? Wir zwei. Da packte sie Floriani schon am Ärmel und zog ihn tatsächlich die Eingangstreppe hinab, Frau Stormberger war eine kräftige Frau. Oskar Klein kam hinter ihnen her. Sie lief drei Schritte voraus, über die Straße, durch die Einfahrt des Stormberger Hauses, verschwand hinter der Ecke. Zunächst kam wieder der Schachtelhalm in Sicht, den Floriani schon kannte, aber Frau Stormberger lief mit hüpfenden Schritten daran vorbei; wie ein Reh kam sie ihm vor. Sie lief in den hinteren Teil des Gartens.

„Hier sind noch mehr", rief sie. „Schaut her!" Sie stand hinter dem Holderbusch, der gleich neben dem Komposthaufen vielästig in die Höhe ragte. Dahinter gab es nur noch einen Bretterzaun, der das Grundstück zum Nachbarn hin abgrenzte. Oskar Klein hatte einige Holderzweige beiseite gebogen; auf der kleinen Lichtung vor ihm: eine ganze Reihe drei Meter hoher Schachtelhalme.

„Die sind nicht rezent", sagte er. Floriani schwieg beharrlich. Er kannte Klein. Das Wort „rezent" hatte er nur verwendet, weil jemand fragen sollte: „Was heißt denn das: rezent?" Den Gefallen würde er ihm nicht tun. Außerdem wusste er, was „rezent" bedeutete. Was Oskar sagte, war lächerlich.

„Was heißt denn das: rezent?", fragte Frau Stormberger.

„Dass die Pflanze oder das Tier heute noch existiert – im Gegensatz zu ausgestorbenen Arten."

„Und der Schachtelhalm hier ist nicht rezent?"

„Rezent? – Nein."

„Also existiert er gar nicht. Ist schon ausgestorben."

„So ist es. Schon vor vielen Millionen Jahren."

„Aha."

Die offensichtliche Absurdität des Dialogs schien die beiden nicht zu stören. Bevor Floriani etwas sagen konnte, fuhr Klein fort: „Klingt verrückt, ich weiß schon, aber die Dinger hier gehören zu einer ausgestorbenen Art, da wett ich drauf. Oder hast du schon einmal einen drei Meter großen Schachtelhalm gesehen?" Er trat ein paar Meter zurück und holte tief Luft. „Außerdem stinken die hier nach Gewürz, das tun moderne Schachtelhalme nicht."

„Das tun die hier auch nicht", sagte Frau Stormberger mit fester Stimme. „Sie riechen kräftig nach Zimt, aber Gestank kann man das nicht nennen."

Oskar Klein beachtete den Einwand nicht. „Es sind ausgestorbene Arten", sagte er. „Es gab eine Epoche in der Erdgeschichte, da wurden Schachtelhalme so groß und noch viel größer … baumhoch."

„Und wann war das?", fragte Frau Stormberger. Floriani fragte nichts. Ihm wurde Verschiedenes klar.

„Im Karbon", sagte Oskar Klein. „Vor 300 Millionen Jahren. Circa."

Floriani holte tief Luft. Diese Schachtelhalme interessierten ihn im Grunde überhaupt nicht. Was war daran so Besonderes? Grün wie die anderen Gewächse in Frau Stormbergers Garten. Pflanze bleibt Pflanze.

Oskar Klein suchte tief gebückt den Boden ab. Frau Stormberger nahm Floriani bei der Hand und drückte sie leicht. Als er sie kurz anschaute, lächelte sie. Sie hielt seinem Blick stand, bis er wegschaute. Er war verwirrt.

Oskar Klein ging durch den Garten, Frau Stormberger besorgt hinter ihm her. Offensichtlich zweifelte sie an seiner Fähigkeit, sich an die mit glatten Brettern eingefassten Wege zwischen den Beeten zu halten. Ilse hieß sie, richtig. Stand auf dem Türschild. Gottfried und Ilse Stormberger. Floriani hatte es nicht so mit Namen. Einen Augenblick dachte er, das sei doch alles ein einziger Mahlstrom von Verrücktheit, der sie alle hinabziehen würde; die Gestalt des Bürgermeisters Gottfried Stormberger, darin ein letzter Rest von Normalität, ein Anker.

„Das müsst ihr euch ansehen!", rief Oskar Klein, der inzwischen an der Grenze zum linken Nachbargrundstück stand und über den Zaun blickte. Auf der anderen Seite wuchsen dichtgedrängt Büsche und kleine Bäume. Floriani kannte die Leute nicht, die dort wohnten, sie waren nur selten zu Hause und ließen den Garten verwildern. Er trat mit Ilse an den Zaun.

„Das sieht ja aus wie …" Ilse verstummte, wurde rot. Eine irritierende Eigenschaft, die ihn gleichzeitig anzog und abstieß, dieses mädchenhafte Rotwerden, er würde sie danach fragen müssen … seine Gedanken schweiften ab. Sie hatte natürlich recht. Das Ding sah aus wie ein Penis; ein Penis als Pflanze; Requisit einer geschmacklosen Gameshow. Oskar Klein sah das Ding nicht mehr an, er lehnte mit dem Rücken am Zaun. Er war blass im Gesicht. Auf der Stirn standen ein paar Schweißperlen.

Ilse Stormberger brach eines der Nadelblätter ihrer Pflanzen ab. Floriani nahm das Blatt. Es war etwa dreißig Zentimeter lang, fühlte sich an wie eine besonders widerstandsfähige Kiefernadel, roch aber nicht nach Harz, sondern nach etwas undefinierbar Frischem und sehr Grünem. Und nach Nelken. Der Busch, der direkt daneben stand, war verwelkt.

„Sieht aus, als sei er vertrocknet", meinte Ilse. „Und den nächsten hat's auch schon erwischt."

Floriani spürte die feine Hitze, die von Ilse Stormberger ausging. Sie stand so, dass sie ihn fast berührte, er unterdrückte den Wunsch, den Arm um sie zu legen, sie an sich zu ziehen und sich mit ihr zu paaren, gleich hier, neben dem seltsamen Gewächs …

Die Bergers, denen das Nachbargrundstück gehörte, waren wieder einmal verreist, wie Ilse zu berichten wusste. Sie gingen zu dritt in den Berger'schen Garten hinüber. Hinter dem Haus standen die Büsche noch dichter als davor und daneben. Von der Hintertür lief ein mit gesprungenen Waschbetonplatten belegter Pfad ins Dickicht. Er endete auf einer kleinen, kreisrunden Rasenfläche, die rings von dichten Stauden umgeben war. In der Mitte der Rasenfläche stand eine ganze Gruppe seltsamer Pflanzenindividuen. Sie glichen dem Exemplar am Zaun, waren nur viel größer; zwischen drei und fünf Meter groß. Neben der Gruppe ein umgekippter, runder Blechtisch, ehemals rot gestrichen, wovon nur noch Spuren zu erkennen waren; der Rest brauner Rost.

„Der stand hier", flüsterte Ilse. „Schon jahrelang. Und zwei Stühle."

Der eine Gartenstuhl lag umgekippt hinter der Pflanzengruppe, der andere stand noch aufrecht etwas abseits. Es war ganz still auf der Freifläche. Kein Vogelgezwitscher, kein Summen von Insekten. Eine große Ruhe hatte sich auf die kleine Rasenfläche herabgesenkt, rasten vor dem großen Sturm.

Oskar Klein schluckte heftig, dann sagte er: „Schön. Wonach sieht das aus?"

„Die Dinger haben den Tisch umgekippt, als sie hochgewachsen sind. Den Stuhl auch", sagte Ilse.

„Stimmt: Und was schließen wir draus?"

„Dass sie eine unheimliche Triebkraft haben müssen … einen Druck nach oben, mein ich …"

„Schön. Wie lange sind diese Bergers schon weg?"

„Vierzehn Tage, glaub ich. Drei Wochen höchstens."

„In drei Wochen sechs Meter wär ganz anständig …"

„Und wahrscheinlich hat's auch nicht am Tag der Abreise angefangen", sagte Ilse. „Hast du das Gras in der Mitte gesehen? Alles braun, vertrocknet. Dabei ist es dort hinten ziemlich feucht. Und die Dinger stehen mittendrin und sind grün und frisch. Die Büsche am Rand sehen auch nicht mehr gut aus." Das wäre Oskar Klein nun nicht aufgefallen, aber er zweifelte nicht an ihren Worten; sie hatte den Gärtnerblick, nicht er.

„Das ist doch nicht normal, dass Pflanzen sich auf diese Art verdrängen … das ist doch irgendwie … gewollt."

„Ja“, sagte Floriani. „Gewollt. Absicht. Aber von wem?“

„Das wissen wir nicht“, meinte Oskar Klein. „Aber sie hat recht mit dem Gras. Die normale Vegetation stirbt ab, die … neuen Pflanzen … ersetzen sie.“

„Ersetzen? Wie meinst du das? Dass die überhaupt alles verdrängen, oder so? Dass hier so eine Art Dschungel entsteht?“ Floriani fing an zu lachen. Ihn erheiterte die Vorstellung eines Waldes, dessen sechs Meter hohe Bäume unzweideutig einem Penis glichen. Oskar Klein und Ilse lachten nicht. Sie hatten sich im Berger'schen Garten umgeschaut. In der Nähe standen fünf Bäumchen mit glatter, grüner Rinde, jedes etwa drei Meter groß. Die Rinde erinnerte an Buche. Die Blätter standen in Büscheln zusammen und sahen aus wie tiefgrüne Ledergürtel, jedes einen halben Meter lang und über die ganze Länge zweifingerbreit. Vorne waren die Blätter abgerundet, am Stamm eine Art grüne Manschette, aus der sie hervorkamen wie die blatttragenden Organe bei der Yuccapalme in Florianis Büro.

Sie gingen schweigend nach hinten, dann mehrmals um die Bäume herum. Die Sträucher und alle anderen Gewächse in der Umgebung waren braun und vertrocknet.

Ilse stieß einen spitzen Schrei aus, den sie gleich mit der Hand zu ersticken suchte. Sie schaute auf einen bestimmten Baum. Dort saß ein daumengroßes Insekt mit starren, ausgebreiteten Flügeln.

„Sieht aus wie eine Art Libelle“, meinte Floriani, der vor Insekten keinen Ekel kannte.

„Aber so groß!“ Ilse hatte seinen Arm gepackt und klammerte sich daran fest.

„Sind doch nur ein paar Zentimeter, so groß können Libellen schon werden, du kannst so was im Ried draußen …“

„Und die dort oben“, unterbrach ihn Oskar Klein, „findest du die auch im Ried?“

Sie mussten eine Weile in die angegebene Richtung schauen, bis sie das Insekt sitzen sahen. Es war schwer zu erkennen, auch, wenn man direkt hinschaute. Der lange, schmale Körper grünlich auf dem ebenfalls grünen Stamm des Schopfbaumes, die beiden Flügelpaare schimmerten silbrig. Sie bewegten sich ganz leicht auf und ab. Das Ding hob sich deutlich von der Umgebung ab. Daran, dass es gut getarnt gewesen wäre, lag es nicht, dass sie es nicht hatten erkennen können, dachte Floriani später – viel später, als die Dinge schon entsetzlich weit fortgeschritten waren. Das war es nicht. Und wir haben es auch alle gesehen, lange, bevor Oskar Klein die Rede darauf brachte. Aber ein gnädiger Mechanismus, etwas in unserem Menschenhirn hat uns das nicht wahrnehmen lassen, weil es nicht wahr sein konnte. Eine Libelle von der Länge eines Unterarms kann es nicht geben – wenn sich die Flügel nicht bewegt hätten …

Plötzlich begannen die Flügel zu schwirren, verschwanden in flirrendem Glanz, und es erhob sich ein Ton, wie er seit dreihundert Millionen Jahren nicht mehr gehört worden war, von den Ohren eines Primaten schon gar nicht. Und es erhob sich und flog davon; auf die Gebüsche am hinteren Rand des Gartens zu. Ein tiefes, knatterndes Brummen, das an einen Kompressor erinnerte, ein Spielzeugmodell – irgendetwas, wo Luft in kleinen Portionen malträtiert wurde. Aber doch ganz anders, weil unter der mechanischen Analogie noch etwas lauerte. Zielbewusst, eigenständig, nicht abhängig vom Willen einer steuernden Intelligenz. Etwas Lebendiges, etwas Gefährliches, wenn auch nicht für die Menschen. Die drei standen und sahen dem riesigen Insekt zu, wie es langsam über den Bäumen kreiste, dabei die bekannten – ihm bekannten – den modernen vorzog und sich schließlich in Richtung Büsche davonmachte.

„Kommt", sagte Oskar Klein, „das sehen wir uns an, das da drüben." Er kletterte über den Maschendrahtzaun, der den Berger'schen Garten auf dieser Seite begrenzte. Hasel- und Weidenbüsche standen auf dem Nachbargrundstück, einer unbebauten Fläche.

Sie kamen gut voran. Nach wenigen Metern veränderte sich der Charakter der Vegetation. Zwischen den Büschen sprossen langblättrige Farne auf. Einzeln und in dichten Kolonien, die sie da und dort bildeten. Es gab kleine Pflanzen, die wie ein zukünftiger Rasen den Boden bedeckten, es gab mittlere, die man für normale Farne halten konnte, und es gab Riesenformen, mit zwei, drei Meter langen Blättern, die niemand als normalen Bestandteil eines Waldes in Europa angesehen hätte. Das Gras, aus dem all diese Pflanzen hervorwuchsen, war überall braun und verdorrt, an einigen Stellen offenbar von beschleunigter Zersetzung befallen. Das fahle Gelb hatte sich zum tiefen Dunkelbraun gewandelt, die Halme zerbröselten unter dem Schritt. Im Zentrum des Gebüschs stand das Wasser in großen Lachen. Eine Lehmschicht im Untergrund ließ das Regenwasser nicht abfließen. Die Wasserfläche war nun von großen Schachtelhalmen umstanden, zwei Meter große Exemplare, drei Meter große, einzelne erreichten vier und fünf Meter und damit die Höhe der Büsche, die den Ort vorher besetzt hatten. An diesen Sträuchern fehlten hier im Inneren alle Blätter; die Zweige ließen sich mit einer Hand zerbrechen. Der Boden war weich und sumpfig.

„Merkt ihr, wie warm es ist?“ Oskar Klein machte den Hemdkragen auf. Schweiß stand ihm auf der Stirn. Floriani merkte erst jetzt, dass ihm das Hemd am Körper klebte.

„Kehren wir um“, sagte er. Sie machten sich auf den Rückweg, verfehlten aber im dichten Gestrüpp die Richtung, aus der sie gekommen waren. Oskar Klein, der voranging, merkte es, als er auf einen Holzzaun stieß. Beim Verlassen des Berger'schen Grundstücks hatten sie einen Maschendrahtzaun überstiegen.

„Das ist zwei Häuser neben unserem“, sagte Ilse. „Nette Leute eigentlich. Er geht manchmal auf die Jagd. Hat auch einen Geländewagen.“ Vom Hausherrn oder seinem Auto war nichts zu sehen. Nicht einmal vom Haus war etwas zu sehen. Sie schauten über den halbhohen Plankenzaun in eine grüne Wildnis, aus der alle bekannten Pflanzen verschwunden waren. Nur die grünen Stämme mit den seltsamen Blattnarben und den pinselförmigen Schöpfen am oberen Ende, dazwischen

Farnkräuter, darunter solche, die nicht vom Boden aus sprossen, sondern auf zwei Meter hohen Stämmen wuchsen und an Palmen erinnerten. Aber es waren keine Palmen. „Baumfarne", flüsterte Oskar Klein.

„Was macht ihr da? Wer seid ihr? Habt ihr das etwa ausgestreut, he?!"

Gebrüllte Fragen aus dem roten Gesicht eines untersetzten Mannes, der hinter einem der Schopfbäume hervorgetreten war. Er trug grüne Jägermontur und ein Gewehr in der Armbeuge, das er, woran die drei nicht zweifelten, in einem Augenblick hochziehen und in Anschlag bringen konnte.

„Tun Sie das Ding weg, Sie dummes Arschloch, sonst sind Sie im Nullkommanix den Jagdschein los!"

Oskar Kleins Stimme war leise, aber durchdringend und völlig kalt. Die Gesichtsfarbe des Mannes changierte von Vollrot nach Rosa, was bei seinem apoplektischen Aussehen nur gesund sein konnte. Er ließ die Waffe sinken und murmelte Unverständliches.

„Also, wie ist das mit dieser Schweinerei hier? Sie sind doch der Grundbesitzer, oder?", setzte Oskar Klein fort, diesmal laut und selbstgefällig.

„Ich kann überhaupt nix dafür!", jammerte das Männlein. „Plötzlich war das Zeug da, über Nacht …"

„Über Nacht!", höhnte Klein. „Über Nacht wachsen auf ihrem Grund fünf Meter hohe Bäume! Die hier gar nichts verloren haben! Woher stammen die Dinger?"

„Ich … ich meine, das weiß ich doch nicht …"

„Sie wissen es nicht? Sie haben sie doch von irgendwo eingeführt, ohne Erlaubnis, nehm ich an, ohne Zoll und Warenausgleichsteuer …"

Das jägerische Männlein schulterte die Flinte, offenbar, um beide Hände zum Gestikulieren frei zu haben; er jammerte und zeterte, erklärte sich bereit, bei allem, was verlangt werde, und vor jedem beliebigen Gremium seine absolute Unschuld zu beschwören. Seine Frau habe einen Nervenzusammenbruch, liege weinend auf der Wohnzimmercouch, in der Früh habe sie damit angefangen, als sie entdeckt hätte, dass die Rabatten alle weg seien mit den Tulpen, dafür diese Dinger da; und die Rettung komme auch nicht, dort sei erst dauernd besetzt gewesen, dann habe sich keiner gemeldet; und er selber sei mit den Nerven auch ganz fertig, er komme nicht weg mit dem Auto, weil, wenn sie das hier für eine Schweinerei hielten, sollten sie sich einmal anschauen, wie es vor dem Haus aussieht!

„Wie heißen Sie?", fragte Floriani.

„Langbauer, Martin Langbauer ... Regierungsrat Martin Langbauer", setzte er hinzu. Man machte sich bekannt, der Auftritt war vergessen, nachdem sich der Regierungsrat überzeugen ließ, seine Besucher seien an der unglücklichen botanischen Entwicklung ebenso unschuldig wie er selbst. Ein Türchen im Zaun wurde geöffnet, das sich lautlos und gut geölt in den Scharnieren drehte, als führe es immer noch aus einem wohlgepflegten Garten mit geometrisch angelegten Tulpenbeeten auf eine heitere Frühlingswiese; als Tor zwischen Natur und Kultur, dachte Floriani – und bis gestern war es ja so gewesen. Heute nicht mehr.

Die vier schritten zwischen den Bäumen zum Haus, das allmählich aus dem dichten, grünen Verhau auftauchte. Sie traten durch die Hintertür ein. Voran Klein und Langbauer, die sich nun angeregt unterhielten und dabei keine Meinungsverschiedenheiten auszutragen schienen. Floriani beneidete seinen Freund um diese Fähigkeit, bei jedem Menschen den richtigen Ton zu treffen. Er selbst hätte sich vom Gewehr und vom Tonfall einschüchtern lassen; dabei war dieser Langbauer völlig harmlos, nur etwas verschroben, wie das Hausinnere sofort erkennen ließ. Eine offenbar jägertypische Vorliebe für Holz. Die Inneneinrichtung strotzte vor Holz, platzte aus allen Nähten vor lauter Holz. Holz in jedem Zustand künstlerischer und architektonischer Verarbeitung. Geschnitzt. Als Intarsie. Mit Brandmalerei und mit Bauernmalerei. Natürlich auch als Möbelstück, die ganze Einrichtung war aus Holz, das fiel vor dem Hintergrund des bis zur Decke reichenden Täfers fast nicht mehr auf. Die Decke war auch getäfert. Nur hatte Regierungsrat Langbauer nach Florianis Dafürhalten den Fehler begangen, das viele, sicher sehr teure Holz in ein Einfamilienhäuschen aus den Sechzigern zu stopfen, was nun die viel zu kleinen Räume wie Höhlen wirken ließ – und zwar wie Höhlen, in denen kleine Nagetiere mit unangenehmen Gewohnheiten und ansteckenden Krankheiten hausten. Die Assoziation verstärkte sich, als sie Frau Langbauer erblickten, die sich auf dem Wohnzimmersofa zusammengerollt hatte und unter einer bestickten, roten Decke schluchzende Laute von sich gab. Herr Langbauer ging auf sie zu und streichelte ihr Haar mit einer Zärtlichkeit, die ihm Floriani nicht zugetraut hätte. Dabei murmelte er ihr etwas zu, was die anderen, die höflich im Türrahmen stehengeblieben waren, nicht verstehen konnten. Unter der Decke kam ein sympathisches, rundes Gesicht hervor, das von stundenlangem Weinen und tiefem Kummer gezeichnet war. Herr Langbauer stellte die Besucher vor, Oskar Klein ging gleich auf sie zu, schüttelte kräftig ihre Hand und versicherte, alles werde wieder in Ordnung kommen, es sei alles nur eine „Ausnahme" (was immer er damit meinte), und im Übrigen sei alles bloß eine Frage der Organisation. Floriani, der ihn ein Vierteljahrhundert kannte, hatte ihn noch nie solchen Schwachsinn verzapfen hören; auf Frau Langbauer schien er aber eine beruhigende, wenn nicht sogar bessernde Wirkung auszuüben, denn sie erhob sich langsam, begann, gestikulierend von ihrem Garten zu erzählen, und zog sich dann in die Küche zurück, um Kaffee zu kochen. Oskar Klein folgte ihr laut redend, vielleicht war es der Klang der Stimme und nicht der Inhalt, der Frau Langbauer neue Hoffnung schöpfen ließ. Floriani folgte Herrn Langbauers Aufforderung und nahm auf der scheußlichen Sitzgarnitur Platz. Grünbrauner Bezug, eine ideale Tarnfarbe, dachte er, wenn man das Ding mitten in den Wald stellt. In einen Wald, wie er früher gewesen war – nicht in den, der vorm Fenster heranwuchs.

„Warum ist es hier so dunkel?“, fragte Ilse, die sich neben Floriani gesetzt hatte. Sie legte ihren Arm um ihn, er dachte sich nichts dabei. Auch den eigentümlichen Blick des Regierungsrats deutete er nicht richtig. Mit ihrer Geste deklarierte sich Ilse vor den Nachbarn; er sollte erst später begreifen, dass dies etwas Endgültiges war, ein Abschütteln aller Fesseln. Wenn es der Langbauer wissen durfte, das „zwischen ihnen“, dann durften es auch alle anderen wissen, dann war es offiziell.

„Es war vorher gar nicht dunkel hier drin!“, ereiferte sich Regierungsrat Langbauer. Konnte nicht ganz stimmen, dunkel war es wegen der vielen Eichenmöbel wohl immer gewesen.

„Erst seit die verfluchten Dinger da wachsen“, schimpfte er. „Schauen Sie nur – alles zugewachsen … und wie die riechen!“

„Wonach denn?“, fragte Ilse.

„Nach Fäkalien, wenn Sie den Ausdruck verzeihen, eindeutig nach Fäkalien, das ist vielleicht das Allerschlimmste …“

„Sie sollten das Zeug abschneiden“, meinte Floriani.

„Abschneiden, meinen Sie … so, so, dann kommen Sie einmal mit!“

Floriani folgte ihm durch den Flur zum Vordereingang. Draußen bot sich ein Bild der Verwüstung. Floriani erinnerte sich an eine „Freischütz“-Inszenierung der Bregenzer Festspiele, die man komplett von der Wiener Staatsoper übernommen und auf die bedeutend schmalere Bühne des Bregenzer Festspielhauses gequetscht hatte, weshalb es in der Wolfsschlucht ein bisschen eng geworden war: durcheinandergeschobene, zersplitterte Baumriesen hatten einen dichten Verhau gebildet; es war völlig unklar, wie Max und Kaspar auf den Grund der Schlucht gelangt waren, sie hätten sich eigentlich nur von einem Hubschrauber abseilen können. Einen ähnlichen Anblick bot der Langbauer'sche Vorgarten. Die neue Vegetation wucherte besonders dicht. Der Regierungsrat hatte bereits versucht, mit Säge und Axt dagegen anzugehen, aber dann war offenbar alles im Zustand höchsten Aufruhrs zum Stillstand gekommen. Die Säge steckte in einem halb durchgesägten, grasgrünen Schopfbaum, die Axt war wütend in einen Stumpf gehauen, was die Szene dramatisch unterstrich. Hier hatte der Mensch heldenhaft mit den Gewalten einer unvernünftigen Natur gerungen. Und war unterlegen.

„Es hat einfach keinen Zweck", ließ der Regierungsrat von sich hören. „Den ganzen Vormittag probier ich schon, das verdammte Zeug abzuschneiden ..."

„Aber es geht doch, wie man sieht", meinte Floriani. Wieso hatte Langbauer dann aufgehört? Peter Hartmann hatte offenbar weniger Glück gehabt. Der Regierungsrat atmete schwer, Schweißperlen glitzerten auf der hohen Staatsbeamtenstirn.

„Es hat ja keinen Zweck, es zu verheimlichen", sagte er mit leiser Stimme. Seine Augen fuhren unruhig hin und her, wobei er sorgfältig vermied, Floriani anzuschauen. „Sie sehen ja, ich hab's versucht. Aber ... so seltsam es klingt ..." Er packte Floriani am Arm. „Stellen Sie sich vor, es erfasst einen richtiger Widerwille!"

„Das glaub ich gern, wenn diese Dinger so unangenehm riechen, wie Sie sagen ..."

„Nein, nein, Sie missverstehen mich! Ich mein einen Widerwillen vor dem Umhacken, Absägen ... ich seh die Schweinerei in der Früh – ich steh sehr früh auf, müssen Sie wissen. Es war grad erst hell ..."

„Was haben Sie denn gedacht, wo das herkommt?"

„Atomstrahlen!", rief Langbauer. „Eindeutig Atomstrahlen. Mutationen. Hat man ja vorausgesagt, jahrelang, jahrzehntelang. Ich denk mir nur: Jetzt ist es so weit, jetzt haben wir den Scherben auf! Renn in die Garage, hol Axt und Säge. Den Anfängen wehren! Die sind ja praktisch in einer einzigen Nacht so hochgewachsen, da müssen Sie gleich was tun, sonst wuchert das ganze Haus zu. Ich stell mich also hin und fang an, die Dinger umzuschneiden. Und mit einem Mal ... ich weiß nicht ... kennen Sie dieses Gefühl, wenn Sie etwas machen sollen, was schon lang ansteht und sich einfach nicht mehr verschieben lässt? Sie fangen dann halt an, weil Sie sich sagen, es ist eh gleich vorbei, hinterher bin ich froh; aber während Sie dran sind, verdrießt es Sie so …"

„Geschirr abwaschen", meinte Floriani.

„Das macht immer meine Frau", sagte Langbauer gedankenverloren. „Ich hab so was jedenfalls noch nicht erlebt. Ich musste aufhören, können Sie sich das vorstellen? Die Säge einfach steckenlassen! Mir ist schlecht geworden dabei. Ich hab das Gefühl gehabt, ich …", er zögerte ein wenig, „also das Gefühl, ich … ich säg einem das Bein ab …"

„Widerwärtig", meinte Floriani.

„Genau! Widerwärtig ist das. Ich glaube …"

Er wurde durch die Ankunft eines Nachbarn unterbrochen. Ein untersetzter, blonder Mann in Unterhemd und blauer Arbeitshose. Er trug Gummistiefel und war sichtlich in Schweiß gebadet. In der Hand hielt er eine Motorsäge; eine richtige mit Benzintank. Das Ding, das der Mann da in der Hand hatte, war gut dafür, dicke Bäume umzulegen.

„Ich seh schon, bei Ihnen ist es das Gleiche", sagte der Neue und bahnte sich mühsam einen Weg durch den Vorgarten. Regierungsrat Langbauer machte bekannt: Herr Schneider von gegenüber, Herr Floriani vom Haus weiter vorne. Herr Schneider sah nicht nur erschöpft, sondern auch sehr bekümmert aus.

„Es geht durchaus", sagte er, „das Ansetzen, aber wenn man dann dran ist …"

„Spürt man einen Widerwillen dagegen", sagte Floriani. Herr Schneider sagte nichts mehr. Er blickte nur erstaunt, dann erleichtert und legte die Motorsäge ab.

„Ich schlage vor, wir machen einen Rundgang durch die Siedlung", sagte Oskar Klein mit fester Stimme, der eben mit Ilse Stormberger aus dem Haus kam. „Ihre Frau hat sich wieder hingelegt", sagte sie zu Langbauer. „Sie schläft jetzt. Ich glaub, das Ärgste ist überstanden."

Herr Langbauer bedankte sich für Ilses Bemühungen, schloss sich ohne ein weiteres Wort der kleinen Karawane an, die nun zur Erkundung aufbrach.

Vorneweg ging Oskar Klein, dann Herr Schneider mit der Motorsäge, dann kam Regierungsrat Langbauer, dahinter Ilse. Floriani machte den Schluss. Durch den Vorgarten kam man nur im Gänsemarsch hinaus; dass sie diese Aufteilung auf der Straße beibehielten, fand Floriani schon bemerkenswert. Er selbst zögerte, zu Ilse aufzuschließen, die ihn dazu auch nicht ermunterte. Sie drehte sich nur zweimal nach ihm um und lächelte ihn an, zufrieden, glücklich.

In Florianis Kopf begann eine mögliche Bekämpfungsmethode vage Gestalt anzunehmen. Er blieb stehen. Versiegelter Boden konnte das Gesträuch aufhalten, bis jetzt wenigstens. Sollten die Betonierer einen späten Triumph feiern? Für die Bekämpfung der schon hochgewachsenen, psychedelischen Bäume sah er schwarz: das seltsame Zögern dieses Regierungsrates Langbauer ließ nichts Gutes ahnen. Wenn er solche Skrupel hatte, einen solchen Widerwillen gegen das Umschneiden, das Abhacken und Ausreißen entwickelte, war die Pheromonwirkung erwiesene Tatsache. Vielleicht gab es ja verschiedene solche Alarmstoffe – und Peter Hartmann hatte nur das Pech gehabt, ein Exemplar zu erwischen, das ein für die menschliche Physiologie besonders abträgliches Pheromon produzierte. Oder Langbauer war nicht so anfällig: die fremde Chemie wirkte bei ihm nicht so stark, dass er sich wie Hartmann den eigenen Hals durchgeschnitten hätte.

Oskar Klein stand weit vorne inmitten einer größeren Runde. Nicht nur der Regierungsrat war bei ihm, auch der Mann mit der Motorsäge und verschiedene andere Siedlungsbewohner, deren Bekanntschaft Klein inzwischen gemacht hatte.

„Wir marschieren aufs Rathaus", sagte Oskar Klein. Seine große Gestalt schien durch besonders aufrechte Haltung noch herausragender; kein Schade, dachte Floriani, wenn er dieses verschwiemelte, halbgebückte Gehen ablegt.

„Und was wollt ihr dort?", fragte er.

„Man muss energische politische Maßnahmen ergreifen. So kann das nicht weitergehen."

Oskar Kleins Stimme war laut und volltönend. Während er sprach, blickte er alle der Reihe nach an. Floriani stand etwas entfernt, hinter einer Reihe anderer, die sich angesammelt hatten; es wurden immer mehr, je länger Oskar Klein sprach.

Denn Oskar Klein hatte eine regelrechte Ansprache begonnen. Floriani hörte zu. Er konnte sich nicht erinnern, dass Oskar Klein jemals so geredet hatte. In klaren, einfachen Sätzen. Ohne in komplizierte Satzgefüge abzudriften. Er unterstrich seine Worte mit sparsamen Gesten, zog sich dabei langsam an einen Gartenzaun zurück, hinter dem ein Baum mit dem seltsamen Blattschopf bis zur Höhe des zweiten Stocks aufragte. Oskar Klein stellte sich vor den Zaun, um die Zuhörenden vor sich zu sammeln, damit sie einen Halbkreis bilden und ihn besser verstehen konnten. Dieser Mann stand auf ihrer Seite, oder sie standen auf seiner; es gab hier überhaupt nur noch eine Seite.

Floriani dachte später viel über diese Rede nach, mit der alles begonnen hatte. Im nämlichen Augenblick, als Oskar Klein zum ersten Mal zur Menge sprach, wusste Floriani noch nicht, wo sie hinführen würde. Er staunte nur sprachlos, hatte den Mund halb offen und musste ein Bild schierer Überraschung geboten haben; ein Blödel vom Land. Dabei lag es gar nicht an den rhetorischen Fähigkeiten. Oskar Klein zog die Leute in seinen Bann, weil er aussprach, was sie fühlten. Nicht, was sie dachten. Niemand von diesen Leuten, davon war Floriani überzeugt, hatte je einen eigenen Gedanken gedacht – ihre Gehirne dienten nur als Durchgangsstation für die Gedanken anderer; dabei produzierten sie, gleichsam nebenher, eine Menge verschwommener Gefühle, meistens negative, die ihre läppische Rede wie mit einem Firnis überzog, einer Art Kackbraun. Oskar Klein verstand es, diese Gefühle wieder in Worte zu fassen, den Prozess umzudrehen. Den Lauschenden musste es wie eine große Erleuchtung vorkommen. Die Menge war fasziniert. Floriani zog sich langsam an den Rand zurück.

Was Oskar Klein im Einzelnen sagte, war in keiner Weise ungewöhnlich oder unerwartet. Die Gentechnik sei schuld,

Organismen seien aus den Labors entkommen, manipulierte Pflanzen, das sei ja offensichtlich. Aber die entarteten Pflanzen seien ja nur ein Symptom für die Entartung ihrer Erzeuger.

„Aber, liebe Freunde", rief er, „dass wir das Gutartige und das Bösartige auseinanderkennen, daran haben die Herrschaften nicht gedacht, da ist ihnen der Schuss nach hinten losgegangen! Und erst der Geruch! Wer sich den Geruchssinn nicht vollkommen verbildet hat, der wird ja wohl zugeben, dass diese komischen Gewächse ganz gottserbärmlich stinken!" Johlende Zustimmung.

„Natürlich gibt's immer ein paar Obergescheite, die uns aus ganz bestimmten Gründen weismachen wollen, dass noch der ärgste Scheißhaufen nach Rosen duftet – oder sogar nach Zimt!" Anhaltendes Gelächter.

„Zum Beispiel der Herr Floriani vom Fernsehen kommt mit dieser Zimtgeschichte daher – wahrscheinlich, weil der Floriani heißt, das hat ja was mit Blumen zu tun, da will man das Unangenehme nicht so herausstellen …" Der Rest ging in Gelächter unter.

Floriani ging weg. Niemand hinderte ihn, niemand beachtete ihn auch nur. Aus der Ferne hörte er noch, wie Oskar Klein forderte, mit dem Vertuschen und Beschönigen in den Medien müsse es jetzt einmal vorbei sein, und sie sollten selber herausfinden, woran sie seien und wer die wahren Drahtzieher seien. Oskar Klein redete noch weiter, das hörte Floriani nicht mehr.

„Mach dir nichts daraus", sagte jemand neben ihm. Ilse. „Das ist doch ein kompletter Spinner, das hab ich auf den ersten Blick gesehen …"

„Dabei hat er doch vorhin selber gesagt, es riecht – wie hat er gemeint? – nach Gewürz. Er lügt die Leute an."

„Hattet ihr Streit?" Er antwortete nicht gleich, versuchte, dreißig Jahre Bekanntschaft mit Oskar Klein zu überblicken.

„Wir hatten eigentlich nie Streit", sagte er dann.

„Komisch, dass er dich dann so angreift – aus dem Nichts heraus."

„Ja. Komisch." Sonst fiel ihm zu diesem Thema nichts ein. Sie blieben stehen. Sie umarmte ihn.

„Du kommst doch heute Abend?"

„Natürlich."

„Sicher?"

„Ganz sicher." Sie machte sich ruckartig von ihm los und rannte auf ihr Haus zu. Bevor ich's mir anders überlege, dachte er. So ein Unsinn. Der Umzug muss besprochen werden, dachte er. Kommt nicht infrage, dass Ilse weiter dort lebt. Die Scheidung – natürlich, auch das war wichtig, es sollte alles seine richtige Ordnung haben, aber der Umzug war jetzt das Entscheidende, der praktische Aspekt.

Flora und Fauna

Er stand am Fuße eines Staubwedels. Ins Riesenhafte vergrößert. Und grün. Richtig grün war eigentlich nur der Wedel selber, der lange Schaft, der sich unmittelbar hinter seinem Kopf erhob, war braun, und weiter oben, wo er sich perspektivisch verkürzte, eher gräungrau. Für ein Artefakt schien das Ding zu groß, der Stamm viele Meter hoch und der grüne Wedel dort oben sicher über einen Meter dick. Es war auch kein Staubwedel, natürlich nicht, es war eine Pflanze, die aussah wie ein Staubwedel. Das da oben, das waren Blätter, lang und lanzettlich. Die Pflanze sah auch nur wie ein Staubwedel aus, wenn man direkt von unten in die Krone schaute, von der Seite eher wie ein überdimensioniertes, knallgrünes Weidenkätzchen. Oder wie ein Pinsel. Es gab auch kleinere, etwa zwanzig Meter hohe. Die standen gleich daneben. Grüne Staubwedel.

Es gab auch bekannte Gewächse, ein großes Farnblatt, der Farn dazu wuchs schräg hinter ihm. Ringsum Wald. Aber ein Wald, wie er noch nie einen gesehen hatte.

„Haben Sie so etwas schon einmal gesehen?“, fragte sie hinter ihm. Er drehte sich um. Das rote Haar umschloss den Kopf verfilzt und strähnig wie ein Helm. Hinten die große, nachtblaue Schleife. Was sie anhatte, war einheitlich grau und völlig zerknittert. Schmaler, schwarzer Gürtel. Die Jacke hatte sie über die Schulter geworfen. Im Vergleich zum letzten Mal sah sie wesentlich abgekämpfter aus.

Regina Sommerring bemerkte seinen Blick und schaute an sich hinunter. „Der Stoff ist natürlich nicht für so was gemacht.“

„Was meinen Sie mit *so was*?“

„Na, das hier.“ Sie deutete in die Umgebung. Er prüfte seine eigene Erscheinung. Auch nicht besser. Sie waren noch nicht lange hier und sahen schon derangiert aus. Dabei hatten sie gar nichts getan. Nur im Auto gehockt und gewartet, bis es hell wurde. Er zog das Jackett aus. Es wurde nun richtig warm; die Sonnenstrahlen hatten ihren Standort erreicht.

„Wo sind wir hier?“, fragte er.

„In Gisingen. Gewissermaßen.“

„Auf dieses ‚gewissermaßen‘ bin ich aber gespannt. Es sieht nicht aus wie Gisingen …“

„Nein“, meinte sie leichthin.

Sie blickte mit einem Ausdruck äußersten Missbehagens über seine Schulter. Er drehte sich um. Dort war nichts zu sehen als fremdartiger Dschungel. Wie aus einem Zeichentrickfilm. Es sah alles so … so kindisch aus.

Sie standen bei einer Gruppe riesiger Bäume mit pinselartigen Kronen. Darunter wuchsen meterhohe Farnstauden. Einige sahen wie normale Farne aus, nur besonders groß gewachsen; Farne, die direkt aus dem Boden herauswuchsen, andere von einem Typ, den er noch nie gesehen hatte. Farnbüschel als Kronen drei Meter großer, vage palmartiger Stämme. Der Audi stand bis zu den Achsnaben in einem weichen Bett abgestorbener Pflanzenteile. Nicht fahrbereit. Und der Holzzaun – nun ja, der Holzzaun war natürlich auch weg. Der Dschungel, der sie umgab, setzte sich jenseits der nächststehenden Bäume weiter fort; wie weit, wagte er sich nicht vorzustellen. Er konzentrierte sich auf das Auto. Das wenigstens war noch da.

„Ich weiß nicht, was passiert ist“, sagte sie. „Normalerweise ist da eine Straße …“

„Normalerweise?“

Er musterte zum ersten Mal den Untergrund und setzte sich auf den Boden. Eine dichte Masse halb lebender, halb abgestorbener Farnwedel. Viele Blätter mit glatten Rändern waren auch darunter, alle recht groß, zwischen zwanzig und fünfzig Zentimeter lang. Nur ein paar krautige Pflanzen und ein Lianengewächs an einem der Schopfbäume trugen andere Blätter. Ein halbes Dutzend oder mehr entsprangen mit ganz schmalem Ansatz rund um eine Stelle des Stängels, dann wuchsen sie in die Breite, was ihnen ein keilförmiges Aussehen verlieh. Interessant, dachte Dr. Scholz. Solche Blätter hatte er noch nie gesehen, aber das mochte nicht viel heißen, er machte sich nichts aus Pflanzen. Naturkundliche Filme im Fernsehen schaute er auch nie an. Vielleicht ein Fehler. Konnte ja sein, dass das ganz normale Gewächse waren. Heimisch auf den Sunda-Inseln. Dabei waren die Sunda-Inseln für ihn bloße Worte; Relikte auf dem Grund schulischer Erinnerungen, abgeschliffen und zum puren Klang erodiert. Nur „Urwald" fiel ihm dazu ein und „Tropen". Stimmte vielleicht auch nicht, dass die in den Tropen lagen. Auf einer Karte hätte er die Sunda-Inseln nicht zeigen können.

Sie starrte über seine Schulter hinweg, wo jemand oder etwas die Bühne betreten hatte. Das wäre, dachte er, genau der richtige Zeitpunkt zum Aufwachen. Es war interessant gewesen bis jetzt, interessanter musste es gar nicht werden. Er wachte aber nicht auf. Stattdessen blieb ihm nichts anderes übrig, als sie sanft in den Arm zu nehmen, weil sie, immer über seine Schulter stierend, einen Schritt auf ihn zu gemacht und seinen rechten Oberarm umklammert hatte.

„Das kann … das kann doch nicht …", murmelte sie, schlug die Hand vor den Mund und wendete sich ab. Er drehte sich halb um, hielt sie dabei immer noch im Arm. Zunächst konnte er nichts erkennen. Hinter ihm befand sich ein dichter Verhau von Pflanzen. Farnblätter und lange, gürtelförmige Blätter. Alles zusammengedrückt und gepresst wie die unterste Schicht in einem Grünmüllbehälter. Ein gutes Dutzend der Staubwedelstämme waren ein paar Meter über dem Boden abgebrochen, hatten einige Exemplare von den Schopfbäumen mitgerissen und mit ihnen das ganze Unterholz zu dichter Pflanzenmasse komprimiert, aus der die braune Rinde der Staubwedelbäume hervorstach. Die war nicht glatt, sondern trug dicht an dicht runde Vertiefungen, die den ganzen astlosen Stamm bis zum grünen Wedel emporliefen. An einer der unteren Bruchstellen kam das weiße Mark des Stammes zum Vorschein. Genau dort war noch etwas. Etwas Langes, Graues. Sah aus wie ein Stamm. Es bewegte sich. Er sah genauer hin. Der Brechreiz kam heiß, sauer und flüssig die Kehle herauf. Er schloss die Augen und holte tief Luft. Allzu klar, was das war. Bei genauer anatomischer Untersuchung – und das war sicher das Letzte, was er tun wollte – würden sich Unterschiede zum Vorbild herausstellen; nur für den Fachmann sichtbar. Was das allgemeine Aussehen betraf, brauchte man kein Zoologiestudium. Es sah aus wie ein Tausendfüßler. Zwei Meter lang. Grau, so dick wie ein kleiner Baumstamm, mit vielen, vielen Chitinringen den Körper entlang und vielen, vielen Beinchen. An einem der spitz zulaufenden Enden ein Antennenpaar in unablässiger Bewegung. Ebenso eifrig tätig die Mundwerkzeuge, die man auf die Entfernung zwar nicht genau erkennen, aber hören konnte: ein unaufhörliches, leises Raspeln und Hobeln unter dem allgemeinen Insektengesumm. Kein Zweifel, das weiße Mark des Staubwedelbaums diente dieser Kreatur als Nahrung. Frau Sommerring zitterte in seinen Armen. Es war nicht klar, ob sie schluchzte oder sich nur vor Ekel schüttelte.

„Offenbar ein Pflanzenfresser“, sagte er. Sie stöhnte auf. Dann wandte sie sich ab und rannte weg.

„Warten Sie doch!“, rief er. Sie drehte sich nicht einmal um, es blieb ihm nichts anderes übrig, als hinterher zu laufen.

Er holte sie schnell ein. Sie stand mitten auf einem Schmalspurgleis, die Handtasche an den Körper gepresst.

„Eines sag ich Ihnen, ich tu keinen Schritt in den Wald rein …“

„Niemand hat das verlangt …“

„… wir bleiben schön hier auf den Schienen, wo nichts wächst … ich will alles sehen können …“

Er setzte sich mit dem Rücken zur Sonne auf eine Schwelle. Sie ließ sich langsam gegenüber nieder. „Sie schauen doch“, meinte sie leise, „hinter mir, wenn was kommt, oder?“

„Machen Sie sich keine Sorgen. Dieses Vieh tut uns nichts.“

„Woher wollen Sie das wissen?“

„Ich hab das im Fernsehen …“

„Was?“

„Nicht das Tier selber, sondern seine Spuren. War so eine Sendung über Versteinerungen, da haben sie diese Spuren gezeigt, zwei Reihen schmaler Eindrücke, dreißig Zentimeter auseinander …“

„Mein Gott, hören Sie doch auf!“

„Warten Sie, warten Sie. Kein Mensch konnte sich erklären, wo die hingehören, bis man auf die Idee mit dem Tausendfüßler gekommen ist. Konnte es sogar überprüfen, weil man Bruchstücke von den Ringen, den Körperringen, versteinert gefunden hat …“

Seine paläozoischen Erkenntnisse beeindruckten sie nicht.

„Na und? Was nützt uns das? Woher wollen Sie denn wissen, dass uns das Biest in Ruhe lässt? Aus Versteinerungen?“

„Verstehen Sie doch! Dieses Tier ist seit Langem ausgestorben. Es kennt gar keine Menschen! Wie soll es dann welche fressen wollen … Menschen, mein ich. Außerdem frisst es Baummark, das haben Sie ja gesehen.“

„Wenn es ausgestorben ist, wieso ist es dann hier?“, fragte sie. Darauf wusste er auch keine Antwort.

„Abgesehen von dem Vieh, wieso ist das andere alles hier?“, fragte er. „Um nur bei der Topografie zu beginnen: Wo ist die Gisinger Au? Hier sollten Baggerlöcher in der Nähe sein und ein Fichtenwald. Was ich sehe, sind sicher keine Fichten. Das einzig bekannte Ding hier ist das Gleis. Sieht nach einem Kieswerk aus … haben Sie solche Pflanzen schon irgendwo gesehen?“

„Das Farnkraut“, sagte sie unsicher. „In natura, meine ich … aber das andere …“

Eine riesige Libelle flog dicht an seinem Kopf vorbei. Tiefer, schnarrender Schwirrlaut. Es erinnerte ihn an seine Kindheit. Er hatte ein Plastikflugzeug besessen, dessen Propeller durch ein verdrilltes Gummiband angetrieben wurde. Vor jedem Start musste man den Propeller mindestens fünf Minuten lang mit dem Finger aufziehen, dann loslassen. Das Gummiband im Inneren wickelte sich auf und drehte den Propeller; recht langsam. Es hörte sich genauso an wie die blauschillernde Libelle, die weiter keine Notiz von ihnen nahm und sich in der Nähe auf einem Baumstamm niedergelassen hatte.

Die Bäume wiegten die Kronen im Wind und raschelten mit ihren lächerlich großen Blättern. Je genauer er die Umgebung betrachtete, desto weniger gefiel sie ihm. Die Pinselbäume konnte man nur als pflanzliche Missgeburten bezeichnen. Die am Rand der Lichtung waren zehn Stock hoch; der Stamm am unteren Ende unförmig aufgetrieben wie eine monumentale Blumenzwiebel. Ganz an der Spitze der buschige Blätterpinsel. Höchstens ein paar hundert lange, glattrandige Blätter, die direkt aus dem Stamm herauswuchsen. Am ganzen Baum gab es keinen einzigen Ast. Auch die anderen Bäume mit ihren schopfartigen Blattbüscheln schienen noch nicht zur Erfindung des Astes vorgerückt zu sein; in einer bestimmten Höhe teilte sich der Stamm in zwei streng symmetrische Teilstämme, die teilten sich wieder und so weiter; die Endstämmchen trugen die Blattschöpfe. Ein seltsam starres Prinzip, mechanisch wie das gummimotorartige Schwirren der Libelle. In dieser Welt vertraute man einfachen Prinzipien.

„Wir sollten uns an das Gleis halten", meinte er. „Dem sollten wir nachgehen." Er streckte die Hand aus.

„Was wollen Sie?", fragte Frau Sommerring.

„Die Schlüssel." Er deutete in Richtung des Autos hinter ihnen.

„Es ist offen. Aber wenn Sie etwa auf dem Gleis fahren wollen …" Er winkte ab, ging zum Wagen, öffnete den Kofferraum und wuchtete eine grüne Reisetasche heraus. Sie folgte ihm.

„Sagen Sie jetzt nicht, das wollen Sie mitnehmen!"

Er antwortete nicht, machte nur den Reißverschluss auf und überprüfte den Papierstapel.

„Es ist alles da", sagte sie. „Woher wissen Sie überhaupt, dass ich das Manuskript dabeihabe?"

„Aus derselben Quelle, die mich auf Ihre Spur gebracht hat.“ Sie nahm es mit Gleichmut und fragte nicht weiter, was ihn um das Vergnügen brachte, mit seinem hochgerüsteten Detektivfreund zu protzen.

„Mir ist es egal“, sagte sie. „So lange Sie es tragen.“

Auf dem Schmalspurgleis kamen sie rasch voran. Es verlief schnurgerade, die Vegetation änderte sich nicht.

„Es gibt keine Vögel“, sagte sie.

„Vielleicht ist schon Sommer, da singen sie nicht mehr.“ Zu hören waren nur die Schritte auf dem Bahnkies und die Töne der Insekten. Vom hohen Sirren bis zum Knattern der Libellen. Die Insekten schienen kein Interesse an den Menschen zu haben. Manchmal setzten sie sich auf Hemd und Haar, fliegengroße, schwarze Brummer, die ihre Flügel auch im Sitzen elegant gespreizt hielten; aber sie flogen auf, ehe man sie noch mit der Hand verjagen konnte. In so einem Dschungel hätte es von Moskitos wimmeln sollen. Das war nicht der Fall. Entweder gab es gar keine oder sie hatten kein Interesse an menschlichem Blut. Sie waren schon eine Stunde unterwegs, bis ihm auffiel, dass sie noch kein einziges Wirbeltier zu Gesicht bekommen hatten. Bisher gab es nur Insekten und Riesenasseln.

„Es gibt keine Bienen“, sagte sie plötzlich.

„Und keine Mücken.“

„Schmetterlinge scheint es auch nicht zu geben. Oder haben Sie einen gesehen?“

„Nein, aber das darf uns nicht wundern, es gibt ja auch keine Blüten …“

„Ich hab immer gedacht, Insekten ernähren sich von Nektar und Blütenstaub. Das gibt’s ja nun nicht. Wovon leben die bloß alle?“

Die Bahn lief um eine Kurve, dahinter wurde die Frage der Frau Sommerring eindrucksvoll beantwortet. Dicht an der rechten Schiene lagen zwei kleine Haufen, einer rechts außen, einer in der Mitte zwischen den Schienen. Als sie näher kamen, erhob sich eine schwarze Wolke, vor der sie zurücktaumelten. Sie hatten genug gesehen. Zunächst, dass sich zahlreiche kleine, graue und braune Tierchen bemühten, von den beiden Haufen herunterzukommen. Sie schienen die Anwesenheit großer Lebewesen nicht zu schätzen, sofern diese Lebewesen noch lebendig waren; gegen große tote Lebewesen hatten sie aber nichts, wie sich zeigte, als die meisten der asselähnlichen Tierchen von ihrem Sitz heruntergekrabbelt und unter den Schienen verschwunden waren. Die zwei Haufen gehörten zusammen, der Zug hatte sie getrennt, und wenn man sie – virtuell – zusammenrückte, ergab sich ein etwa ein Meter langes, lurchartiges Wesen mit breitem, plattem Kopf, dicken, kurzen Amphibienbeinen und spitz zulaufendem Hinterende. Die schrumpelige Haut war graubraun. Frau Sommerring hielt Scholz' Oberarm umklammert, was ziemlich weh tat.

„Entschuldigen Sie", murmelte sie verlegen, „es ist nur …"

„Schon gut, machen Sie sich doch nichts draus. Das ist kein schöner Anblick, aber wir sollten das doch in größerem Zusammenhang sehen."

„Wie meinen Sie das?"

„Nun … äh … ökologisch gewissermaßen … sehen Sie, diese Tiere beseitigen das … äh … Unfallopfer … eine Polizei der Natur …"

Er verstummte hilflos. Mein Gott, dachte er, was red ich bloß für einen Mist daher! Ökologie! Ausgerechnet. Aber Frau Sommerring hatte Trost in seinen Worten gefunden.

„Sie haben recht", sagte sie. „Ein ganz natürlicher Vorgang. Gehen wir weiter."

Sie umrundeten das amphibische Überbleibsel in weitem Bogen, was ein Ausweichen in den Dschungel nötig machte. Frau Sommerring inspizierte jede Stelle, bevor sie ihren Fuß daraufsetzte, es zeigte sich aber keine einzige Schabe und kein einziger Tausendfüßler, obgleich es von ihnen da unten nur so wimmeln musste. Hundert Meter weiter setzten sie sich auf die Schienen und ruhten aus. Ihm war die Pause recht. Die Tasche mit dem Manuskript, „Weiße Berge“ von Anton Pettenkoffer, zerrte an den Armen; er war nicht gewohnt, schwer zu tragen. Er setzte sie ab.

Alles passte zusammen. Er kannte das alles. Er hatte das alles schon einmal gesehen. In einem teuren Bildband über die Erdgeschichte. Gezeichnet, nicht fotografiert. Künstlerisch inspiriert. Darum war es ihm nicht gleich eingefallen. Eine weit zurückliegende Epoche der Erdgeschichte, jawohl. Welche, fiel ihm nicht mehr ein. Nur der Titel des Kapitels: „Die Herrschaft der Pflanzen.“

Aber wenn er sich dieser Vorstellung, in die Erdgeschichte verbannt zu sein, auch nur ganz vorsichtig näherte, befiel ihn Schwindel, der Atem wurde flach, der Puls ging rascher, die Dinge in der Umgebung begannen leicht zu vibrieren, als wollten sie ihm gleich ins Gesicht hinein explodieren. Er musste sich auf etwas Naheliegendes konzentrieren und tief durchatmen. Rein körperliche Reaktion – der Körper konnte einfach nicht fassen, was dem Geist vertraut und vorstellbar war. Weil der Körper nur an das unmittelbar Gegebene glaubt, an die allerplatteste Wirklichkeit, und niemals an das bloß Vorstellbare. Wenn das wirklich wurde, dieses bloß Vorstellbare, kam er aus dem Konzept. Der Körper. – Diese Überlegungen kamen ihm wirr vor, beruhigten ihn aber. Der Atem wurde tiefer, der Herzschlag ruhiger.

„Glauben Sie, man kann das essen?“, fragte sie. Er war in Gedanken bei dem überfahrenen Lurch und wunderte sich. Erst hat sie Angst, auf eine kleine Schabe zu treten, und dann spielt sie mit dem Gedanken, dieses Riesenvieh …

„Das weiße Zeug, mein ich, aus dem abgebrochenen Baum …“

„Wo der Tausendfüßler sich …“

„Hören Sie auf! Hören Sie auf damit! Erinnern Sie mich nicht dran. Ich möchte das möglichst schnell vergessen. Hoffentlich begegnen wir nie mehr so einem … so einem … ist ja egal.“ Sie schüttelte heftig den Kopf. „Aber dieses Mark … es sah appetitlich aus, finden Sie nicht?“

„Wir können es ja probieren. Dazu müssten wir allerdings runter von der Trasse und in den Wald rein."

„Ich hab sogar ein Messer dabei. Da brauchen wir gar keinen abgebrochenen Baum zu suchen."

Sie zog einen länglichen Gegenstand aus der Handtasche, drückte einen verborgenen Knopf. Eine lange, schmale Klinge sprang heraus. Erschrocken wich er zurück.

„Sehen Sie? Sehr wirkungsvoll, nicht wahr? Schon psychologisch. Dabei hab ich noch gar nicht zugestochen …"

„Eine Frau mit einem Springmesser! Außerdem sind solche Messer verboten."

Sie lachte laut auf. Sie lacht glücklich wie ein Kind, dachte er. Sie warf den Kopf in den Nacken, die roten Haare flogen. Dann ließ sie das Messer in ihren Fingern herumwirbeln, die Klinge blitzte. Es sah verwegen und gefährlich aus.

„Wir suchen uns einen Baum, der nicht allzu weit von der Trasse entfernt ist", sagte er. Bloß nicht beeindrucken lassen. Kompetenz zeigen. Oder wenigstens so tun. „Der da drüben könnte gehen." Ohne sich nach ihr umzudrehen, setzte er die Tasche aufs Gleis, bog scharf nach rechts ab und kletterte den niedrigen Bahndamm hinunter. Er hoffte, sie hatte nicht gemerkt, wie schockiert er gewesen war. Zu einer Frau passte überhaupt kein Messer, egal welcher Größe und Ausführung; und so ein Ding, mit dem sich die Zuhälter gegenseitig abstechen, passte am allerwenigsten. Er war froh, dass sie hinter ihm blieb; so konnte sie sein Gesicht nicht sehen.

Der Wald war hier nicht sehr dicht. Er hatte zwar noch keinen Urwald in natura erlebt, es kam ihm hier aber zu hell vor. Es hieß ja immer, in der untersten Schicht herrsche ewiges Dämmerlicht; das war nicht so. Keiner der Bäume hatte eine weitausladende Krone. Die Stämme standen nicht dicht. Es gab zahlreiche ovale Lichtungen, wo Baumriesen umgefallen waren. Dort wucherte Farnvegetation; Farne gab es in allen Ausführungen. Das Vorwärtskommen ging viel besser, als Dr. Scholz befürchtet hatte. In einem ordentlichen Urwald, dies wusste er aus Fernsehdokumentationen, bewegt man sich mit Hilfe einer Machete vorwärts; ohne geht es überhaupt nicht. Nach diesen Maßstäben konnte das kein ordentlicher Urwald sein, die Farne ließen sich mit der Hand zur Seite schieben, kaum Schlingpflanzen und keine Moskitos.

Sie hatten den Pinselbaum erreicht. Am Boden war er aufgetrieben, über drei Meter dick, weiter oben wurde der Stamm schlanker, er war auch nur halb so hoch wie die anderen Exemplare und spaltete sich an der Spitze in zwei kurze Teilstämme, die im Winkel von 45 Grad links und rechts nach oben standen; jeder mit einem eigenen Pinselbüschel am Ende; lange, tiefgrüne, fast nadelförmige Blätter. Frau Sommerring konnte es kaum erwarten, ihr Messer auszuprobieren, sie ritzte an der mit siegelförmigen Narben besetzten Rinde herum. Die Rinde – wenn es denn streng botanisch überhaupt eine war – erwies sich als wenig widerstandsfähig. Frau Sommerring konnte ihr Stilett handbreittief hineinstoßen und dann mit bloßer Hand große Flächen abreißen. Wenn erst einmal ein Spalt für die Finger geschaffen war, ging das ganz leicht. Dr. Scholz half ihr dabei. Sie erwarteten, nach wenigen Zentimetern auf Mark oder Holz zu stoßen, aber das Rindengewebe setzte sich nach innen zu immer weiter fort, fester wurde es und grüner, mit dem Messer aber immer noch leicht abzuschälen. Ganz innen kam dann die weiße Masse. Farbe und Konsistenz von Holundermark.

„Schmeckt nach Papier", sagte Frau Sommerring, die angestrengt auf einem Stück herumkaute.

„Vermutlich hat es dann auch den Nährwert von Papier ..."

„Seien Sie doch nicht gleich so negativ! Ist ja noch anderes da. Hier, probieren Sie doch das Grüne." Sie schnitt ihm einen langen Streifen vom weiter außen liegenden Gewebe ab. Er begann zu kauen.

Er sollte sich später noch oft an diesen Augenblick erinnern, wie achtlos er ihre Gabe genommen, wie beiläufig er sie in den Mund gesteckt hatte; nichts, was darauf hindeutete, sie hätten nun ein außergewöhnliches Geschenk empfangen. Und doch war es so. Diese grünen, etwas faserigen Streifen waren Manna, Brot, Hoffnung und Leben. Noch ehe sie sich ernsthaft Gedanken ums Überleben gemacht hatten, bot sich das Mark dieser ganz bestimmten Pinselbäume mit zweigeteilter Krone und der Verdickung am Stammfuß. Diese Bäume waren so zahlreich, dass man nicht lange nach ihnen suchen musste; aber so zahlreich auch wieder nicht, dass sie nicht auch einen anderen zuerst hätten ausprobieren können – einen von den hohen oder einen Schopfbaum. Die Brotbäume waren nicht die einzigen mit weißem und grünlichem Mark, aber die einzigen, die man roh essen konnte. Das Innere der anderen, sofern es nicht überhaupt völlig verholzt war, schmeckte unerträglich bitter. Vielleicht war es auch giftig, sie konnten das nicht überprüfen. Das „Grünmark" oder „Brotmark", wie sie es bald nennen würden, schmeckte nicht besonders, erinnerte nicht entfernt an irgendeinen bekannten Geschmack. Es war nur saftig. Dennoch aßen sie es, folgten der Weisheit des Organismus, der dieses Fehlen von Geschmack über die Äonen der Evolutionsgeschichte in irgendwelchen Erinnerungsmolekülen gespeichert haben mochte; von fernen, lurchartigen Wirbeltiervorfahren her, für die es Leben bedeutet hatte. Keiner von ihnen fürchtete sich vor dem Gift, dass darin verborgen sein mochte. Gab es denn nicht genug Dinge, die wohlschmeckend und giftig waren? Gesunde Vorsicht hätte das wenigstens möglich erscheinen lassen, aber sie wussten beide irgendwie, es war nicht möglich, dass dieses grüne Zeug giftig war, im Gegenteil, lebensspendend war es und lebensnotwendig. Wie Brot. Und allgegenwärtig. Und leicht zu gewinnen.

Auf dem Boden krochen Schaben herum, mehrere Zentimeter groß. Zwischen ihren Füßen liefen sie durch, schienen sich aber um die beiden Menschen nicht zu kümmern. Es war Frau Sommerring, die ihn arglos darauf aufmerksam machte, während sie auf beiden Backen kaute.

„Sind wahrscheinlich harmlos", meinte sie und schnitt noch einen Streifen Mark aus der Höhle des Pinselbaumes. Mit einem Mal begriff er, dass sie nicht mehr in der normalen Welt waren, mochten hier auch Eisenbahngleise irgendwohin führen. Dies hier war – ihm wurde fast feierlich zumute bei dem Gedanken –, dies hier war keine Welt, in der man sein Brot im Schweiße seines Angesichts essen musste. Es gab einen Haufen Ekeltiere. Denen aber war *alles Böse fremd.*

Das Schlimmste war die Hitze.

Er ließ Frau Sommerring vorgehen, sie bewegte sich unsicher; konnte sein, sie hatte einen Stein im Schuh. Aber warum entfernte sie ihn dann nicht?

Im Schatten war es schlimm, in der Sonne unerträglich; eine glühende Keule traf sie, wenn sie einen sonnenbeschienenen Fleck betraten. Das Hemd klebte auf der Haut, was noch anging. Schlimmer das Kleben der Hosenbeine, im Schritt begann es wehzutun, Stoff scheuerte auf Haut, daneben Haut auf Haut, fühlte sich an wie etwas, das nicht besser wird, nur langsam schlimmer. Er hatte eine solche Hitze nicht für möglich gehalten. Inzwischen verfluchte er die Idee, die Manuskripttasche mitzunehmen. Sie jetzt einfach stehen zu lassen, käme einer Niederlage gleich, die etwas Endgültiges hatte. Denn sie würden, da war er sich sicher, nicht mehr auf gleichem Weg zurückkommen.

Es war windstill. Die Wipfel der Staubwedelbäume bewegten sich zwar, aber bis zum Waldboden drang die Brise nicht durch. Unter ihnen zogen sich die Schmalspurgleise endlos hin.

Sie blieb stehen, ließ sich langsam auf einer Schwelle nieder. Er setzte sich ihr gegenüber hin. Ein Staubwedelbaum und hohes Farngebüsch gaben Schatten. Links war der Bewuchs niedriger, Schachtelhalme standen in dichten Büscheln, alle an die zwei Meter hoch, dazwischen blitzte es von Wasserflächen, wo die Sonne im richtigen Winkel hintraf, wo sie das nicht tat, war das Wasser ölig schwarz.

Wenn jetzt ein Zug kommt, dachte er, sind wir beide hin; das Gleis gut in Schuss, die Schienen ohne Rost, die Schwellen unverfault … konnte in diesem Feuchtklima nur heißen:

Jemand kümmerte sich regelmäßig. Und wenn es Bahnerhaltung gab, gab es auch Bahnbetrieb.

Sie saßen einander gegenüber, sie im Schneidersitz, er, die Beine lang ausgestreckt, stützte sich nach hinten mit den Händen ab. Die grüne Tasche hatte er neben sich zwischen die Gleise gestellt. Eine Zeit lang sagten sie nichts. Er spürte, wie träge er war. Er legte sein schweißdurchtränktes Taschentuch sorgfältig auf die linke Schiene in einen Sonnenfleck. Das heiße Metall würde beim Trocknen helfen. Wenn das funktionierte, könnten sie dieselbe Methode bei den Kleidern anwenden. Vielleicht fand sich wo ein loses Stück Schiene, das konnten sie als Bügeleisen verwenden … er merkte, wie ihm die Gedanken auf Nebenthemen entkamen. Weil sich darin schon die künftigen Hauptthemen ankündigten? Nahrung, Trinkwasser, saubere Wäsche? Er riss sich zusammen. Noch war er kein Wilder, noch gab es einen höheren Standpunkt über den Niederungen der Urwaldpraxis.

„Wer sind Sie?", fragte er ruhig. „Sie schulden mir eine Erklärung."

Sie seufzte. „Ich schulde Ihnen gar nichts", sagte sie nach einer Weile. „Das ist typisch für euch. Was immer ihr haben wollt – aus ganz gewöhnlicher, primitiver Besitzgier –, das ‚schuldet' euch jemand. Ganz gleich, ob es Gold oder Elfenbein ist, Menschen oder ganze Kontinente sind. Oder halt Erklärungen."

Dr. Scholz war verwirrt. Ein antiimperialistischer Vortrag? Und wen meinte sie mit „ihr"? Ihr Männer? Ihr Europäer? (Was einigermaßen seltsam wäre; europid sah sie ja selber aus – um nicht gleich zu sagen: nordisch.)

„Ihr Menschen", sagte sie leise, als habe sie in seine Gedanken gesehen. Er lachte. „Sie sind kein Mensch?"

„Nein."

Aha. Wie relativ alles sein konnte. Eine Geisteskranke. Unter anderen Umständen wär das eine große Sache gewesen, aber so, unter Bäumen, die seit ein paar hundert Millionen Jahren ausgestorben sein sollten, in der Gesellschaft schuhgroßer Schaben und zwei Meter langer Tausendfüßler – was bedeutete da eine gewöhnliche Verrückte? Gar nichts.

„Sie brauchen gar nicht so blasiert zu schauen!“, rief sie.

„Verzeihen Sie, aber Sie sagten eben, Sie seien nicht menschlich. Sie müssen entschuldigen, das ist das erste Mal, dass mir jemand so etwas sagt. Welche Reaktion halten Sie denn für angemessen? Oder war es metaphorisch?“

„Es war nicht metaphorisch. Ich bin das, was Sie unter anderen Umständen eine Zwergin nennen würden.“

Eine Weile sagte er nichts. Irgendwie hatte er angenommen, ihre Verrücktheit werde in die Richtung gehen: ich bin eine Abgesandte vom Planeten Soundso und auf die Erde gekommen, um die Menschheit vor den Folgen der Gentechnik zu warnen. Z. B. vor Bäumen, die aussehen wie dreißig Meter hohe Rasierpinsel. Na und? Was war schlecht an dreißig Meter hohen Rasierpinselbäumen? Da hätten sie es übler treffen können ... die Gedanken entglitten ihm wieder, das lag an der Hitze; das Denken ging so leicht wie immer, nur die Richtung ließ sich kaum bestimmen, vom Hundertsten kam er ins Tausendste, vom Lebenswichtigen ins Akzidentielle, um nicht zu sagen, Anekdotische ... was hatte sie gesagt: Zwergin?

„Sie meinen, Zwergin im Sinne von kleiner als andere Leute?“ Er deutete mit der Hand einen halben Meter über dem Boden an. Mühevoll, die Hand zu heben. Am liebsten hätte er sich hingelegt. Auf dem Bahnschotter war nicht gut liegen, und daneben im Wald ... diese großen Schaben, wenn einem die nun übers Gesicht krochen ... überhaupt sollten sie in der Hitze nicht marschieren. Wohin das führte, war nur allzu klar.

„Ich meine ‚Zwergin‘ im Sinne von Sage und Volksüberlieferung! Klammern Sie sich nicht an die Körpergröße. Die ist irrelevant.“

Natürlich. Wie konnte er nur so dumm sein.

„Es stimmt schon, Zwerge sind manchmal klein“, gab sie zu. Nicht widersprechen, dachte er. Er nickte bedeutungsvoll.

„Das liegt nur daran, dass der Effekt manchmal anhält, wenn man die Zone schon verlassen hat“, fuhr sie fort. „Wir wissen auch nicht, warum das so ist.“

„Nur interessehalber: Welcher Effekt?“

„Die Verkleinerung!“, sagte sie verärgert. „Das ist es doch, was Sie stört – dass ich als Zwergin normal groß bin.“

„Ich muss zugeben, mit diesem Punkt hatte ich gewisse Schwierigkeiten …“

„Wenn wir die Grenze der Zone überschreiten“, sagte sie, „werden wir kleiner, und zwar bei jedem Schritt weiter hinein in geometrischer Progression, also zum Beispiel beim ersten Schritt um zehn Prozent, beim zweiten wieder um zehn Prozent von den verbliebenen neunzig …“

„Okay, kann ich mir vorstellen. Was ist mit den Kleidern, die Sie anhaben?“ Die Idee begann, ihm zu gefallen. Jedenfalls interessanter, als wenn sie behauptet hätte, sie sei die Heilige Johanna.

„Alles verkleinert sich innerhalb der Zone, wir nennen das Skalenanomalie, der allgemeine Maßstab, die Skala, verändert sich.“

Er dachte eine Weile nach, dann sagte er: „Dann habt ihr ja eine Menge Platz in eurer Zone, je weiter ihr reingeht, desto mehr.“

„Sie haben es erfasst!“ Sie lachte. „Wenn Sie einen Augenblick darüber nachdenken, kommen Sie dahinter, dass wir sogar unendlich viel Platz haben.“

„Nein!“

„Doch!“

Der Schweiß brach wie aus Schleusen hervor.

„Sie sind ja grau im Gesicht“, sagte sie besorgt, stand auf und lief ein paar Schritte in den Wald hinein. Mit einem trichterförmig eingerollten Blatt kam sie zurück.

„Trinken Sie!“, sagte sie, hielt ihm das spitze Ende hin.

„Was ist das?“

„Regenwasser. Sammelt sich in diesen Blättern. – Keine Angst, ich hab’s schon probiert. Schmeckt süß und klar.“ Dr. Scholz trank in langen Zügen, während er darüber nachsann, wie Wasser „klar“ schmecken konnte. Für ihn schmeckte es nach Wasser, sonst nach nichts. Ein bisschen abgestanden und lauwarm. Aber vielleicht pflegten ja Zwerge einen anderen Sprachgebrauch. „Fahren Sie fort“, sagte er dann. „Unendlich viel Platz, dort waren wir stehengeblieben, glaube ich.“

„Um genau zu sein: fast unendlich viel. Die Zone ist kreisförmig und die Skalenanomalie wirkt radial von allen Seiten nach innen auf den Mittelpunkt zu …“

„… der nicht erreichbar ist“, unterbrach er.

„Stimmt, aber nicht deshalb, weil er im Unendlichen liegt. Sehr weit innen stößt man wieder auf eine Grenze, die aber nicht überschreitbar ist.“

„Und was ist dahinter?“

„Das wissen wir nicht“, sagte sie langsam. „Und nach unseren religiösen Vorstellungen ist es uns auch verwehrt, das zu wissen.“ Das Thema schien ihr unangenehm zu sein.

„Also schön“, sagte er, „die Zone ist ein Kreis, richtig? Das Reich der Zwerge als Kreisring. Wo ist der? Würd ich ihn auf einer Karte finden?“

„Es ist nicht *ein* Ring“, sagte sie. „Es sind einige hundert über die ganze Welt verstreut. Und natürlich finden Sie keinen einzigen davon auf einer Karte. Von außen sind die Zonen ja sehr klein, die meisten mit hundert oder zweihundert Meter Umfang. Alle liegen in abgelegenen Gegenden des Erdballs, in Gebirgen, dichten Urwäldern, Wüsten …“

„In Urwäldern wie dem hier?“

„Nein, eben nicht wie dem hier! Sie vermuten richtig, wir sollten hier in einer solchen Zone sein, aber irgendetwas ist passiert …“

„Was heißt, wir sollten in einer Zone sein? Sie wollen sagen, ich als gewöhnlicher Mensch könnte so eine Anomaliezone betreten?“

„Warum nicht? Sie würden gar nichts dabei spüren.“

„Und verkleinert würde ich dann auch?“

„Im selben Maß wie wir."

„Ich glaube, von jetzt an kann ich weitererzählen", sagte er. „Ihr seid nicht gern unter Fremden, ihr Zwerge?"

„Nun, wir sind keine Anhänger kultureller … wie soll ich sagen …"

„Vermischung. Sagen Sie einfach *Vermischung*! So was mögt ihr nicht." Sie sagte gar nichts, nickte nur.

„Ihr mögt es nicht, wenn da plötzlich Menschenhorden rumlaufen, mit der Betonung auf Horden, denn wo Menschen auftreten, sind es gleich ziemlich viele. Und ihr mögt es nicht, weil ihr euch an den vielen schönen, freien Raum gewöhnt habt!"

„Das ist genetisch bedingt."

„Aber diese Zonen sind doch potenziell unerschöpflich, die könnten doch Milliarden und Abermilliarden von Menschen ernähren …"

„Abermilliarden, Sie sagen es. Genau das würde auch passieren. Und wenn es noch so lange dauert: ihr würdet die Zonen füllen, eine nach der anderen, und uns immer weiter zurückdrängen, immer näher auf die innere Grenze zu! – Nein, lassen Sie mich ausreden! – Es ist mehr als nur Gewohnheit, Tage und Wochen durch die Zonen zu streifen. Es ist unsere Identität, unsere Seele, setzen Sie dafür ein, was Sie wollen …"

„Schon verstanden, ihr wollt einfach niemand anderen drin haben in euren Zonen. Verständlich. So was wie Privatbesitz. Keine unerwünschten Ausländer."

„Vor allem, da wir wirklich niemanden geholt haben", antwortete sie. „Muss ich eigentlich erwähnen, dass die Menschheit *uns* sämtliche Handwerkskünste verdankt? Dass Zwerge gute Schmiede sind, steht sogar in euren Märchen; alles andere habt ihr großzügig unterschlagen oder in solchen Horror wie ‚Rumpelstilzchen' umgedichtet. Gold spinnen aus Stroh! Quatsch! Das Spinnen allerdings – das habt ihr auch von uns. Und das Weben. Und Färben. Und so weiter."

Das traf ihn nun doch.

„Sie wollen doch nicht andeuten, die Menschen konnten überhaupt nichts … wie soll ich sagen … von selber?“

„Ich will gar nichts andeuten, ich sag es Ihnen geradeheraus, was die Menschen von selber konnten: Aus Feuerstein Speerspitzen machen und Kleider aus den Fellen erlegter Tiere. Ihr wart immer schon geschickte Jäger, das muss man euch lassen.“

Dr. Scholz war so erschüttert, dass ihm keine passende Antwort einfiel.

„Sehen Sie“, fuhr sie fort, „das ist der Hauptgrund, warum wir keine Verbindung wollen. Der Kulturschock. Die Menschen würden jedes Selbstbewusstsein verlieren; wir wären verantwortlich, hätten sie auf immer am Hals.“

„Moment, Moment!“, rief er. „Das geht mir zu schnell! Was ist mit dem Abbau von Rohstoffen? Mit dem Ackerbau?“

„All die Sagen von Metall schürfenden Zwergen in den Alpen, all diese Venedigermännlein, was glauben Sie denn, was sich dahinter verbirgt? Dann die Männlein, die sich auf den Höfen verdingen und mit einer lächerlich geringen Bezahlung zufrieden sind? Meistens ein Röcklein für ein ganzes Jahr Arbeit. – Alles umgelogen, zurechtgebogen. In Wahrheit waren das …“

„Entwicklungshelfer“, sagte er tonlos.

„Wenn Sie so wollen.“ Sie stand auf und ging ein paar Schritte auf und ab. Der sanfte Wind war stärker geworden, hatte sich von Wipfelhöhe bis zum Boden durchgesetzt. Kühle auf der schweißnassen Haut. Dr. Scholz fühlte sich trotzdem schlecht. Vor einer halben Stunde hätte er die Brise noch genossen.

„Man könnte Bibliotheken darüber vollschreiben“, sagte sie, „man kann es aber auch in ein paar Sätzen sagen: Vom Ackerbau angefangen verdankt die Menschheit alles den Zwergen – bis zum Ende des Mittelalters. Dort endet unser Einfluss. Das Schwarzpulver heißt zu recht nach Berthold Schwarz. Er hat es allein erfunden. Ohne zwergische Hilfe. Selbstredend sind auch alle Schusswaffen Menschenwerk. Schon die Armbrust übrigens. Soweit ich weiß, waren wir da nicht beteiligt. Für Waffen habt ihr ein Gespür …“ Boshaft klang das.

„Was machen Sie für ein Gesicht! Wegen der Waffen? Das ist bei Jägervölkern doch zu erwarten, die sich ein paar Hunderttausend Jahre über abgebrochene Lanzenspitzen ärgern! Das ist bei euch schon genetisch fixiert.“

„Wie steht es mit der Wissenschaft?“, fragte er. Sie lächelte, deutete eine ironische Verbeugung in seine Richtung an.

„Ganz allein euer Ruhmesblatt“, sagte sie. „Seit Beginn der Neuzeit haben sich die Zwerge nicht mehr eingemischt. Eisenbahn, Auto und Atombombe, Mengenlehre und Integralrechnung: alles Menschenwerk. Überhaupt alles, was heute ‚Wissenschaft‘ heißt. – Auch die Germanistik, da kann ich Sie beruhigen.“ Die letzte Bemerkung hätte sie sich sparen können.

„Habt ihr nie versucht, diesen Rückhalteeffekt, dass ihr auch außerhalb der Zonen eine Zeit lang klein bleibt, irgendwie … nun, auszuschalten … oder wenigstens zu korrigieren?“

„Nein!“, sagte sie schnell. „Und zwar deshalb, weil in unserem Wortschatz die Verben ‚ausschalten‘ und ‚korrigieren‘ keine solche Rolle spielen wie bei euch. Es gibt eine Menge Sachen, die wir nicht wissen, weil wir sie gar nicht wissen wollen.“

„Warum?“

„Warum? Warum?“ Wütend schlug sie mit der flachen Hand auf eine Schwelle. Bei dem Knall wurde das Insektengeschnarr leiser; einen Augenblick nur, setzte sich dann mit alter Lautstärke fort, aber Dr. Scholz glaubte, jetzt einen anderen Unterton herauszuhören. Hatten die Kerbtiere begriffen, dass die Herrin des Waldes unter ihnen war?

„Nur ein Mensch kann so fragen“, sagte sie verdrossen.

„Oder ein Kind.“

„Nun gut, ein Menschenkind, meinetwegen. – Wir fragen nicht nach diesen Dingen, weil es uns nicht zusteht, sie zu wissen. Können Sie mir folgen?“ Sie sah ihn scharf an.

„Ja, ja, ich denke schon – ihr praktiziert so eine Art freiwillige Selbstkontrolle …“

„Ihren Zynismus können Sie sich sparen! Da haben Sie gleich ein schönes Beispiel, warum das alles den Menschen verborgen bleiben muss. Sogar Sie fragen mit größter Selbstverständlichkeit: Warum? Dabei sind Sie weder Ingenieur noch Physiker. Mit Naturwissenschaft haben Sie überhaupt nichts am Hut …"

„Stimmt", sagte Dr. Scholz mit fester Stimme.

„Dann stellen Sie sich vor, die Anomalie würde bekannt: Nicht nur, dass die Menschen zu Millionen und Abermillionen hineinströmen und uns nerven würden – es kämen auch all die Wissenschaftler mit ihrem Gerätepark; da ginge dann ein Messen und Rechnen, ein Publizieren und Dissertationenschreiben an – was uns am meisten wert ist, wäre in Gefahr."

„Und was ist das?"

„Das *Geheimnis*", sagte sie ruhig. „In Ihren Ohren mag es eigenartig klingen: Aber unser Seelenheil hängt am Bewusstsein, dass es Dinge gibt, die wir nicht wissen. Wir wären nicht mehr die, die wir sind, wenn wir alles wüssten. Das Geheimnis lässt uns existieren; das Geheimnis allein." Dr. Scholz wusste darauf nichts zu sagen. Er fühlte sich nicht recht wohl, wie immer, wenn ihm jemand seine religiöse Überzeugung offenbarte. Er war natürlich Agnostiker und kritischer Rationalist, etwas anderes wäre ihm ungehörig vorgekommen. Er machte ein unglückliches Gesicht und hielt den Mund.

„Wenn Sie sich die Sache in Ruhe überlegen, werden Sie mir recht geben", fuhr sie fort. „Sie werden mir dann auch zustimmen, dass wir alles in unserer Macht Stehende tun müssen, das Geheimnis zu wahren. Verrat kann nicht geduldet werden." Dr. Scholz wurde von einer plötzlichen Eingebung überrascht.

„Pettenkoffer!", rief er aus.

„Jawohl, Anton Pettenkoffer! Was er Ihnen da angedient hat, ist nicht einfach Literatur. Er verrät die Existenz des Zwergenreiches – in Fußnoten, die man natürlich für reine Erfindung halten kann, es ist schließlich ein Roman, aber in diesen Fußnoten stehen genaue Ortsangaben der Zonen!"

Dr. Scholz schwieg. Er konnte sich nur vage erinnern, dass es in jenem Konvolut beschriebener Blätter von Fußnoten wimmelte; er hatte darin ein ungewöhnliches Gestaltungsmittel gesehen, Ausdruck eines verschrobenen literarischen Charakters. An Inhalte konnte er sich nicht erinnern – „Weiße Berge" war ein Sprachkunstwerk, keine Trivialschmonzette.

„Es sind nur ganz wenige Fußnoten", antwortete sie. „Aber die sind eindeutig – wer den Ortsangaben folgt, kommt unweigerlich in eine Anomaliezone."

„Also schön, nur um des Arguments willen: Ich glaube Ihnen. Aber dann müssen Sie auch zugeben, dass es wenig Sinn ergibt. Ich will damit sagen: warum schreibt er nicht einfach an eine Tageszeitung? Ans Fernsehen? Warum versteckt er diese Information in einem tausend Seiten starken Roman?"

„Das wissen wir nicht."

„Fragt Ihn doch! Ich meine – es ist ja kein Risiko dabei, wenn er ohnehin weiß, dass es euch gibt!"

„Natürlich weiß er das!" Sie fing an zu lachen. „Aber es ist uns verboten, Kontakt mit ihm aufzunehmen. Er ist ein Abtrünniger, ein Verräter. ‚Keine Hand aus dem Reich für den Verräter, kein Blick, kein Wort', heißt es bei uns. Er ist unerreichbar: Jenseits der Grenze."

Dr. Scholz spürte einen gewissen Gram in sich hochsteigen, da er offensichtlich schwer von Begriff war.

„Pettenkoffer ist also einer von euch", sagte er langsam. „Mit ihm sprechen dürft ihr nicht. Ich nehme an, einfach umbringen ist auch verboten?" Sie nickte heftig. „Bleibt also nur das Werk selber", fuhr er fort. „Und das hat Pettenkoffer, der auch nicht bestohlen werden darf. Allerdings nur so lange, nehm ich einmal an, wie er, Pettenkoffer, den Roman in seinem Besitz hat. Übergibt er ihn an einen gewöhnlichen Menschen, sagen wir, an diesen steindummen Scholz …"

„Herr Dr. Scholz, wir wollten doch nie …"

„Unterbrechen Sie mich nur, wenn ich was Falsches sage!", schrie er. „Bis jetzt stimmt doch alles, oder?" Sie schaute in den

Urwald hinein, zwei Meter von der Schiene entfernt krabbelte etwas über den Boden, etwas besonders Scheußliches, nahm er an. Ihre Augen waren aufgerissen, die Finger der rechten Hand auf den Mund gelegt. Er ließ sich nicht ablenken.

„… an diesen sogenannten Verleger Scholz also. Sobald der das Ding in Händen hält, darf's problemlos geklaut werden. Zuvor probiert man's allerdings noch anders: Man schickt einen Warner – direkt in den Zug, ein Individuum, das sich bizarr genug verhält, Angst einzujagen – wenn sich schon einer ‚Wurzelsepp' nennt!"

„Häufiger Name bei uns", sagte sie leise. „Ihr habt ihn nur ins Lächerliche gezogen. So macht ihr es ja mit allem, was ihr nicht versteht. Umbringen oder trivialisieren."

„Lenken Sie nicht vom Thema ab!", sagte er scharf. „Dieser Wurzelsepp – der sollte mir solche Scheißangst machen, dass ich das Manuskript freiwillig rausrücke. – Aber das hat nicht funktioniert. Ihr habt mich wohl falsch eingeschätzt." Er machte eine Pause. „Ganz weit unten", fügte er verdrossen hinzu. Sie sagte nichts. „Nun, wie auch immer, versucht man es halt auf andere Weise. Und da kommen Sie nun ins Spiel, Gnädigste …"

„Sparen Sie sich Ihren Sarkasmus! Dazu besteht kein Grund. Ich bin kein Profi in solchen Dingen und Wurzelsepp ist es auch nicht. Lügen und Täuschen – es ist nicht so, dass uns das verboten wäre – es liegt einfach nicht in unserer Art. Das sind Künste, die wir uns mühselig beibringen müssen. Jedes kleine Menschenkind kann schon lügen, dass sich die Balken biegen, bei uns braucht es dazu jahrelange Übung."

„Und ihr zwei seid ausgebildete Lügner und Täuscher, Wurzelsepp und Sie?"

„So können Sie es nennen. Es gibt allerdings Unterschiede. Im Lügen bin ich besser. Seine Stärke liegt im Stehlen. Das ist eine Sache, die ich kaum fertigbringe."

„Sie sollten mich also ablenken, während er das Manuskript aus meinem Koffer geklaut hat?"

„Genauso war es."

„Dann war er also noch im Zug. Aber in Landeck, als der Zug schon angefahren war, stand er doch auf dem Bahnsteig!"

„Eine Art … Projektion. Wir haben da gewisse Fähigkeiten. Sie können ruhig davon ausgehen, dass Wurzelsepp noch im Zug war."

„Wie hinterhältig!", rief er voller Hohn. Sie tat ihm fast leid.

Es war nun eine Spur kühler. Der Wind hatte weiter aufgefrischt. Zum ersten Mal spürte er so etwas wie Wohlbehagen. Auf der Stirn wurde es kühl. Alles konnte so einfach sein, wenn nur die verfluchte Schwitzerei aufhörte.

Er schaute in die andere Richtung, wo sich die Geleise im Halbdunkel zweimannshoher Farnsträucher verloren. In Wahrheit mussten es hunderte Arten sein, ein Botaniker würde den Verstand verlieren. Gut, dass er keiner war. Er war Germanist mit einer Buchhandlung. Und Buch gab es hier nur ein einziges. „Weiße Berge" von Anton Pettenkoffer (Zwerg). Rund tausend Seiten.

„Diese Bahn", fragte er, „habt auch ihr gebaut?"

„Keine Ahnung … Ich bin noch nie hier gewesen. Ich sehe diese komischen Gewächse zum ersten Mal. Es sollte anders aussehen, ganz anders." Sie schwieg erschöpft.

„Das ist nicht eine eurer Zonen?"

„Wie kommen Sie darauf? Seit ein paar Monaten entstehen *neue* Anomaliezonen. Irgendwo. Es ist nicht vorauszusehen, wo. Sie können sich vorstellen, dass wir über die Entwicklung nicht begeistert sind. Das hier ist so eine."

„Wie stellen Sie das denn fest? Ich denke, die sind so schwer zu finden, dass sie vor den Menschen sicher sind …"

„Wir haben ein Gespür für Anomaliezonen, eine Art sechsten Sinn – wie eure Rutengänger. Bei uns können das alle; eine Zone zieht uns auf Hunderte von Kilometern an."

„Kommt das oft vor?"

„Was?"

„Neue Zonen."

„Das sollte überhaupt nicht vorkommen!“, rief sie. „Wir haben keine Ahnung, warum die Zonen entstehen, geschweige denn, welchem Muster das folgt, ob es überhaupt ein Muster gibt.“

„Wie viele solcher neuen Zonen habt ihr entdeckt?“

Sie sagte nichts. Es war klar, dass die Anzahl neuer Zonen unter die zwergische Geheimhaltung fiel.

Er versuchte, sich alles durch den Kopf gehen zu lassen, worüber sie gesprochen hatten; Pettenkoffer, Frau Sommerring, die ein Meter siebzig große Zwergin, Wurzelsepp, das Manuskript, sein Freund Oskar Klein, alles ein einziges Durcheinander. Wovon waren sie überhaupt ausgegangen? Das hatte er vergessen. Alles, was sie sagte, klang nach Rechtfertigung. Sie hatte Mist gebaut, da war er sicher; zu irgendeinem Zeitpunkt hatte sie ihren Auftrag gehörig in den Sand gesetzt. Und jetzt wusste sie nicht weiter. Er war nur ein zufälliges Opfer. Livia und Thomas, sein Sohn, fielen ihm ein. Zweifellos machten sie sich schon Sorgen.

Er ließ den Oberkörper zurücksinken, verschränkte die Hände im Nacken.

„Sie wissen also nicht, wo wir hier sind?“, fragte er mit leiser Stimme.

„Nein, das weiß ich nicht.“

„Wieso sind Sie dann in dieses Gebüsch gefahren?“

„Ich war in Panik“, sagte sie. „Ich wollte mit dem Manuskript nicht hierher, ich wollte …“

„… ins zwergische Hauptquartier.“

Darauf ging sie nicht ein. „Ihr wart hinter mir, da hab ich die Zone gespürt und bin einfach hineingefahren. Es war unüberlegt, das brauchen Sie mir nicht zu sagen, eine unbekannte Zone zu betreten, einfach so …“

„Sie haben gemerkt, dass Sie verfolgt wurden?“

„Natürlich. Auch von diesen elektronischen Ortungsgeräten, die Ihr Freund angebracht hat, hab ich gewusst. Nur, was ich tun sollte, hab ich nicht gewusst.“

„Die besondere Situation war wohl in eurem Hochschulkurs ‚Schwindeln, Stehlen und Täuschen' nicht vorgesehen."

„Er heißt in Wirklichkeit nicht so."

„Wer?"

„Der Kurs." Mit Ironie darf man ihr nicht kommen, dachte er. Dafür hat sie keine Ader.

„Aber Sie haben im Prinzip recht", sagte sie. „Ich war auf die Lage nicht vorbereitet. Ich hab an diesem Abend gespürt, dass ihr kommt, und die Nerven verloren. Da hab ich einfach das Manuskript ins Auto geworfen – und los."

Er richtete sich auf. „Es ist ja nun ganz egal", sagte er, „aber warum um alles in der Welt haben Sie denn die Wanzen nicht entfernt – wenn Sie schon wussten, wo die sind?"

„Das erschien mir nicht opportun", antwortete sie mit großem Ernst, „ihr hättet dann doch gewusst, dass ich davon weiß, oder? Unter allen Umständen muss verhindert werden, dass der Gegner von der Aufdeckung seiner Operationen erfährt." Offensichtlich ein Zitat. Unglaublich. Sie ging bei diesen Dingen stur nach einem Lehrbuchtext vor.

Er sagte für lange Zeit nichts mehr.

Der Verrat

Im ersten Wagen, der hingeschickt wurde, saßen die Beamten Mitterer und Amann. Mitterer (Gruppeninspektor) war 54, verheiratet, zwei Kinder. Er hatte einen Bierbauch und spärliches Blondhaar, das er nach vorn frisierte. Amann (Bezirksinspektor) war 36. Seine Beziehung zu der Frau eines anderen lief schon die längste Zeit wie ein abwärts rollender Wagen mit steigender Geschwindigkeit, was ihn mit einer Mischung aus Faszination und Entsetzen erfüllte. Was da vor ihm lag, konnte er nicht erkennen, aber jetzt waren die ersten Warntafeln aufgetaucht: Ende der Straße. Ein Detektiv hatte sie fotografiert, ein ehemaliger Kollege noch dazu; er hätte ihm an Ort und Stelle seine Scheißfotos in den Rachen schieben sollen …

„Ist dir nicht gut?", fragte Mitterer. „Du schnaufst so komisch."

„Nein, nein, alles okay." Er musste sich zusammenreißen, so ging es nicht weiter. Immerhin hatte sich der Fotobesteller jetzt selber umgebracht. Seine Sophia war demnach nicht mehr Ehebrecherin, sondern schlichte Witwe, er selber Witwentröster; keine Ursache durchzudrehen, alles im grünen Bereich. Er atmete noch einmal tief durch, ignorierte Mitterers besorgten Seitenblick. Es ging nur alles wahnsinnig schnell, das passte ihm nicht, er liebte methodisches Vorgehen.

In den langen Wartestunden, die sein Beruf mit sich brachte, hatte er darüber nachgedacht, ob er Sophia heiraten sollte; hatte heimlich eine Pro-und-Contra-Liste gemacht. Die Liste wurde jeden Tag länger. Aber die beiden Kolonnen lagen etwa gleichauf. Er hatte die Liste in seinem Schreibtisch auf dem Posten. Heim nahm er sie nicht. Sie wohnten noch nicht zusammen, er und Sophia, besuchten sich aber jeden Abend, seit sie bei diesem Hartmann ausgezogen war. Engherziger Idiot. Hatte sie gesagt. „Engherziger Idiot" war die beste Kurzbeschreibung von Hartmanns Charakter, kein Zweifel. Eigentlich wollte Amann das alles gar nicht so genau wissen.

Heute hatte er die Liste nicht herausgenommen. Er war ganz sicher, dass er heiraten würde. Und Ehebruch … was, bitte, heißt schon Ehebruch? Die beiden lebten seit vierzehn Monaten getrennt, sie war ausgezogen, hatte eine eigene Wohnung … okay, getrennt hatte sie sich seinetwegen … das wäre auch so nicht gutgegangen auf die Dauer, dieser Hartmann sage und schreibe zweiundzwanzig Jahre älter als sie; da hatte er bis jetzt nie richtig nachgebohrt, warum sie überhaupt … es ging ihn ja auch nichts an. Er selbst passte besser zu ihr, keine Frage, was machte er sich für Sorgen, der Ehestörungsparagraf war doch gekippt, oder?

Diese Sachen gingen ihm schon seit der Früh im Kopf herum, er achtete kaum darauf, was rundherum im Gange war. Die Aufregung, die ein bestimmter Anruf gegen halb vier ausgelöst hatte, bekam er nicht mit, und er hörte nur mit halbem Ohr zu, als ihm Mitterer auf der Fahrt in die Fasoltsiedlung seine Vermutungen darlegte. Amann war wenig beeindruckt. Wer hatte angerufen? Das Fernsehen? Schön, sollte sein.

„Wenn die uns anrufen, sind sie selber dort", sagte Mitterer. „Und wir heute Abend im Fernsehen, wenn wir ein bisschen Glück haben."

Das war Amann egal. Er machte sich nichts aus Fernsehen. Soweit er Mitterer verstanden hatte, ging es um irgendwelche Riesenpflanzen.

„Und was sollen wir da machen? Ausreißen oder was?" An das Gewächs im Hartmann'schen Garten dachte er nicht.

„Ich sag dir was, das ist so eine Scheiße mit versteckter Kamera, wirst es sehen!"

„Warum schickt der Schnetzer dann uns?" Mitterer klang beunruhigt.

„Weil wir die perfekten Trottel abgeben."

„Ach, hör auf!" Aber Mitterer lachte. Er lachte gern und liebte alles, was vom Polizeiernst abwich. Im Fasching ging er als Clown. Er machte auch den Nikolaus für die Kinder in seiner Straße. Die Aussicht, in einer Juxsendung mitzuwirken, hob seine Stimmung. Das war ansteckend. Amann ließ sich mitreißen. Versteckte Kamera – Mitterer würde schon was draus machen, da genügte es, wenn er den Assistenten spielte.

Erst als der Wagen in die Zufahrtsstraße einbog, wurde ihm so richtig klar, wo er war. Er fuhr ja selber jeden Abend hierher. Mit der guten Stimmung war es vorbei.

„Die werden kaum gesagt haben, es ist für die versteckte Kamera", sagte er. „Also, was sollen wir hier?"

„Nur schauen, was los ist", sagte Mitterer. „Gefährdungspotenzial und so …"

„Was? Gefährdungspotenzial! Mensch, Sophia wohnt doch hier …"

„Tut mir leid, reg dich nicht auf! Er hat nicht direkt was von Gefährdung gesagt, es geht einfach um diese komischen Pflanzen. Pass auf, wir fahren als Erstes zu deiner Freundin, okay?"

Dann war keine Zeit mehr, sich etwas vorzustellen. Sie waren in der Fasoltsiedlung. Und staunten. Zum einen über die Pflanzen, die inzwischen auf die Größe von Bäumen angewachsen waren. Amann hatte sich unter „Pflanzen" etwas maximal Kniehohes, Krautartiges vorgestellt. Die Klimaanlage verbreitete einen eigenartigen Geruch im Auto, eine Mischung aus Backstube und etwas schlecht Gewordenem. Sehr schlecht Gewordenem.

„Hast du eine Ahnung, warum diese Idioten ausgerechnet heute anrufen? Das Zeug steht doch schon seit Jahren hier!", sagte Mitterer.

„Nein." Das wusste Amann besser. Das Zeug stand keine zwei Tage hier. Vorgestern hatte er Sophia besucht, da war noch nichts vom neuen Bewuchs zu sehen gewesen. Mitterer wollte es nicht glauben.

„Unmöglich!", rief er. „Schau dir den Stamm dort an! Der ist mindestens vier Meter hoch. Keine Pflanze kann in 48 Stunden vier Meter wachsen …"

„Ich hab gelesen, dass Bambus …"

„Mach dich nicht lächerlich! Bambus! Wir haben zufällig einen im Garten, meine Frau hat einen grünen Daumen, weißt du. Der wächst an einer geschützten Stelle und wächst auch wirklich schnell. Aber keine vier Meter in 48 Stunden!"

Erstaunlicher noch als die Pflanzen war allerdings das Gebaren der Siedlungsgenossen. Ein unüblich hoher Prozentsatz der Leute, die sie auf der Straße sahen, war betrunken.

„Die torkeln!", rief Mitterer. „Der dort vorn, den haut's gleich hin!" Torkeln, das taten sonst nicht einmal die Bahnhofssandler. Wenn die nicht mehr gehen konnten, setzten sie sich hin. Torkeln war selten und kam, wenn überhaupt, nur nach Einbruch der Dunkelheit vor. Mehrere Männer und zwei Frauen wurden beobachtet, wie sie Schnaps aus Flaschen tranken. Mitterer fuhr im Schritttempo an ihnen vorbei. Sie ließen sich nicht stören, schienen freundlicher Stimmung zu sein, schwenkten zum Gruß die Flaschen.

„Hat keinen Zweck, einzugreifen", sagte Mitterer. „Setz eine Meldung ab."

„Wieso eingreifen?", wunderte sich Amann. „Die tun doch nichts Ungesetzliches, immerhin ist das hier eine Wohnsiedlung … Was soll ich melden? Dass es seltsame Gewächse gibt und einen Haufen Säufer? Ist doch rechtlich alles nicht relevant …"

„Jesus, Maria!", rief Mitterer. „Der dort drüben! Der trinkt Rum direkt aus der Flasche. Achtzigprozentigen! So was hab ich überhaupt noch nie gesehen." Der Mann stand in einem Garten, an den Zaun zum Nachbargrundstück gelehnt. Er war Mitte vierzig und trug eine blaue Mikrofaser-Fleecejacke. Genau dieselbe, die sich Amann vor einem Monat bei „Sport-Eberle" gekauft hatte, wie er beunruhigt feststellte. In der rechten Hand hielt er eine Literflasche „Strohrum". Sie war halbleer.

„Das kann er nicht alles getrunken haben", sagte Mitterer. „Dann wär er schon tot, glaub ich." Sie hielten an und stiegen aus. Zur Straße hin gab es einen Lattenzaun; die untere Hälfte des Mannes hatten sie vom Auto aus nicht sehen können. Das war erst möglich, als sie an den Zaun herantraten. Er hatte eine untere Hälfte, der Mann. Aber sie war unbekleidet. Völlig unbekleidet. Mit der Linken hielt er sich am Zaun fest, nahm noch einen tiefen Schluck aus der Flasche, drehte sich langsam und kotzte aufs Nachbargrundstück.

„So ein Sauhund!", ereiferte sich Mitterer, den nichts so emotionalisierte wie Übergriffe auf Privatbesitz. „Vollfett, kann kaum noch stehen, aber zum Kotzen nimmt er den Garten vom Nachbarn! Komm!" Amann hielt ihn zurück.

„Da willst du einschreiten?"

„Das ist ja wohl klar. Besitzstörung, Erregung öffentlichen Ärgernisses – also, bitte, schau ihn dir doch an. Da schwenkt einer sturzbetrunken seinen Zebedäus in aller Öffentlichkeit, am helllichten Nachmittag …"

„Bist du verrückt? Der kotzt uns doch bloß das Auto voll. Und wenn erst der Schließmuskel versagt …"

Mitterer war ernüchtert. „Du hast recht. Manchmal bin ich wirklich … es hat mich nur so aufgeregt … aber das hat jetzt keinen Zweck mehr, die Leute stehen sicher hinter den Gardinen und haben uns gesehen. Wir hätten vorbeifahren sollen."

„Stimmt. Wenn wir jetzt nicht eingreifen, steht's morgen in der Zeitung." Das war das Schlimmstmögliche. Ihr Chef, der Postenkommandant Schnetzer, hasste Leserbriefe.

Als sie näherkamen, merkten sie, dass Amanns Befürchtung betreffend Schließmuskelversagen schon der Realität entsprach. Der Mann enthob sie jedoch aller weiteren Verpflichtungen, indem er seitlich umkippte und einen Augenblick später laut zu schnarchen begann.

Mitterer fühlte kurz den Puls an der Halsschlagader. Ruhig und kräftig. Sie verständigten über Funk die Rettung und ließen ihn liegen (immerhin lag er ja auf seiner Seite des Zauns). Das Haus betraten sie durch die offenstehende Garagentür.

Amann wurde erst jetzt klar, dass eine wirklich gefährliche Situation vorlag. Das ganze Drumherum in der Siedlung. Das Haus war verwüstet. Jemand war mit einer Axt am Werk gewesen. Sie steckte in der Wohnzimmerkommode wie in einem Hackstock. Sie zogen die Pistolen und bewegten sich vorsichtig. Konnte sein, dass noch andere Personen im Haus waren. Sie durchsuchten es von unten nach oben. Es war alles zerschlagen, was man mit einer Axt ohne Anstrengung zerschlagen konnte. Geschirr, Vasen, die Glastüren einer Vitrine, der Bildschirm des Fernsehers. Die Implosion hatte die Scherben über den ganzen Raum geblasen.

„Kein Blut", sagte Mitterer. „Der Kerl hat unglaubliches Glück gehabt." Tiefe Schnittkerben an jedem einzelnen Möbelstück, in den Wänden, der Kücheneinrichtung, sogar in den Teppichböden. Aber der Mann mit der Axt hatte wohl immer gleich die Lust verloren und sich dem nächsten Gegenstand zugewandt.

„Das hat er im Kino gesehen", sagte Mitterer. „Du weißt schon, wenn sie dort mit der Axt auf einen Tisch hauen, fällt er auseinander. Hat er hier überall probiert. Funktioniert natürlich nicht."

„Die Fenster sind auch alle heil. Ist dir das aufgefallen? Dabei hätte er da mehr Erfolg gehabt mit seiner Scheißaxt …"

„Ja, aber das würde man von außen sehen! Denk an die Nachbarn!"

„Du meinst, der demoliert sein ganzes Haus und macht sich Sorgen, was die Nachbarn dazu sagen?"

„*Versucht*, das Haus zu demolieren!" Mitterer hob den rechten Zeigefinger. „Großer Unterschied! Ich sag dir was, der Mann ist vom Profil her kein typischer Gewalttäter. Kann leicht sein, dass dies hier die erste Gewaltaktion in seinem Leben ist. Ein normaler Bürger, plötzlich kriegt er den Rappel, will alles zusammenhauen, weiß aber nicht recht, wie man so was macht. Und die Fenster lässt er heil. Alte Hemmungen." Amann hielt nichts von den psychologischen Erklärungen des

Kollegen, aber er sagte nichts. Die Psychologie des Täters war ein Steckenpferd von Mitterer. Amann war die Psychologie des Täters wurscht. Er hatte noch nie erlebt, dass sie etwas dazu beigetragen hätte, einen zu verhaften, und das war für ihn das einzig Wesentliche. Verhaften und Überführen. Beweismäßig. Solche Ansichten behielt er für sich, weil sie der offiziellen Linie widersprachen. Es war jetzt viel die Rede von Prävention, street working usw. Straftaten verhindern, bevor sie geschehen. Alles Quatsch. Amann war viel konservativer als sein älterer Kollege; er empfand das als seltsam verdreht. Umgekehrt hätte es sein müssen.

„Glaub mir", fuhr Mitterer fort, „da sind Drogen im Spiel. Allein vom Rum kommt so was nicht."

„Scheint allein hier zu leben", sagte Amann. „Vielleicht ist ihm die Freundin weggelaufen ..."

„Könnte sein. Vielleicht liegt sie aber auch zerschnippelt auf dem Dachboden." Amann blickte überrascht zu seinem Kollegen, der sonst nie solche Witze machte. Mitterer war schon auf der Bodentreppe. Der Dachboden war leer bis auf einen Weidenkorb. Der Korb war auch leer. Wenig Staub.

„Hier oben ist er gar nicht gewesen", sagte Amann. Er war erleichtert. Zu seinen Befürchtungen hatte ein richtiges Massaker mit eimerweise Blut gehört, Gedärme um den Kronleuchter gewickelt, abgeschnittene Köpfe im Backrohr und so weiter. In diesem Haus gab es nicht den kleinsten Blutspritzer; ganz tief drin empfand Amann ein leichtes Bedauern; er richtete sich steif auf, als er es merkte, zog die verrutschte Uniformbluse grade und ging rasch ins Erdgeschoß hinunter. Er hörte Mitterer am Dachboden vor sich hin pfeifen. Das hatte er noch nie getan. Etwas stimmte ganz und gar nicht, aber wohl an der Situation, nicht allein an ihm, darin lag ein gewisser Trost. Als Amann aus dem Haus trat, sah er das Rettungsauto in die Einfahrt biegen. Er dirigierte die Leute in den Garten. Meister Nacktarsch lag in unveränderter Position und schnarchte vor sich hin.

„Scheiße!", sagte der Fahrer. Die braunen Kriechspuren liefen von der Rückseite der Oberschenkel bis zu den Fersen hinunter.

„Und natürlich alles dünn wie Hühnersuppe", sagte der Beifahrer. Sie holten schweigend die Trage und luden den Besinnungslosen auf.

„Könnt euch schon bereithalten", rief Mitterer, der aus dem Haus trat. „Sind wahrscheinlich noch mehr so Fälle!" Die Rettungsleute fuhren schweigend ab.

„Was redest du da?", sagte Amann. „Das wissen wir doch noch gar nicht, ich meine ..."

„Und ich meine, wir machen, dass wir schnurstracks zu deiner Freundin kommen, oder hast du die schon vergessen? Schande, dass ich dich erinnern muss!"

„Nein, nein, was denkst du, natürlich nicht, es ist nur ..."

„Was?"

„Ach, nichts. Fahren wir." Er ging zum Wagen. Reden hatte keinen Sinn. Er konnte seinem Kollegen nicht gut sagen, dass er panische Angst davor hatte, zu Sophia zu gehen. In ihrem Haus würden sie eine furchtbare Entdeckung machen; er wusste das, wie er seine eigene Adresse wusste. Und er hatte sich nicht mehr lang unter Kontrolle, das wusste er auch. Er würde durchdrehen, ganz klar durchdrehen. Der Schweiß lief ihm über die Stirn, auch die Hände waren schweißnass, was sonst nie der Fall war; das Lenkrad so glitschig, dass er es kaum festhalten konnte. Er spürte, wie ihn Mitterer von der Seite anschaute.

„Lass nur", sagte er, bevor Mitterer eine Bemerkung machen konnte, „ich bin schon okay, ist nur die Hitze." Es war warm im Auto, keineswegs heiß. Mitterer sagte nichts. Sie fuhren schweigend die Tulpenstraße entlang, die ihm immer wie eine der langweiligsten Straßen im ganzen Stadtgebiet vorgekommen war, schnurgerade, links und rechts Abzweigungen, alle mit dem Sackgassenschild. Die Tulpenstraße selbst endete auch so – auf einem schlammigen Platz, den angefangene

Neubauten umgaben. Das Haus Sophias lag etwa in der Mitte. Alles eine einzige Sackgasse, dachte Amann, der sich darüber wunderte, dass ihm das nicht früher aufgefallen war: Es konnte ja nichts Gutes bedeuten, in einer Gegend zu wohnen, die so eindeutig darauf hinwies, dass es nirgends weiterging.

Das Haus war von der Straße aus nicht mehr sichtbar. Vier Meter hohe Schachtelhalme überwucherten den Vorgarten; dazwischen standen drei andere Gewächse, die die Schachtelhalme noch mehrere Meter überragten; schmale Kegel, grasgrün, von unten bis oben mit langen, bandartigen Blättern besetzt, eng am Stamm anliegend; erst an der Spitze des Kegels lösten sie sich ab, bildeten einen imposanten Schopf. Von den Gemüsebeeten im Vorgarten war nichts mehr zu sehen. Amann hatte den Eindruck, die unbekannten Pflanzen wüchsen hier dichter als vor den Nachbarhäusern.

Er läutete an der Tür. Niemand machte auf. Dann stand Mitterer neben ihm. „Du hast doch einen Schlüssel", sagte der. Eben das hatte Amann unbedingt vermeiden wollen; das lief ganz falsch auf die Art. Die Tür hätte von innen aufgehen sollen, geöffnet von seiner Freundin Sophia, die ihn mit überraschtem Lächeln hätte begrüßen sollen. Stattdessen hörte er Mitterer sagen: „Sie wird sich wundern, wenn sie heimkommt. So viel Zeug im Garten, das sie nicht gepflanzt hat!"

„Nein", sagte Amann, der mit zitternden Fingern aufsperrte, „sie hat heute frei." Er machte die Tür auf und trat ein. Mitterer hinter ihm wunderte sich: „Warum macht sie dann nicht auf?"

„Vielleicht einkaufen", sagte Amann. Alles war still, das Haus leer, da musste er nicht nachsehen. Und aufgeräumt war es auch. Aufgeräumter als sonst. Nichts hing in der Garderobe; keine Schuhe am Boden. Die leere Garderobe fiel ihm erst ein, als er schon in der Küche war und den Brief entdeckte. Er lag auf dem Küchentisch, neben einem wohlbekannten Glas mit Kräutertee, das nicht hierhergehörte, sondern in das obere Schrankfach. Der Tee wurde nur gebraucht, wenn sich jemand den Magen verdorben hatte. Es kam ihm ganz sinnlos vor, dass dieses Schraubglas mit dem scheußlichen Tee da stand. Oder war es eine höhnische Anspielung? Würde er eine Tasse von dem Magentee brauchen, wenn er den Brief gelesen hatte? Mitterer schaute kurz in die Küche. Er sagte nur „Oje", zog sich taktvoll zurück. Amann wär es lieber gewesen, er wäre hiergeblieben. So stand er ganz allein auf der Bühne. Er hatte dennoch das Gefühl, die ganze Weltgeschichte schaute zu, wie er den Brief nahm und aufmachte. Ein einziges Blatt mit ein paar Zeilen in Computerschrift.

> Lieber Amann,
> nach reiflicher Überlegung habe ich mich entschlossen, mein Leben ohne dich weiterzuführen. Unsere Beziehung ist in den vergangenen Monaten erstarrt. Das muss auch dir aufgefallen sein. Ich sehe keine Zukunft für uns beide. Glaub mir, es ist so am besten. Ich bin erst einmal in Urlaub gefahren, um über alles nachzudenken. Bitte, versuche nicht, mir zu folgen. Es hat keinen Zweck mehr.
> Sophia

Von Hand war nur die Unterschrift. Als Erstes dachte Amann an die Liste in seinem Schreibtisch. Die brauchte er nun wohl nicht mehr. „Was ist los?", fragte Mitterer von der Tür her. „Das Wasser ist abgedreht; und die Heizung. Sieht so aus …" Er verstummte, als ihm Amann, ohne sich umzudrehen, das Blatt reichte. „Oh, du Scheiße!", sagte er dann so leise, dass es wie ein Flüstern klang. Amann war gerührt, dass es seinen Kollegen so mitnahm. So wahnsinnig eng befreundet waren sie nicht. Mitterer war ganz blass geworden. Wie seh ich eigentlich aus?, dachte Amann und ging ins Bad. Ihre Toilettensachen fehlten, seine waren alle säuberlich auf dem Porzellanbord aufgereiht. Fertig zum Abholen. Er betrachtete sich im Spiegel. Nichts Besonderes zu sehen. Bisschen käsig war er vielleicht. „Weißt du, was das Schlimmste ist?“, sagte er laut. „Diese Anrede. Lieber Amann. Als ob ich keinen Vornamen hätte. Sie hat mir den Vornamen genommen. Weißt du, was das bedeutet?“ Es kam keine Antwort. Vielleicht wusste Mitterer nicht, was es bedeutete, wenn man einem den Vornamen wegnimmt. Ihm war es ja nicht passiert. Mitterer kam auch nicht ins Bad. Er ließ ihn allein da drin. Zum Heulen oder so. Sehr rücksichtsvoll. Mitterer war schon in Ordnung.

Hier drin mach ich's, dachte Amann. Genau hier drin. Aber erst, wenn sie wieder da ist. Vierzehn Tage, drei Wochen allerhöchstens, mehr Urlaub kriegt sie gar nicht. Er war ganz in Gedanken und machte das Halfter auf. Und den Schlüssel hab ich auch. Lieber Amann, statt lieber Robert. Allerhand. Das will ich hören, ob sie dann „Nein, Amann!“ schreit oder doch „Nein, Robert, nein!“ Erst sie und dann sich selber. Nicht in den Mund, das war viel zu unsicher. Hinter dem Ohr gab es eine kleine Vertiefung, dort musste man die Mündung reindrücken. Würde eine hübsche Schweinerei abgeben.

Ein fester Plan, an den man sich halten konnte. Gleich als Erstes ein fester Plan. Ohne ließ man sich zu leicht fallen. So hatte er nicht einmal einen Kloß im Hals. „Keine Zukunft für uns beide.“ Das war verdammt richtig. Er wollte sich die Hände waschen, aber es kam kein Wasser. So trocknete er nur den Schweiß ab. Ein Handtuch hatte sie hängen lassen. Eins von seinen.

Inspektor Amann sollte, so sehr er sich bemühte, diese Szene nie vergessen. In den kommenden Jahren und Jahrzehnten würde er viele Dinge vergessen, die sein Leben ausgemacht hatten, und wie viele Menschen würde er dahinterkommen, dass er ohne diese Dinge leben konnte, sogar ohne Erinnerung an sie, sodass auch er sich der tausendfältig gestellten Frage gegenüber finden würde: Was, verdammt noch mal, war es dann, was sein Leben ausgemacht hatte? Und wieso konnte er es weiterführen, obwohl er das meiste davon vergessen hatte? – Aber auf diese Fragen würde es keine Antwort geben. (Die Zukunft war überhaupt durch einen extremen Mangel an Antworten gekennzeichnet.)

Aber diese eine Sache würde er nie und nimmer vergessen, das sollte ihm nicht vergönnt sein – dass er beschlossen hatte, Sophias Hirn und nachher seins über die weißen Wände dieses Badezimmers zu verteilen.

Vielleicht lag alles an dem Schock, den er in den nächsten Sekunden erlitt; eine Fehlsteuerung des Gehirns, statt gnädigen Vergessens, wie sonst bei Schockereignissen, fotografisch genaues Erinnern; das Gegenteil von dem, was physiologisch und psychologisch von Vorteil war. Zuerst hörte er Mitterer schreien, ganz hoch klang es, wie der Schrei einer Frau, so dass Mitterer als Urheber dieser Töne gar nicht erkennbar war. Dennoch wusste Amann: Wer da schrie, war niemand anderer als sein Kollege Mitterer. (Mitterer würde sich nicht daran erinnern; nicht an seine Entsetzensschreie und nicht an ihren Auslöser, dort hatte der Schockmechanismus funktioniert.)

„Pass auf!“, kreischte Mitterer. „Es kommt rein, es kommt rein!“ Was er dann noch sagte, ging in einem hilflosen Wimmern unter. Mit „rein“ war offenbar das Badezimmer gemeint, in dem Amann sich die Hände trocknete und Gedanken hegte, die er noch vor zehn Minuten nicht für möglich gehalten hätte. Was sich dann zur Tür hereinschob, hielt er auch für unmöglich, aber der erste Schock über den feigen Verrat Sophias hatte ihn so abgehärtet, den Organismus so auf das Unerwartete, Schwere umgepolt, dass er anders reagieren konnte als Mitterer. Durch die Badezimmertür schob sich ein zwei Meter langer Tausendfüßler. Amann schätzte den Durchmesser in der Mitte auf vierzig Zentimeter.

„Ach, so ist das“, sagte er laut. (Das wusste er später auch noch, dass er diese Worte gesagt hatte, aber es fiel ihm einfach nicht mehr ein, was er damit gemeint hatte.) Das Tier war recht behände, es kroch auf ihn zu; Amann spürte die vorderen Beinpaare auf seinem rechten Hosenbein, als das Wesen versuchte, an ihm hochzuklettern; eine Falte des Uniformstoffs wurde zwischen deutlich sichtbaren Mandibeln geprüft und gleich wieder losgelassen. Scheint ihr nicht zu schmecken, dachte Amann. Verwöhntes Vieh. Er sah von oben die kurzen Antennen zittern, die Augen waren nicht erkennbar, jedenfalls wusste er nicht, wo in dieser Horrorvisage die Augen sein sollten. Angst hatte er nicht. Später würde er zugeben, ja, natürlich, eine Scheißangst habe er gehabt, als dieses Vieh seine Hosenbeine untersuchte; aber das würde er nur tun, um die Leute nicht vor den Kopf zu stoßen. Sie erwarteten das. Also würde er sagen, dass er eine Scheißangst gehabt hatte. Eine Scheißwut hatte er gehabt, in Wahrheit. Und auf die Frage „Und dann?" würde er mit einem irritierten Lächeln hinzufügen, er habe sich schließlich verteidigen müssen, das werde wohl jeder einsehen. Und natürlich sah es jeder ein. Auch das stimmte nicht. Der Riesentausendfüßler ließ nach wenigen Sekunden ab von ihm, strebte auf dem Badezimmerteppich in Richtung Badezimmerfenster, das weit offenstand, weil Amann es vorher aufgemacht hatte, um seine heiße Stirn zu kühlen oder so. Wenn es Menschen überhaupt vergönnt war, das Verhalten eines solchen Tieres ansatzweise richtig zu interpretieren, dann befand sich jener Tausendfüßler auf rascher Flucht. Amann war also nicht mehr in Gefahr. Warum zog er die Glock, wenn er nicht mehr in Gefahr war? Wieso entsicherte er die Waffe und feuerte viermal in den Rücken des wehrlosen, fliehenden Tieres? Es zitterte, wurde langsamer, erklomm dennoch das Fensterbrett und schlüpfte hinaus. Ich bin ein Idiot, dachte er als Erstes. Die Querschläger hätten mich umbringen können. Nur dieses Vieh hatte alles abgefangen; die Projektile waren durch den weichen Körper durchgegangen, am Boden zurückgeprallt und hatten den Körper noch einmal durchschlagen, so langsam allerdings, dass keine Gefahr mehr für Amann bestand, von den eigenen Geschossen verletzt zu werden. Mitterer schaute herein; er sah noch, wie das Hinterteil übers Fensterbrett nach draußen verschwand.

„Hast du es vertrieben? Du hast es vertrieben!“, schrie er und begann zu lachen. Er hörte in der nächsten Stunde nicht damit auf. Sie fuhren zum Posten zurück. Amann saß am Steuer und bediente den Funk; er setzte eine vorbildliche Meldung ab: Als sie ankamen, wartete schon der Krankenwagen auf Mitterer, der ganz blass war, schwitzte und immer noch vor sich hin lachte. Er ließ sich mitnehmen; in der Heilanstalt gaben sie ihm ein schweres Beruhigungsmittel und Infusionen. Das Gelächter hörte auf. Mitterer war einer der Letzten, die in den Genuss einer regulären psychiatrischen Versorgung kamen.

Inzwischen grübelte Amann, wie er den Bericht abfassen sollte. Der durchgedrehte Mitterer, der Tausendfüßler, der Schusswaffengebrauch – alles kein Problem. Aber wie sollte er ihre Anwesenheit in diesem Haus erklären, ohne seine Beziehung zu Sophia gewissermaßen aktenkundig werden zu lassen? Ausgerechnet in dem Augenblick, da diese Beziehung zu Ende gegangen war? Das kam ihm völlig verquer vor, ganz falsch. Zunächst allerdings fragte ihn niemand danach, es war nicht die Zeit, Berichte zu schreiben.

Ein Einsatz folgte auf den anderen. Amann wusste am Abend nicht zu sagen, wie oft er in die Siedlung gefahren war; jeder Einsatz war schlimmer als der vorhergehende. Der Tausendfüßler war dagegen völlig harmlos gewesen. Die Leute beschränkten sich nicht auf massiven Alkoholmissbrauch. Manche wurden aggressiv und liefen Amok. In der Erikastraße gab es ein halbstündiges Feuergefecht mit einem Oberregierungsrat, der vom ersten Stock seines Einfamilienhauses die Straße beschoss. Seine Haushälterin hatte er umgebracht und von den fünf Mitgliedern der Familie im Nebenhaus drei erschossen, als sie nachschauen kamen, was die Knallerei zu bedeuten hatte. Es wurde Tränengas eingesetzt, das trieb den Amokschützen aus dem Haus; leider entkam er ihnen durch den Garten, der besonders dicht von den neuen, staubwedelartigen Bäumen bewachsen war. Amann hatte sich bei diesem Einsatz im Hintergrund gehalten. Als es Abend wurde, war er erschöpft, wie er es in seiner ganzen Dienstzeit noch nie gewesen war. Aber deprimiert war er nicht. Am Abend, als das allgemeine Chaos sich erst richtig ausbreitete, war in seine Seele so etwas wie Ruhe eingekehrt. Für ihn hatten die Pflanzen auch etwas Gutes. Die Anstrengung betäubte den Schmerz über den Verlust, die Wut über den Verrat – und was heißt überhaupt „Verrat"? Am Abend war er sicher, dass seine Freundin, als sie den Entschluss gefasst hatte, ihn zu verlassen, nicht mehr bei klarem Verstand gewesen war. Ausdünstungen der neuen Pflanzen; er hatte den ganzen Tag so viele Zeugnisse geistiger Zerrüttung erleben müssen, dass ihm diese Schlussfolgerung zwingend vorkam. Sie war abgehauen. Na und? Unter den herrschenden Umständen ohnehin das Beste, was ihr hätte einfallen können. Und er hatte es auch entschieden besser getroffen als jener Finanzbeamte aus der Rosenstraße, dessen Frau sich nicht davon gemacht, sondern mit einer Axt geduldig hinter der Tür gelauert hatte, bis er heimkam. Da hatte er es besser getroffen, dachte Robert Amann vor dem Einschlafen. Er lag auf einer Pritsche, im Raum waren noch vierzehn andere Männer. Bereitschaftsdienst rund um die Uhr, Notstand und was noch alles. Er sah genauso bleich aus wie seine Kameraden, aber er fühlte sich besser. Sie sorgten sich um ihre Familien, er sorgte sich nur um Sophia, und sogar diese Sorge ließ nach wie der Schmerz einer unbedeutenden Schramme, wenn erst das Pflaster draufgeklebt ist. Sie würde es schon richtig gemacht haben. Egal, wo sie sich aufhielt, überall war es besser als das hier. Mit diesem Gedanken schlief er ein. – Er sollte sie nie wiedersehen.

Es wird demonstriert und gefilmt

Das Museum stand in der Innenstadt, ein großer, fünfstöckiger Kasten, rechteckig, fast fensterlos und hässlich. Davon sah man aber nicht viel, weil es den Straßen die Schmalseiten zuwandte; die waren bis obenhin mit Efeu und anderen Kletterpflanzen bewachsen. Es hieß offiziell „Naturgeschichtemuseum", bei der Bevölkerung nur „Museum", was manchmal bei Touristen zu Irritationen führte, die sich in einem regionalen Museum eine Sammlung von folkloristischem Kokolores erwarteten und sich dann mit einer Menge Steine konfrontiert sahen. Keine Trachtenhauben, keine Butterfässer. Hauptsächlich Steine. Man durfte diese Sache mit der Prädominanz der Steine vor der Direktorin nicht erwähnen. Anton Floriani kannte sie gut, weil sie eine Medienpersönlichkeit war und im Fernsehen auf Anhieb vierzig Sekunden lang Wesentliches zu jedem beliebigen Naturthema sagen konnte – im Radio ebenso problemlos vier Minuten. Oder vierzehn Minuten. Solche Menschen sind eine Gnade für die elektronischen Medien und müssen entsprechend vorsichtig behandelt werden. Es lag nicht an der Frau Dr. Wellenhof, dass die Steine das Erscheinungsbild des Museums so stark bestimmten. In Wahrheit nahm die Geologie nur zwei Stockwerke von den fünfen ein, allerdings die beiden unteren direkt über dem Erdgeschoß.

Im vierten und fünften Stock wurde die Lebewelt ausgestellt, eine Masse ausgestopfter Tiere in Dioramen. Die mannshohen Schaukästen sollten die natürliche Umgebung der Tiere darstellen, „Das Flussufer", „Das Hochmoor", „Der Bergwald" und so weiter. Dr. Wellenhof war erst ein Jahr Direktorin. Sie hatte große Pläne zur Modernisierung, von deren schrittweiser Verwirklichung sich Floriani zahlreiche Fernsehbeiträge erhoffte. Alles, was mit Natur zu tun hatte, kam beim Publikum gut an. Kleine Kinder und Tiere. Kleine Kinder, dachte

Floriani, als sie durchs Tor fuhren, sind ein Bestandteil der Naturgeschichte. Das deprimierte ihn, er wusste nicht, wieso.

Das Tor führte in einen Innenhof an der nördlichen Längsseite des Gebäudes. Das Museum dehnte sich über die ganze Länge zwischen zwei parallel verlaufenden Straßen. Die eine im Westen war die alte Hauptstraße der Stadt, seit Jahren verkehrsberuhigt. Sie führte ins Stadtzentrum. Die andere im Osten war die neue Durchzugsstraße, großzügig urban angelegt mit breiten Gehsteigen, Radwegen und zwei Reihen abgasresistenter Bäume, die schon in wenigen Jahren reichlich Schatten spenden würden. Anton Floriani erinnerte die Straße an die Bilderserie „Das Leben im 21. Jahrhundert", die er als Kind gesammelt hatte. Die Bilder erhielt, wer eine bestimmte Sorte Nudeln kaufte; es gab auch ein Album, wo man sie einkleben konnte. Er hatte das Album auch vollgekriegt, das wusste er genau, erinnern konnte er sich aber nur mehr an eines: die Straße, die unter dem Titel „Verkehr der Zukunft" auf einem der Bilder zu sehen war. Sie entsprach bis in die Einzelheiten der neuen Stadtdurchfahrt. Bloß die Magnetschwebebahn gab es nicht. Die Stadtdurchfahrt war der Traum und Wunsch des Bürgermeisters gewesen; es war bekannt, dass er erheblichen Einfluss auf das Projekt genommen hatte. Vielleicht hatte er ein vollgeklebtes Album mit dem „Leben im 21. Jahrhundert" zu Hause. Wo das seine hingekommen war, wusste Floriani nicht mehr.

Der Haupteingang des Museums lag in der Mitte der Südfront. Man kam über eine Seitengasse der alten Stadtstraße dorthin. Der quadratische Betriebshof im Norden der Anlage war durch hohe Steinmauern abgetrennt; im Süden der Museumsbau, im Westen lehnte sich ein vierstöckiges Wohnhaus direkt an das Museumsgebäude. Strasser musste vor dem eisernen Flügeltor halten. Floriani stieg aus, unterhielt sich kurz über die Gegensprechanlage. Nach einer Weile schwang das Tor langsam nach innen auf, höchsteigenhändig bewegt von der Frau Direktor Dr. Maria Wellenhof. Strasser fuhr in den

Hof und stieg auch aus. Moser trödelte noch ein wenig und schien etwas an seiner Ausrüstung zu kontrollieren.

„Ihr kennt euch, glaub ich", sagte Anton Floriani. Strasser gab der Direktorin die Hand und lächelte. Er ärgerte sich. Jedes Mal sagte er das: Ihr kennt euch, glaub ich? Nach etwa zwei Dutzend gemeinsamen Drehterminen.

„Ich hab mir das so vorgestellt", sagte Floriani zu ihr. „Wir filmen die Demonstration von oben, vom Dach aus, da haben wir einen wunderschönen Blick auf beide Seiten, je nachdem, wo mehr los ist."

„Gern lass ich euch nicht rauf", sagte sie, „ich darfs eigentlich nicht. Passt bloß auf, es gibt kein Geländer!"

Die Frau Direktor machte schon das Tor zu, ehe Strasser ihr bei den schweren Flügeln zu Hilfe eilen konnte. Ihm fiel auf, dass sie sorgfältig abschloss. Floriani hatte gar nichts bemerkt; er stand unbewegt und schien weiter nichts zu tun, als vor sich hinzustarren. Die Wellenhof ging an ihm vorbei zur Hintertür, sperrte auf, verschwand im Haus. Gleich darauf ging drin das Licht an. Floriani rührte sich nicht. Moser stand neben der offenen Bustür, gestikulierte in Florianis Richtung – hinter dessen Rücken –, tippte sich an die Stirn, zog Grimassen; sagen tat er natürlich keinen Ton, der Feigling. Strasser trat auf den Redakteur zu.

„Toni, ist dir nicht gut?", fragte er leise.

„Was? – Ach so, nein, nein, alles in Ordnung, geht schon, ich war nur …" Seine Augen schwammen, als ob er geweint oder schwer getrunken hätte.

„War nur in Gedanken", sagte Floriani. Seine Stimme klang gepresst. „Wir gehen aufs Dach … äh, hab ich, glaub ich, schon gesagt, machen den Direkteinstieg von dort, auch das Interview mit … mit ihr."

„Also einen Aufsager von dir, dann ein paar Einstellungen von den Straßen unten, dann ein Interview mit der Frau Doktor Wellenhof. Okay?" Strasser sprach lauter, als es seine Art war; er hatte das Gefühl, sonst nicht zu Floriani durchzukommen, der kam ihm vor, als schlafe er mit offenen Augen. Floriani nickte nur und murmelte etwas Unverständliches. Dann ging er langsam ins Treppenhaus. Strasser half dem Assistenten, die schwere Kabelrolle abzuladen. Moser schimpfte im Flüsterton.

„Der ist doch nicht bei Trost. Alles, was recht ist!"

„Wieso?"

„Da ist eine Riesendemonstration im Gang, die halbe Stadt auf den Beinen, und was tut er? Stellt sich fünf Stock hoch auf ein Blechdach! Dort oben wird kaum jemand demonstrieren, oder?"

„Was regst du dich auf? Wahrscheinlich ist ein anderes Team in der Stadt, der Toni weiß schon, was er tut."

„Der Toni, der Toni!", höhnte Moser. „Du und der Toni! Entschuldige vielmals, tut mir echt leid; er ist ja unfehlbar, hab ich glatt vergessen!" Er machte sich an der Kabelrolle zu schaffen. Strasser zog einen Zahnstocher aus seinem Vorrat in der Geldbörse und begann, darauf rumzukauen. Sah idiotisch aus, war aber immer noch besser, als zu rauchen. Rauchen würde ihn umbringen, hatte ihm der Hausarzt gesagt. Er hatte Übergewicht und hohen Blutdruck. Das mit Moser war nicht so wichtig. Moser vertrug den Wetterwechsel nicht, vor allem nicht den von kalt auf mild, wie vorgestern. Hatte keinen Zweck, sich deswegen aufzuregen. Dass er gut mit Floriani auskam, erregte natürlich den Neid des Assistenten, der mit niemandem gut auskam.

Der Lift blieb stehen. Der kleine Raum vor der Lifttür war ringsum verglast bis auf den Gang, der neben dem Liftschacht nach hinten zu den Büros führte. Frau Wellenhof öffnete ein Fenster, man musste nur einen halben Meter hochsteigen und trat direkt aufs Dach. Strasser bewegte sich vorsichtig auf die Kante des Daches zu, ging in die Hocke und schaute hinunter. Von unten winkte Moser, in der einen Hand das Kabelende. Strasser löste das dünne Seil vom Gürtel und warf es hinunter. Unten verhakte Moser das Kamerakabel in der Seilschlinge, winkte herauf, Strasser begann, das Kabel hochzuziehen. Er sicherte es mit einem starken Gewebeband an einem Blitzableiter.

„Damit es nicht runterrutschen kann", erklärte er der Direktorin, die danebenstand und interessiert beobachtete, was er tat. Alles, was mit Fernsehen zu tun hatte, schien sie zu faszinieren. Er konnte sich erinnern, dass sie schon viermal bei genau derselben Operation zugeschaut hatte.

„Wenn es rutscht, reißt es die Kamera mit runter", sagte er.

„Und den Kameramann."

Er lachte. „Der Kameramann lässt vorher los!" Das mit dem Kameramann hatte sie letztes Mal auch gesagt, erinnerte er sich. Er mochte die Frau, sie machte einen kompetenten Eindruck und war nicht so von oben herab wie andere Akademiker. Aber heute ging sie ihm auf die Nerven; zugleich wusste er, dass sie dabei nur stellvertretend für etwas anderes stand, das er nicht benennen konnte.

Floriani winkte ihnen zu, sie sollten zu ihm kommen. Er telefonierte schon wieder und gestikulierte dabei. Das tat er sonst nie. Auch das Handy benutzte er selten; Strasser hatte eine böse Ahnung, dass sich Floriani mit Baumann herumstritt. Er schulterte die schwere Kamera. Moser stieß zu ihnen. In der Hand trug er einen kleinen Monitor.

„Damit können wir das laufende Programm sehen", erklärte Strasser der Direktorin. Moser ging nun hinter ihnen. Er sagte gar nichts. Am Rand des Daches stellte Strasser die Kamera ab und blickte vorsichtig hinunter. Da unten war die Stadtstraße und sonst nichts. Ein Bild abendlichen Friedens. Die Straße wirkte leer, auch weiter vorn, wo die Fußgängerzone begann. Kein Mensch zu sehen, nicht ein einziger. Überhaupt kein lebendes Wesen.

„Scheint alles bei der Demonstration zu sein", sagte Frau Direktor Wellenhof leichthin. „In der Fasoltsiedlung, wo die Pflanzen sind. Ich hab mich schon gewundert, wieso ihr ausgerechnet hierher …"

Eine kleine Weile sagte niemand etwas. Floriani schien die Ruhe selbst. Prüfend schaute er in den dunklen Himmel. Keine Sterne zu sehen, unbemerkt hatte es sich zugezogen.

„Sie kommen", sagte er dann. „Sie kommen alle. – Eine kleine Weile, und sie kommen alle."

Moser rollte mit den Augen, eine widerliche Angewohnheit. Floriani war verrückt, kein Zweifel. Strasser, der nahe an der Rinne gestanden war, trat langsam zwei Schritte von der Kante zurück. Er achtete darauf, dass nicht das Kamerakabel eine tückische Schlinge um seine Füße zog. Für den Fall, Floriani käme auf die Idee, Kamera samt Stativ runterzuwerfen. Die Frau Direktor schien die Emanation des Unheils nicht zu spüren.

„Ich hab noch ein paar Sachen zu erledigen", sagte sie, „ihr ruft mich einfach, wenn ihr mich braucht, ja? Ich bin im Büro." Schon schritt sie der Dachmitte zu. Floriani sagte nichts. Er wendete sich nur ab und begann, auf dem Handy zu wählen. Strasser schulterte die Kamera. Im Augenblick war ihm alles recht, was einen gewissen Abstand zwischen ihn und Floriani brachte. Moser kümmerte sich um das Kabel, schaute aber dauernd zum telefonierenden Floriani.

„War gleich jemand dran", flüsterte er. „Und wie er jetzt strahlt! Weißt du was? Der plaudert mit der Freundin, jede Wette! Schau doch hin!"

Strasser warf einen Blick hinüber. Floriani hielt den Kopf tief gesenkt, schien förmlich in das Handy hineinkriechen zu wollen.

„Der ist doch nicht normal, der Mann. Wir sollten jetzt eine Demonstration aufnehmen. Stattdessen turnen wir auf dem Scheißdach rum ..."

„Schau, schau!", unterbrach ihn Moser. Was sie nun zu sehen bekamen, war in der Tat recht seltsam. Es erschien die Frau, mit der Floriani telefonierte. Sie erschien auf einer der Dachterrassen des Wohnhauses, das an der Stadtseite im rechten Winkel ans Museum drangebaut war. Sie hatte ein Handy am Ohr, winkte Floriani zu, der nur ein paar Meter entfernt auf dem Dach des Museums stand. Der winkte zurück, trat so rasch an die Kante, dass Strasser die Luft anhielt. Einen Augenblick hatte es so ausgesehen, Floriani werde unbefangen einen Schritt ins Leere tun. Die Terrasse mit der Frau war direkt neben dem Museumsdach; Die Terrassenfront lag tiefer als das Dach des Museums, weil das Wohnhaus ein Stockwerk niedriger war.

„Der ist doch völlig übergeschnappt", sagte Moser. Strasser musste dem Assistenten recht geben. Floriani nämlich verstaute sein Handy in der Jacke und stieg aufs Dach des Nebenhauses hinüber. Das war leicht, denn der First dieses Daches lag nur einen halben Meter unter dem Dachrand des Museums. Schwierig wurde es erst auf dem Wohnhausdach selbst; es schien recht steil zu sein. Floriani ging sofort in die Hocke und bewegte sich sitzend schräg nach unten auf die Terrasse zu. Er stützte sich nach hinten mit den Händen ab, vorne mit den Füßen und schob den Hintern ruckweise nach unten.

„Warum dreht er sich nicht um?", fragte Moser. „Ist doch idiotisch auf die Art!"

„Reg dich nicht auf", sagte Strasser, „er kriegt ja Gefahrenzulage. Wie wir."

Von der Dachkante stieg Floriani vorsichtig auf die Trennmauer zwischen seinem Ziel und der Nachbarterrasse, von dort auf einen Gartentisch, den die wartende Unbekannte an die Wand geschoben hatte, und von dort direkt in die ausgebreiteten Arme jener Dame. Die Akteure verschwanden im Hausinneren, das Licht auf der Terrasse ging aus. Hinter der Glasfront blieb es dunkel.

„Das ist … das ist doch …", stammelte Moser.

„Komm, machen wir weiter", sagte Strasser.

„Womit denn, um Himmels willen?"

„Wir schauen, ob wir irgendwas von der Demonstration sehen …"

„Sag mal, bist du noch bei Trost? Ist dir nicht klar, was hier eben passiert ist, was wir mit eigenen Augen gesehen haben?

Dieses blöde Arschloch lässt uns die ganze Scheiße hier raufschleppen, nur, damit er bequemer seine Alte vögeln kann, weil die günstigerweise gleich daneben wohnt!" Wenn er sich ärgerte, wurde Moser entsetzlich ausfallend. Strasser atmete tief durch.

„Es nutzt jetzt nichts", sagte er dann. „Eigentlich geht es uns gar nichts an, das musst du zugeben. Wir sind für den ganzen Abend bezahlt, also was soll's?"

„Und wenn die anrufen? Was sagen wir denen ..."

„Genau, was passiert ist. Was hast du denn gedacht? Dass ich mir vielleicht was ausdenke und das Arschloch decke?" Nun, da auch sein Chef Floriani ein Arschloch genannt hatte, beruhigte sich Moser. Es war sehr wichtig, zu erkennen, wer *wer* war und was *was* war. Damit war Moser schon zufrieden.

Sie bauten die Kamera am Dachrand auf und warteten. Kein Ton von Floriani, kein Ton aus dem Studio. Auch von unten kam nichts. Als ob uns alle vergessen hätten, dachte Strasser, aber er beunruhigte sich nicht dabei. Er nämlich würde nichts vergessen und getreulich seine Stunden schreiben. Bezahlt war er bis Mitternacht. Danach würde es sich erst recht rentieren. Er sah auf die Uhr. Zwanzig vor neun. Was war aus dem Live-Einstieg geworden? – Nichts, gar nichts. Einen Profi konnte so etwas nicht irritieren. Auch nicht, dass sich das Studio nicht gemeldet hatte. Kein Urgieren wegen des Einstiegs, auch keine Absage. Das alles ging ihn nichts an. Das fiel in das Ressort des Redakteurs. Und der war eben im fünften Stock übers Dach zu seiner Flamme geklettert, direkt ins Bett, hoffte Strasser in einer Anwandlung milder Sympathie. Er mochte Floriani. Irgendwie. Schade, dass er durchgedreht war.

Moser hatte sich beruhigt. Er kauerte auf den Hacken, angeblich eine Art des Sitzens, die er auf mehreren Urlaubsreisen den Marokkanern abgeschaut hatte. So säßen sie ums nächtliche Feuer; es sei ganz leicht, wenn man sich erst daran gewöhnt habe, behauptete er, und sehr entspannend. Niemand ahnte, wie weit verbreitet diese Art marokkanisch-moserischer Hockstellung im nächsten Äon werden sollte.

* * *

Das Beste an ihr war die Begeisterung, fand er. Schon wusste er nicht mehr, was er gesagt hatte, als er von der Zwischenmauer auf die Terrasse geklettert war. Er hätte sich den Knöchel verrenken können. Oder brechen. Sie hatte aber was gesagt, was Bewunderndes, Verliebtes. Aber was? Er konnte sich nicht erinnern, was sie gesagt, noch was er geantwortet hatte. Oder hatte er zuerst gesprochen und sie hatte geantwortet? Wie lang war das her? Keine Ahnung. Alles war dunkel. Sie hatte das Licht gleich ausgemacht. Sie lagen auf einem breiten Sofa. Liegen tat eigentlich nur er. Sie saß und machte die Arbeit. „Nicht bewegen! Bleib ruhig, ganz ruhig." Also blieb er ganz ruhig. Nur die Hände bewegte er, streichelte ihre Hinterbacken. Ab und zu spürte er einen Schweißtropfen auf der Brust. Von ihrer Nase oder vom Kinn. In der Dunkelheit konnte er das nicht genau sehen. Draußen brannten ein paar Lampen, weit weg und weit unten. Gegen ein bisschen mehr Licht hätte er nichts gehabt. Ihre Augen waren geschlossen. Dafür war es hell genug. Ihr Stöhnen kam in ruhigem, gleichmäßigem Rhythmus, ein Laut aus der Tiefe. Beschwörender Gesang. Er war das Tier, das geritten wurde; langsam, doch stetig, unbekannte Pfade. Aufwärts ging es, leicht zuerst, dann steiler, sodass ihm der Schweiß ausbrach an Brust und Flanken. Nur die Reiterin kannte das Ziel, wusste den Weg. Weit war es nicht mehr. Sie waren schon auf dunklen Höhen. Weit war es nicht mehr.

* * *

„Was ist das? Hörst du nichts?" Moser war aufgestanden. Er grinste. Kein gutes Zeichen.

„Da unten", sagte Moser ohne Ton in der Stimme. Strasser drehte sich der Hauptstraße zu. Eine Masse Leute. Die bewegten sich recht langsam die Straße herauf, trugen Transparente, die Strasser noch nicht entziffern konnte. Sie waren zu weit weg.

„Die Demonstration", flüsterte Moser. „Schnell, nimm auf!"

„Ziemlich dunkel", sagte Strasser. „Weiß nicht, ob viel draufkommt. Und wir sind nicht mal auf Sendung ..."

„Dann nehmen wir's halt auf Band."

„Und Floriani?"

„Von mir aus kann der machen, was er will. Jetzt mach voran, die Bilder können wir gut verkaufen."

Strasser machte den Weißabgleich der Kamera. „Ton läuft!", sagte Moser, der das Bandgerät bediente. Das Mikrofon hatte er ein paar Meter weiter auf die Brüstung gelegt.

Durch eine Reihe von Umständen sollten die Aufnahmen, die Strasser in der nächsten Stunde von der Demonstration machte, die einzigen sein, die in brauchbarer Qualität zustande kamen – Strasser wurde berühmt. Seinen Ruhm zu genießen – dazu kam er nicht. Weil in gewissem Sinne bald jeder einzelne Mensch berühmt werden sollte. Einfach dadurch, dass er Mensch war. Die Zeiten waren dann ganz andere.

Strasser fragte sich manchmal, ob er sich in jener Nacht auf dem Dach des Naturgeschichtemuseums anders verhalten hätte, wenn er alles vorher gewusst hätte. Die Antwort fiel ihm leicht: er hätte genau das getan, was seine Aufgabe und Berufung war. Er hätte gedreht, so lange etwas zu sehen war, und die Bänder reichten. – Zunächst deutete an der Demonstration nichts auf einen irgendwie außergewöhnlichen Charakter; die Leute schienen nicht besonders erregt zu sein.

„Die kommen mir ziemlich lahm vor", sagte eine Stimme dicht hinter Strasser, der fast die Kamera verrissen hätte.

„Bitte, Frau Doktor, nie den Kameramann anreden, wenn er grad dreht", sagte er, „das ist wie bei der Straßenbahn: Sie kennen doch das Schild: während der Fahrt ..."

„Entschuldigung", sagte Frau Direktor Wellenhof erschrocken, die denselben Fehler schon das letzte Mal gemacht hatte, als sie bei einer Exkursion in ein Feuchtgebiet Strasser, der grad ein Detail an einem Weidenstrauch aufnahm, unbedingt auf einen Buntspecht aufmerksam machen wollte – worauf

Strasser das Gleichgewicht verlor und um ein Haar vornüber ins renaturierte Baggerloch gestürzt wäre.

„Aber Sie haben recht", sagte er, „die wissen nicht richtig, wo sie hinwollen."

Die Demonstranten standen quer über die Hauptstraße. Schon daran war das Ungewöhnliche der Lage zu erkennen; niemals hätte die Polizei oder sonst eine Behörde erlaubt, auf der Hauptdurchzugsstraße des Landes zu demonstrieren; also war diese Kundgebung illegal. Die Demonstranten schien das nicht zu stören; die Ordnungskräfte aber auch nicht, denn es waren gar keine zu sehen. Von seinem Standpunkt aus hatte Strasser Einblick in mehrere Seitenstraßen, wo die Mannschaftswagen der Polizei hätten stehen sollen, dazu eine Menge Polizisten, in Gruppen, mit gerunzelter Stirn in Funkgeräte bellend, Helmvisiere rauf- und wieder runterklappend, Schäferhunde beruhigend (oder aufhetzend, wer weiß?) – aber von all dem war nichts zu sehen. Keine Mannschaftswagen, keine Wasserwerfer. Noch unheimlicher war ihm ein anderes Detail: Da die Straße blockiert war, hätten sich die Autos stauen müssen. Es gab keinen Stau. Es gab auch keine Autos. Nicht eines. Das einzige Auto in der Umgebung stand im versperrten Hinterhof des Museums.

„Wo sind die Leute alle?", fragte Frau Dr. Wellenhof. Sie hatte die Stimme gesenkt, als wolle sie unliebsames Aufsehen vermeiden.

„Welche Leute? Es sind doch genug da, das müssen Tausende sein. Ich hab bei uns noch nie …"

„Sie meint nicht die da unten", mischte sich Moser ein. „Die anderen, oder?"

„Ja, die zu Hause geblieben sind", sagte sie. „Ist Ihnen das nicht aufgefallen? Die Häuser sind alle dunkel. Als ob nirgends wer daheim ist."

Strasser blickte sich um. Sie hatte recht. Er wischte sich den Schweiß von der Stirn.

„Vielleicht sind alle demonstrieren", sagte Moser.

„Oder der Strom ist ausgefallen", sagte Strasser.

„Nein, in meinem Büro hab ich Licht, ganz normal“, sagte Frau Dr. Wellenhof. Moser hatte eine Eingebung. „Dann machen Sie das lieber aus“, sagte er. „Man kann nie wissen.“ Es war eine irritierende Angewohnheit von Moser, Andeutungen zu machen, die sich wie der schiere Unsinn anhörten und einen doch beunruhigten. Frau Dr. Wellenhof warf nicht einmal einen fragenden Blick in die Runde. Sie drehte sich auf dem Absatz um und rannte in ihr Büro.

„Das war eine gute Idee“, sagte sie, als sie keuchend zurückkam, „mein Büro war der einzige erleuchtete Raum in weitem Umkreis.“

„Ich hab's ja gesagt – die sind alle demonstrieren.“ Moser war stolz, dass er das Offensichtliche als Einziger erkannt hatte.

„Du bist verrückt“, sagte Strasser, aber sicher war er sich nicht. „Alle demonstrieren – Blödsinn …“ Frau Dr. Wellenhof reichte ihm das Fernglas, das sie mitgebracht hatte, ein starkes Nachtglas 7x56. Die Demonstranten sprangen in den Gesichtskreis, scharf und überraschend hell. Im Kamerasucher war es doch recht dunkel, obwohl die Straßenlaternen alle brannten; obwohl fast jeder dort unten eine Fackel hielt.

Die Transparente zeigten, dass diese Leute noch nie für oder gegen etwas demonstriert hatten. Die Stoffbahnen recht klein, die Schrift darauf mit schwarzer und roter Farbe aufgemalt, die Buchstaben am linken Ende weiter auseinander als am rechten. Wer noch nie ein Transparent bemalt hat, schätzt eben den vorhandenen Raum falsch ein. Offenbar war auch keine Zeit mehr gewesen, die misslungenen Exemplare durch bessere zu ersetzen; die Stoffbahnen, nur provisorisch an Dachlatten befestigt, hatten sich da und dort an einer Seite abgelöst und hingen als traurige weiße Fahnen von den Stecken, sodass niemand mehr die Aufschrift lesen konnte. Die Träger schien das nicht zu stören, sie hielten diese Halbtransparente unerschütterlich in die Abendluft.

„Das sind Leintücher“, sagte Frau Dr. Wellenhof, die das Glas wieder an sich genommen hatte. „Die haben einfach Leintücher auseinandergeschnitten. Drum sind die auch so klein.“

„Was soll das eigentlich heißen: Carbon?“, fragte Moser. Die Frau Direktor gab zunächst keine Antwort. „Nieder mit dem Carbon!!“, stand auf dreien, die sie entziffern konnte. Das war die Einfachvariante, der Standardspruch, der kleinste gemeinsame Nenner. „Schlagt das internationale Carbon!“, stand auf einem Plakat, „Gegen Carbon und Sozialabbau“, auf einem weiteren. „Schützt unsere Rechte! Carbon raus!“, war zu lesen (wenn auch mühsam). Dann die seltsame Aufschrift: DER SCHLAF DER VERNUNFT GEBIERT DAS CARBON! Am merkwürdigsten war freilich ein Leintuchtransparent, auf dem nur stand: CARBON. Sonst nichts. Als sei das ein Warenzeichen oder der Name einer Firma. Weiter hinten ein breites, gewissermaßen professionelles Plakat: HOCH DIE INTERNATIONALE SOLIDARITÄT! Die Buchstaben hatten hier gleichbleibende Abstände und waren mit Schablonen aufgemalt worden – wie auch bei den verschiedenen „Carbon raus!“-Schildern in gotischer Schrift.

„Alle gesellschaftlich relevanten Gruppen sind da vertreten“, meinte Frau Dr. Wellenhof. Es klang anerkennend.

„Sogar die irrelevanten“, sagte Strasser.

„Ich versteh nicht, warum sie nichts tun“, sagte Moser. „Unterbrecht mich, wenn ich Blödsinn rede, aber bei einer Demonstration wird doch marschiert, oder? Bei denen – wenn's nicht so viele wären, könnte man meinen, sie warten auf den Bus.“

Die Teilnehmer der Demonstration standen in kleinen Gruppen beisammen, freilich so eng, dass diese Gruppenstruktur nur jemandem wie Frau Dr. Wellenhof auffallen konnte, die von ihrer Kleinsäugerforschung her darin geübt war, Massenverhalten zu interpretieren. Strasser und Moser sahen nur eine dichtgedrängte Menschenmenge. Dass sich alle angeregt zu unterhalten schienen, sahen auch sie.

„Die quatschen ja nur“, wunderte sich Moser. „Ich meine, einer sollte eine Rede halten oder so, und die anderen sollten zuhören, das wär eine richtige Kundgebung!“

„Es scheint heute überhaupt nichts so zu sein, wie es sein sollte", bemerkte die Frau Direktor. „Zum Beispiel ist die Polizei auch dabei." Sie beobachtete durchs Fernglas eine kleine Gruppe am Rand der Menschenmenge.

„Na, Gott sei Dank!", sagte Moser. „Ich dachte schon, das läuft hier alles illegal …"

„Es ist aber nicht so, wie Sie denken", sagte Dr. Wellenhof, „die Polizisten demonstrieren mit …"

„Was machen die?!"

„Sie haben jedenfalls ein Transparent dabei … warten Sie, die halten das ein bisschen schräg … ‚keine Carbon-Experimente!', steht drauf."

„Der erste konkrete Hinweis gegen die Gentechnik", meinte Strasser. Frau Dr. Wellenhof konnte den Optimismus, der aus diesen Worten sprach, nicht teilen.

„Wie kommen Sie auf Gentechnik?", fragte sie.

„Diese Pflanzen, die entstehen doch nicht einfach so – oder? Da ist doch manipuliert worden. Und dann ist es den Eierköpfen außer Kontrolle geraten, ist doch klar." Strasser sprach selbstsicher und gefasst; ein wenig indigniert sogar, dass eine so kluge Frau wie Dr. Wellenhof das Offensichtliche nicht gleich einsehen konnte.

„Dafür gibt es aber nicht den geringsten Beweis", sagte sie.

„Die Forschungen sind alle geheim!", rief Moser. „Das weiß man doch … äh … riesige Labors in den Wüsten Nevadas …"

„… oder in der inneren Mongolei!", warf Strasser ein. „Unbeschränkte Forschungsmittel, Reptilienfonds, strengste Geheimhaltung – ich sage nur: Manhattan Projekt!"

„Ja, ja, aber beim Manhattan Projekt ging's um den Bau der ersten Atombombe. Eine Waffe wurde da entwickelt; aber diese Pflanzen – ist das eine Waffe? Wenn ja, wie wirkt sie? Und gegen wen überhaupt?"

„Die Leute da unten sehen in diesen Pflanzen ganz eindeutig eine Waffe", sagte Strasser. „Ich glaube auch, es geht jetzt los."

Zunächst war wenig zu sehen, nur wachsende Unruhe, hin und her Gerenne; kleine Grüppchen lösten sich von den größeren Einheiten ab, um sich anderen anzuschließen, die sie gleich darauf wieder verließen. Die Menschenmasse schien sich zu mischen, in größere Unordnung zu kommen. An manchen Stellen gab es dichtes Gedränge, an anderen Leerräume, wie Gasblasen in einem kochenden Brei.

Die Bewegungen, die zuerst alle nach verschiedenen Richtungen zielten, sammelten sich langsam in eine ganz bestimmte Richtung: nach vorn, auf die einladend breite Hauptstraße zu; jenen Abschnitt dieser Straße, der bisher aus unbekanntem Grund von den Demonstranten noch nicht besetzt worden war. Kein Hindernis stellte sich den Marschierenden entgegen. Keine Autos, keine anderen Menschen, auch keine Tiere. Nicht einmal „neue" Pflanzen, wie Strasser feststellte, während er die Szenerie sorgfältig abfilmte. Die Carbonpflanzen hatten das Stadtgebiet bis jetzt verschont. Strasser konnte nicht wissen, dass zwei Kilometer außerhalb solche Gewächse in Form fünfzehn Meter hoher Schachtelhalme die Straße überwucherten, dazwischen standen Riesenbäume, die ganze Büschel glattrandiger, bandförmiger Riesenblätter Minute für Minute höher emporschoben, auch an Umfang immer mehr zunahmen. Unter dem Ansturm der Vegetation zerbrach der Asphalt in große Schollen, die dann von kleineren Gewächsen weiter zerbröckelt wurden; so strebte alles nach oben, wachsend, sich dehnend, eine grüne Masse, die höher, viel schneller aber breiter wurde. Erst war der Streifen kaum fünf Schritt breit, dann zehn, dann stieß der Bewuchs in einzelnen Inseln vor dem Streifen durch die Straßendecke; links und rechts standen die Pflanzen in den Gärten der Häuser schon höher. Endlich wuchsen die grünen Inseln zu einer geschlossenen Masse chlorophyllstrotzender Lebewesen zusammen. Tatsächlich war Blattgrün das Einzige, was die neue Flora mit der alten verband, die sie verdrängte.

* * *

Bürgermeister Stormberger saß in einem Polizeiauto und wusste nicht, was er tun sollte. Er hatte es die ganze Zeit über nicht gewusst, die Stadt war gelaufen wie eine Maschine. Ihm war auch klar, dass sein Unwissen nur die tiefen Schichten betraf, das Eigentliche der Stadt; an der Oberfläche war er kompetent, erfahren und betriebsam. An der Oberfläche. Jetzt war er müde.

Er fuhr mit der Hand über das kurzgeschnittene Blondhaar. Er war müde, aber auch nervös. Vielleicht, dachte er, liegt es bloß daran, die Untätigkeit und alles, weil es so riecht. Wie in einer Backstube. Der Geruch hatte mit Weihnachten zu tun. Es bestand große Gefahr, klar, andererseits keine Gefahr der Art, wie sie etwa von einem Großbrand ausgeht. Das hier lief langsamer; nach allem, was ihm Schnetzer erzählt hatte. Aber vielleicht täuscht mich nur der Geruch; wie kann etwas gefährlich sein, das wie Weihnachten riecht? Schnetzer hatte ihn höchstpersönlich mit dem Auto in der Nachbarstadt F. abgeholt, wo die Bundestagung der Bürgermeister über die Bühne ging und er, Gottfried Stormberger, ein Referat über „Gemeindeentwicklung im nächsten Jahrtausend" gehalten hatte – ein trotz des etwas pompösen Titels mit freundlichem Beifall aufgenommenes Referat. Und in drei Jahren, wenn die Bundestagung wieder in Westösterreich stattfand, bestanden gute Aussichten, die Veranstaltung nach D. zu holen. Wenn es die Stadt dann noch gab, dachte Stormberger. Er hatte ursprünglich selber heimfahren wollen. So etwa gegen zehn, am Ende der unerlässlichen Nachsitzung im Gasthof „Lingg". Um acht war der Postenkommandant Schnetzer aufgetaucht, hatte ihm in einer ruhigen Ecke alles erzählt – er solle sich unbedingt selber ein Bild machen, bevor man höhere Ebenen alarmiere. Riesenpflanzen. Schnetzer war nicht der Mann für Witzkomplotte. Stormberger glaubte ihm und fuhr mit. Es waren ja nur zwanzig Kilometer.

Sie kamen gar nicht in die Stadt hinein. Sie standen vor einer Masse grüner Stängel, die sich aus dem zerstörten Asphalt nach oben schlängelten, eine Pflanzenmasse, die sich quer über die Hauptstraße zog. Hinter ihnen eine ganze Kolonne. Die Leute waren ausgestiegen und nach vorn gekommen. Sie bestaunten die nie gesehenen Pflanzen, die einfach aus der Straße wuchsen.

Schnetzer stieg aus und sprach mit den Leuten. Ruhige, gelassene Stimme. Schnetzer schien eher zu murmeln als zu sprechen, es beruhigte den Bürgermeister, dass der Polizeikommandant nicht besser zu verstehen war – das hieß, echte Gefahr bestand nicht. Der Bürgermeister stieg aus. Er wurde sofort erkannt, die Leute grüßten ihn. Alles ohne Groll, ohne vorwurfsvollen Unterton. Er winkte ihnen zu, lächelte freundlich abweisend, wie er es immer tat, wenn er nicht reden wollte, und ging mit langen Schritten ein paar Meter in das Gestrüpp hinein. Schnetzer kam nach.

„Was machen wir jetzt?", fragte er den Bürgermeister.

„Das fragen Sie mich? Machen Sie Witze?"

„Sie sind der Bürgermeister", beharrte Schnetzer stoisch, „Sie müssen die Entscheidungen treffen."

Einen Augenblick lang spürte Stormberger, wie ihm die heiße Wut hochkam, Schnetzer wollte ihn provozieren; aber es war gleich wieder vorbei.

„Machen Sie die Scheinwerfer aus", sagte er. „Die Batterie wird sonst leer. Und bringen Sie eine Taschenlampe mit." Schnetzer drehte sich wortlos um und trottete zum Auto zurück. Er wollte ja, dass ich Entscheidungen treffe, dachte der Bürgermeister. Also lass ich ihn das Licht ausmachen. Schlimm genug, dass ihm das extra jemand sagen muss.

Schnetzer kam mit einer großen Stablampe zurück. „Hab so was noch nie gesehen", murmelte er. Es war kaum zu verstehen. Er kauerte auf dem Boden, untersuchte den zerbrochenen Asphalt. Der Bürgermeister ging ein Stück weiter, weg von dem Polizisten. Hoch über ihm glitten die meterbreiten Wirtel der Schachtelhalme in mildweißes Licht, der halbe Mond schob sich über die Bergkette östlich der Stadt. Wie der Mond höher stieg, kam das Lichtband immer weiter nach unten. Noch stand der Bürgermeister im tiefen Schatten. Seitlich das kleine, unbedeutende Licht der Taschenlampe und Schnetzers Gebrabbel, das nicht weiter störte. Schnetzer gehörte zum Ambiente. Wie ein Vogel etwa. Sonst war alles still. Der Bürgermeister ging ein Stück weiter. Stormberger sah vor sich eine Wölbung im Asphalt, die ganz langsam aufbrach. Bildete er sich das ein? Nein, denn nun erschien, immer noch so langsam, dass man die Bewegung kaum erkennen konnte, ein steiler Kegel, schob sich hoch. Stormberger bückte sich. Das Ding war glatt, aber nicht überall, von der Basis zur Spitze liefen feine Wulste. Blattränder. Der ganze Kegel eine Masse zusammengepresster Blätter, die sich erst später voneinander lösen und entfalten würden. Daneben stand so ein Exemplar, einen Meter hoch war es schon, immer noch leicht kegelförmig, aber schlanker, spitzer. Lange Blätter standen direkt vom Stamm ab, schräg nach oben, was an eine Palme denken ließ. Stormbergers Hand zögerte, als er sie nach einem der Blätter ausstreckte, um es abzureißen. Es war glatt, sonst keine besonderen Merkmale.

Der Straßenbelag gab unter Stormbergers Schritten ein seltsames Geräusch von sich. Wie Kies. Er betastete die Straße. Die Oberfläche von kleinen Rissen durchzogen, tausende nebeneinander und kreuz und quer; die Inselchen zwischen den Rissen gaben den Fingern nach, er konnte ohne Mühe kleine Brocken des Belags herauskratzen, in der Vertiefung besser ansetzen und gleich handtellergroße Stücke abreißen wie vertrocknete Schalen. Die Schicht darunter nicht stabiler, auch hier feine Risse, es ließ sich tiefer graben; einfach so, mit bloßen Händen. Stormberger lachte.

„Alles nur noch Schrott!“, rief er. „Massiver Beton – zerbröselt, da könnte sogar normales Gras durchwachsen!“

„Tut es aber nicht“, sagte Schnetzer, der herübergekommen war. „Wachsen tut nur dieses genmanipulierte Zeug …“

„Und warum sollte sich das ausgerechnet bei uns bemerkbar machen?“

„Tut es gar nicht. Aus Stuttgart wird was Ähnliches gemeldet, dann aus der Gegend von Kassel, glaub ich. Das Letzte, was ich gehört hab, stammt aus St. Pölten. – Hat eben der Amann im Funk durchgegeben. Das Fernsehen im Posten funktioniert noch …“

„Was soll das heißen: ‚funktioniert noch‘?“, rief Stormberger. Dieser Polizist hatte eine widerliche Art, ihn in zwei Sekunden auf hundertachtzig zu bringen. „Warum soll es nicht funktionieren? Sie reden wie von einem Notstand, wie von einer Naturkatastrophe …“

Schnetzer blieb ganz ruhig. „Notstand haben sie in Ungarn ausgerufen. Nur zum Beispiel. Und was das Fernsehen betrifft: Ein paar Sender sind ausgefallen. – Kein Mensch weiß, wieso …“

„Sie scheinen das ja richtig zu genießen, Herr Postenkommandant!“ Wie gegen eine Wand gesprochen. Schnetzer ging auf den Tadel nicht ein.

„Dann ist da noch diese Demonstration“, fuhr er fort, „direkt vor uns auf der Hauptstraße. Mysteriöse Sache. Amann meldet, mindestens zehntausend Leute …“

Der Bürgermeister ließ Schnetzer stehen und ging auf die Stadt zu. Zehntausend. Die halbe Einwohnerschaft war das. Lächerlich. Auf eine Art genauso lächerlich wie die Bäume, die ihn umgaben. Stormberger hatte das Gefühl, es machten sich alle lustig über ihn. Schnetzer, die Pflanzen, die allmählich zu Baumgröße heranwuchsen.

Schnetzer war verstummt, der Bürgermeister hörte die Schritte, zehn, dann zwanzig Meter hinter sich; offenbar ließ er sich langsam zurückfallen, dieser Postenkommandant Schnetzer. Auch gut. Er würde seinem Verhängnis nicht entrinnen, auch wenn er sich vom Bürgermeister absetzte.

Es war leicht, durch den Wald zu wandern, der hier entstand. Die Pflanzen hielten Abstand voneinander, kleine wuchsen neben großen, einige würden sich zu Riesenwuchs dehnen, das wusste Stormberger; er sah es deutlich vor sich, dass ein paar von diesen Bäumen zwei oder drei Meter dick sein würden.

Stormberger schritt weit aus zwischen den armdicken Pflanzenstängeln, die nach Weihnachten rochen. Er wurde immer schneller, kam in leichten Trab; aber das hielt er nicht lang durch. Trainieren sollte ich, Waldläufe und so, auf der wunderschönen Finnenbahn, hab ich ja selber durchgesetzt. Momentan sah es aus, als gerate jede Art der Fortbewegung zum Waldlauf, ganz ohne Finnenbahn. Alles war Waldlauf, denn alles war Wald. Er lachte bei dem Gedanken an einen geschlossenen Urwald in diesem Land, das seit dem elften Jahrhundert gerodet und mit aller denkbaren Infrastruktur vollgestopft worden war: Sie hatten eine Autobahn, die hier ganz in der Nähe vorbeiführte, wichtige europäische Nord-Südachse, dazu gut ausgebaute Bundes- und Landesstraßen, nicht zu vergessen die Eisenbahn, wichtige europäische Ost-Westachse. Die Eisenbahn war natürlich auch hinüber. Wenn der dicke Straßenbeton den Pflanzen keinen Widerstand entgegensetzen konnte, dann erst recht nicht das bisschen Schotterbett unter den Gleisen. D. war keine historisch oder kulturell bedeutende Stadt, darüber machten sich weder der Bürgermeister noch die Einwohner Illusionen. Das waren prosaische Leute, Realisten. Andererseits lag D. im Schnittpunkt von Verkehrswegen überregionaler Bedeutung. Das musste doch alles zusammenbrechen, zusammengebrochen sein; das konnte doch nicht einfach so geschluckt werden, wenn solche Hauptrouten ausfielen. Der Stau musste doch auf der einen Seite schon bis Innsbruck reichen, auf der anderen bis Zürich, wie weit sich die Autos in den Norden, nach Deutschland, hinaufstauten, wagte sich Stormberger gar nicht vorzustellen; wenn irgendeine Gegend von sich behaupten durfte, das Herz Europas zu sein, verdammt noch mal, dann war es die hier! Und mit jeder Minute vergrößerte sich der Infarkt. Warum kam dann niemand? Warum dröhnten keine Hubschrauber am nächtlichen Himmel? Warum kam ihm niemand zu Hilfe? Warum ließen sie ihn mit dem Problem allein?

Schnetzer war nicht mehr zu hören. Auch gut. War ohnehin egal, wann sie beim Rathaus ankamen. Stormberger riss von einem jungen Baum ein lanzettliches Blatt ab. Es löste sich leicht; an der Ansatzstelle gab es eine sechseckige Narbe. Er riss weitere Blätter heraus. Die Pflanzen waren wenig stabil. Immerhin daumenstark der Stängel, den er ohne Mühe abgerissen hatte. Er probierte, etwas umzuknicken, dass wie Zinnkraut aussah, aber vier Meter hoch war. Er brachte es leicht bis zum Boden, nur brach es nicht ab, die Hülle war zu elastisch. Stormberger nahm das Taschenmesser zu Hilfe. Ein altes, billiges Ding. Das nahm er immer zum Äpfelschneiden. Die Klinge fuhr in die grüne Rinde, nicht so leicht wie in einen Boskop, aber viel schwerer auch nicht. In zwei Minuten hatte er den armdicken Stamm abgesäbelt – es ging nur deshalb so schnell, weil er innen hohl war; ein bisschen weißes Mark, das er mit bloßen Fingern herauskratzen konnte, lag um die mittlere Höhlung, halbwegs fest war nur die äußere, röhrenförmige Stützstruktur. Gottfried Stormberger versuchte sich an einem der jungen Bäume, da versagte das Messer; die Blätter ließen sich leicht abschälen, auch die Klinge ein Stück in den Stamm stoßen, aber herumschneiden konnte er damit nicht. Die Konsistenz mehr in Richtung Holz, nicht mehr beim Krautigen. Wann wäre es je gelungen, so ein Taschenmesserchen in einen echten Stamm zu stoßen, den einer Esche zum Beispiel? Mit einer Axt, das wusste Gottfried Stormberger, würde er so einem Stamm in wenigen Minuten zu Leibe rücken; er sah es vor sich, wie die grünen Späne flogen, Riesenstücke … also brauchte er nun als Erstes eine Axt. Ja. Und eine Einsatztruppe natürlich. Ein paar Äxte, viele Äxte. Auch Motorsägen. Und alle Leute vom städtischen Bauhof, jeden, der verfügbar war. Eine Freiwilligentruppe, eine Art Bürgerwehr. Er beschleunigte seine Schritte. Er hatte jetzt ein Ziel. Alles war eine Frage der Organisation. Im Organisieren war er gut. Er war der Bürgermeister dieser geplagten Stadt. Er brauchte keine Hubschrauber und kein Militär. Er brauchte ein Telefon und ein paar entschlossene Männer – also schön, auch ein paar entschlossene Frauen. Bürgermeister Gottfried Stormberger fühlte sich beschwingt. Beim Stichwort „Frauen“ war ihm Ilse eingefallen, und zum ersten Mal seit einer Weile konnte er an sie denken, ohne von bleierner Verzweiflung befallen zu werden. Auch mit seiner Frau würde alles auf die Reihe kommen. Wenn er mit diesem Wald fertigwerden konnte, dann konnte er auch … der Rest entschwand irgendwie. Einerlei, das war alles nicht so ein Riesenproblem, wie es sich bis jetzt dargestellt hatte. Aufgeblasen hatte er es, jawohl.

Bürgermeister Gottfried Stormberger hatte Tränen der Rührung in den Augen, als er auf die Brücke zutrat. Die war völlig frei von Bewuchs. Klarer Fall. Alles würde gut werden. Tränen hatte im selben Augenblick auch seine Frau Ilse Stormberger in den Augen. Tränen der Dankbarkeit. Floriani lag keuchend über ihr. „Wir sind verrückt“, flüsterte er immer wieder, „vollkommen verrückt.“ Sie streichelte seinen Rücken. Er war nass von Schweiß. Sie hatte noch nie etwas erlebt wie eben jetzt. Das am Morgen war nur eine schwache Vorahnung gewesen. Sonst war ihr alles egal. So lange er bei ihr war, war alles gut. Alles war gut. „Gut“, flüsterte sie. „Alles ist gut.“

Wie es den Unterschieden zwischen den Geschlechtern entspricht, drifteten Florianis Gedanken bereits fort. Vielleicht liegt es auch daran: wenn es für die Frauen gut ist, dann ist es nicht einfach gut, sondern hervorragend, himmelstürmend, dachte er gerade. Und wenn der Mann sagt: „War nicht so gut“, ist es für die Frau in Wahrheit die pure Katastrophe. Sie empfinden stärker, sie sind in dieser Hinsicht wirklicher als wir, der Erde näher, dem Realen. Er spürte einen Stich im Herzen, nagenden Neid. Kann auch sein, wir sind gar nicht gebaut für ihre Intensität des Empfindens; man sagt doch, der Schmerz des Gebärens würde den Mann umbringen. Kann es nicht sein, dass ein Frauenorgasmus den Mann zerreißen, eine

Frauenenttäuschung seine Seele für immer zerstören würde? Das war auch typisch männlich, nach dem Geschlechtlichen dem unglücklichen Hang zu kruder Philosophie nachzugeben, fand er. Er hätte doch andere Sachen tun sollen, eben jetzt … einen Beitrag drehen über diese Pflanzen, nein, nein, nicht über die Pflanzen, über die Demonstration gegen die Pflanzen! Schon beim Gedanken daran befiel ihn Müdigkeit. Alles, was recht ist, nach einem solchen Erlebnis konnte niemand erwarten, dass er arbeitete, fürs Fernsehen schon gar nicht. Und die Demonstration hatte sicher noch nicht richtig angefangen … er brauchte ja nur ein paar gute Bilder und einen Aufsager, den hatte er schon im Kopf, alles kein Problem. Kein Problem. Ilse atmete gleichmäßig und tief. Er schob sich vorsichtig herunter, drehte sich auf die andere Seite. Sie hatte recht. Konnte nicht schaden, auch ein wenig zu schlafen.

In Bezug auf die Demonstration war Floriani im Irrtum. Seine Arbeitskollegen, die er zum selben Zeitpunkt hätte führen und anleiten sollen, schauten mit runden Augen auf etwas hinab, das ganz eindeutig „angefangen" hatte.

Frau Dr. Wellenhof widersprach; die Entartung habe schon viel früher angefangen, schon die erste Zusammenrottung von Leuten auf der Straße sei abnormal gewesen. Überhaupt müsse man zwischen der Entartung des Pflanzenreiches und der des Menschen unterscheiden – die Karbonpflanzen (mit „K", wie sie nicht müde wurde zu betonen!), die Karbonpflanzen seien wohl aus der Art geschlagen, was man auch auf den ersten Blick sehen könne. Ganz anders die Menschen: Bei denen könne man eben nicht auf den ersten Blick sehen, dass sie ins Abnorme abgeglitten seien. Die Menschen seien tückisch, die Pflanzen nicht, weil sie aus ihrer Andersartigkeit keinen Hehl machten.

Die Wolken am Himmel waren aufgerissen, in den großen, unregelmäßig gezackten Lücken funkelten die Sterne. Es waren so viele, dass die drei auf dem Dach die Gestalt der freien Himmelsflächen ohne Mühe ausmachen konnten; am Wolkenrand hörte der Sternenteppich auf.

„Das ist doch nicht normal“, sagte Moser leise. „Nicht einmal auf Teneriffa waren so viele Sterne! Und so hell …“

Frau Dr. Wellenhof hatte ein Faible für die Sterne. Sie kannte die meisten Sternbilder, kaufte jedes Jahr einen astronomischen Kalender und wusste deshalb immer, ob die Venus zu sehen war oder der Jupiter. Quer über den Himmel zog sich das leuchtende Band der Milchstraße; alles schwamm dort in diffusem Licht. Weiter weg, wo Einzelsterne zu erkennen waren, brannten sie schmerzhaft gleißend aus schwarzem Samt heraus, so kohlensackdunkel war dieser Hintergrund, so abgründig finster, wie es Frau Dr. Wellenhof noch niemals gesehen hatte. Die bekannten Sternbilder verschwanden in der Überzahl anderer, heller Sterne, die Direktorin hatte Mühe, den großen Wagen zu finden, fand ihn dann aber doch, auch den Polarstern, und war erleichtert.

„Dieses Riesenviereck“, deutete sie nach oben, „ist Pegasus. Sehen Sie die Reihe heller Sterne, die auf der linken Seite dranhängt? Etwa wie die Schnur bei einem Drachen … und dann vom dritten Stern zwei Sterne hinauf … dort, der helle Fleck …“

„Den Fleck seh ich“, sagte Strasser, „bloß die Schnur aus hellen Sternen, wie Sie sagen, die seh ich nicht. Die sind doch alle hell …“

„Egal. Der Fleck ist der Andromedanebel.“

„Das ovale Ding?“, wollte Moser wissen. „Ich hab nicht gewusst, dass man den mit freiem Auge sehen kann.“

„Kann man normalerweise auch nicht“, sagte sie. „Schon gar nicht von der Stadtmitte aus. Die Sicht ist heute ganz ungewöhnlich. Da muss irgendwas passiert sein …“

„Sehen Sie ja, was passiert ist.“ Strasser deutete in die Tiefe, wo das Auftauchen der Sterne die Erregung der Menge zu steigern schien. „Ich glaub, die gute Sicht ist von allem noch das Normalste.“

„Die gute Sicht ist völlig abnormal“, sagte sie. „Bei Innenstadtbeleuchtung sollte man nur die hellsten Sterne sehen können, da kann die Luft so klar sein, wie sie will. – Woher, glauben Sie, kommen diese Pflanzen?“

„Gentechnik", sagte Moser; kurz, bevor Strasser genau dasselbe sagen konnte.

„Gentechnik, Gentechnik!", rief sie höhnisch. „Den ganzen Abend hör ich das schon: Wie eine Gebetsformel, Gentechnik! Genauso gut könnten Sie sagen: Abrakadabra, Simsalabim!" Ihr Ausbruch tat ihr sofort leid, als sie spürte, wie betroffen die beiden waren.

„Es liegt doch auf der Hand", verteidigte sich Strasser, „dass laufend mit den Genen rummanipuliert wird. Kommt jede Woche im Fernsehen, einmal in diesem Magazin, dann im nächsten … oder in den Nachrichten. Was sollen wir sonst glauben? Und jeder, der seine fünf Sinne beieinanderhat, weiß auch, dass so was eines Tages in die Hose geht. Jetzt ist es halt so weit!"

„Und das da oben?", fuhr sie leise fort. „Wie erklärt ihr euch die phänomenale Sicht? Mit Gentechnik? – Sagen Sie, könnten Sie nicht schon filmen in diesem Licht? Zum Zeitunglesen ist es hell genug."

Strasser sagte nichts mehr. Sie hatte recht. Die Wolken waren fast verschwunden. Der Himmel strahlte in schmerzhafter Pracht; es war schwer, hinzuschauen. Man sollte es auch nicht tun, kam ihm in den Sinn, es ist unrecht, irgendwie. Unnatürlich. Menschen sollten so einen Himmel nicht anschauen. Ungesund war es auch, da war er sicher.

„Nun schön", sagte er, „Sie sollen recht haben. Dann erklären Sie uns halt die Lage. Studiert haben schließlich Sie."

Darauf wusste sie zunächst keine Antwort.

„Bis sich die Frau Doktor eine tolle Theorie überlegt hat", sagte Moser beiläufig, „könnten wir uns doch ein wenig unserem Beruf widmen, was meinst du? Da drüben zum Beispiel wird es interessant."

Er deutete in Richtung Innenstadt. Dort hatten sich inzwischen auch Menschen versammelt. Strasser dachte erst an Zuschauer, die darauf warteten, dass der Demonstrationszug sich an ihnen vorbeibewegen würde. Hierzulande gab es kaum Demonstrationen. Wenn man Menschenmassen im Freien antraf, handelte es sich um Zuschauer, die auf irgendeine Unterhaltung warteten. Aber das konnte bei dieser Gruppe nicht sein. Sie hätten an den Straßenrändern stehen sollen. Sie standen aber in der Straßenmitte und wurden immer mehr, bis sie die ganze Breite der Straße füllten. Dann setzten sie sich in Bewegung.

„Die wollen sich anschließen", sagte Dr. Wellenhof. „Aber es ist wirklich miserabel organisiert! Die laufen ja aufeinander zu. Da kann ja nichts anderes herauskommen, als ein …"

Sie verstummte.

„Als ein Zusammenstoß", vollendete Strasser den Satz. „Genau das ist beabsichtigt, glaube ich. Die wollen nicht dafür demonstrieren, sondern dagegen …"

„Gegen Carbon?", fragte Moser.

„Nein, natürlich gegen die anderen … das heißt … ja, das hieße ja …"

„Für das Karbon", sagte die Direktorin. „Sie haben allerdings keine Transparente dabei."

Die Gruppe aus der Stadtmitte hatte sich in Bewegung gesetzt. Auf der breiten Hauptstraße kam sie langsam aufs Museum zu. Die andere Menschenmasse in der Nähe der Brücke hatte die neue Zusammenrottung noch nicht bemerkt, weil die Straße in der Stadt eine leichte Kurve beschrieb. Vom Dach aus war nicht zu erkennen, wie sich das Zusammentreffen der Kohorten gestalten würde. Es war nichts zu hören. Keine Sprechchöre, keine Rufe. Aber sie waren schnell, diese Leute. Als die Gruppe an der Brücke in ihr Gesichtsfeld rückte, wurden sie noch schneller, verfielen in leichten Trab.

Moser filmte. Die Bogenlampen gaben gerade noch genug Licht. Bei den Aufnahmen, die er nun machte, kam es auch nicht darauf an, dass sie fachmännisch ausgeleuchtet waren; man konnte im rötlichen Schimmer doch sehr deutlich erkennen, was geschah. Während des Anmarschs schwenkte er mehrmals auf den anderen Haufen. Auch der setzte sich in

Bewegung, als er die Ankömmlinge entdeckte. Nun rannten sie aufeinander zu.

Als die ersten Reihen in Berührung kamen, begannen sie, aufeinander einzuschlagen. Auch unerfahrene Beobachter sollten später auf Mosers Aufnahmen sofort erkennen, was an diesen Kämpfen anders war. Bei einer Straßenschlacht hielten die Kontrahenten immer Abstand, den sie mit Fernwaffen überbrückten, Steinen und Hochdruckwasserstrahlen. Hier wurden sie augenblicklich handgemein, es gab keine Lücke zwischen den Haufen, die Front verbog sich sofort in scharfen Windungen, die schlangengleich hin und her zuckten. Auf den Großaufnahmen war zu sehen, dass die Kämpfenden im Kämpfen keinerlei Erfahrung hatten. Sie setzten Arme und Fäuste ein, die Latten, die einige wenige dabeihatten, waren viel zu lang für das Gewühl, schon zum Ausholen mit der Faust war kaum Platz. Aus nächster Nähe gezielte Schläge gingen vorbei, wobei der Schläger in der Regel das Gleichgewicht verlor und zu Sturz kam. Andere trafen einen Nebenmann, auf den sie nicht gezielt hatten; viele Köpfe stießen unbeabsichtigt zusammen, unwahrscheinlich, dass auch nur einer von ihnen je zuvor schon einmal etwas Ähnliches getan hatte. Es gab keine Kriegsgesänge, kein Geheul, nur einzelne Schmerzensschreie über einem dunklen, wütenden Grollen. Nur war auf der Tonspur davon fast nichts mehr zu hören, die Straße zu weit weg.

Es gab eine echte Gefahr für die Teilnehmer, die Moser erst nach einigen Minuten erkannte. Manche verschwanden einfach aus dem Blickfeld, als er die Kamera eben scharf gestellt hatte. So blitzartig, dass er später bekannte, er habe kein einziges Mal wirklich *gesehen*, wie jemand zu Fall gekommen war, die Leute waren vom einen zum anderen Augenblick einfach weg, die Menschenmasse schloss sich sofort über ihnen, es gab keine Rücksicht. Wer lag, war verloren. Die vielen Toten, die zurückbleiben würden, waren nicht erschlagen worden, wie sich dann herausstellte, sondern zertrampelt, vorwiegend von den eigenen Leuten. Die hinteren Reihen drängten mit wahnwitziger Beharrlichkeit nach vorn, den ersten blieb nichts übrig, als den Gegner zu Fall zu bringen, wenn sie nicht unter die Tritte ihrer Hintermänner geraten wollten.

Lange Zeit wogte die Masse hin und her. Die Transparente waren längst verschwunden. Floriani stand in einem Morgenmantel hoch über dem Geschehen auf der Terrasse einer Dachwohnung, die einer Freundin der Gattin des Bürgermeisters Stormberger gehörte. Um diese Gattin hatte er den Arm gelegt. Frau Stormberger trug nichts. Gar nichts.

„Verkühl dich nicht", flüsterte er und küsste sie aufs Ohr.

„Es ist doch warm", sagte sie leise. „Wie im Frühling."

Mit dieser Bemerkung hatte die Frau des Bürgermeisters vollkommen recht. Ein lindwarmer Wind hatte sich erhoben, wehte in leichten Böen aus allen Richtungen. Die beiden standen eng umschlungen an der Brüstung. Bis vor wenigen Minuten hatten sie sich in einer vollkommen anderen Welt des Fühlens aufgehalten, in einem so dichten sexuellen Erleben, dass sie nun Mühe hatten, in die Realität zurückzufinden. Denn wie verzerrt und verbogen diese Realität aussehen mochte, sie wirkte blass und kraftlos gegen die Wirklichkeit, aus der sie kamen. Und wenn die ganze Stadt aufeinander einschlägt, dachte er, was ist das schon gegen Ilse Stormberger? Das war ein wenig überspannt, gleichzeitig signalisierte ihm die untere Hälfte seines Körpers durch ein sanftes Ziehen, dass sich in diesem Satz die einfache, schnörkellose Wahrheit ausdrückte.

„Herr Floriani!", tönte es vom Nachbardach. „Wo bleiben Sie denn? Die warten schon auf Sie … Ihre Kollegen, mein ich … oh, Entschuldigung … Guten Abend …"

Frau Dr. Wellenhof sah erst jetzt neben dem ihr wohlbekannten Journalisten Floriani eine Frau stehen, die ihr auch bekannt vorkam, sie wusste nur nicht, wo sie diese Dame hintun sollte. Sicher lag es daran, dass die Dame vollständig nackt war.

„Guten Abend, Frau Direktor!", grüßte die Dame zurück. Sie winkte sogar. Floriani deutete eine Verbeugung an und winkte auch. Beide sahen gut gelaunt aus. Die Garderobe Florianis entsprach nicht der eines Fernsehjournalisten in der Öffentlichkeit. Die sind doch verrückt, dachte Frau Dr. Wellenhof, alle beide. Unwillkürlich machte sie zwei Schritte zurück. Floriani flüsterte mit seiner Begleiterin, die daraufhin in der Wohnung verschwand.

„Sie zieht sich nur was über", erklärte er mit lauter Stimme. „So warm ist es ja auch wieder nicht!"

„Da haben Sie wohl recht!", beeilte sich die Frau Direktor zu versichern.

„Wir kommen rüber!", verkündete Floriani, als die unbekannte Dame wieder auftauchte. Unbekannt war sie auch nicht mehr. Sie trug zwar nur einen Frotteebademantel, aber das genügte, sie für Maria Wellenhof kenntlich zu machen. Das war die Frau des Bürgermeisters, kein Zweifel. Wie hieß die noch? Inge oder Ilse. Irgendwas mit „I". Die Frau Direktor beobachtete mit wachsendem Entsetzen, wie die beiden Anstalten trafen, auf das Museumsdach zu wechseln. Über einen Tisch stieg Floriani auf die Trennmauer zur Nachbarterrasse, kletterte von dort aufs Dach. Die Frau Bürgermeister hinterher. Maria Wellenhof sah sich um. Auf den Straßen trat der Kampf in seine Endphase. Keiner der beiden Haufen hatte Gelände dazugewonnen; die Kämpfenden begannen, sich voneinander zu lösen, die Sprache kehrte zurück, man hörte wüste Beschimpfungen – „Scheißcarboner!", war ein häufiger Fluch, auch „Carbon, verrecke!", glaubte Frau Dr. Wellenhof herauszuhören – die Gruppen zogen sich auf ihre Ausgangsstellungen zurück und gaben die Straßenflächen frei, auf denen die Opfer lagen. Ein dünnes, wimmerndes Klagen wurde hörbar, einige krochen kraftlos herum wie beschädigte Käfer, aber die meisten lagen nur dort. Stumm, die Gliedmaßen verrenkt.

Gegen all das wirkte das Verhalten des Journalisten Floriani und seiner Geliebten geradezu normal. Barfuß kamen die beiden auf dem Ziegeldach gut voran. Aufs flache Nachbardach zu klettern war kein Problem. Sie kamen auf Dr. Wellenhof zu. Frau Dr. Wellenhof fühlte Panik aufsteigen. Das war die Frau des Bürgermeisters an der Seite ihres Liebhabers. Wie sollte sie sich verhalten? So tun, als ob nichts weiter geschehen wäre? Das war das Beste.

„Wir kennen uns ja“, sagte die Frau Bürgermeister und gab Dr. Wellenhof die Hand. Sie lächelte freundlich dabei. Wellenhof murmelte etwas Unverständliches. Vielleicht hatte sie sich zu sehr in die Arbeit vergraben. Vielleicht hatte sie die jüngsten gesellschaftlichen Entwicklungen in der Stadt nicht mitbekommen. Vielleicht war das gar nicht mehr die Frau des Bürgermeisters; vielleicht war sie ja schon mit Floriani verheiratet.

„Was war denn da unten los?“, fragte der. „Die Demonstration war doch friedlich … bisher. Oder nicht?“

Dr. Wellenhof war froh, dass sie etwas Konkretes gefragt wurde.

„Friedlich war's nur am Anfang“, sagte sie. „Dann fingen sie an …“

Floriani hörte schon nicht mehr hin, steuerte auf die Dachkante zu, wo seine Kollegen standen. Die Frau Bürgermeister folgte auf nackten Sohlen, dann kam die Direktorin, die sich seltsam ruhig und ganz leer fühlte. Was seit einigen Stunden um sie herum vorging, erschien ihr nicht nur unmöglich, sondern auch ohne inneren Zusammenhang. Dennoch musste ein solcher Zusammenhang bestehen, zum Beispiel zwischen dem rasend schnellen Wachstum bis dahin nie gesehener Pflanzen und der krankhaften Reaktion der Menschen auf ebendieses Wachstum; ob sie Florianis Verhalten und das der Frau Bürgermeister auch unter „krankhaft“ ablegen sollte, war ihr noch nicht klar. Wer klettert nachts halbnackt über steile Dächer?

Das Gehen fiel ihr plötzlich schwer, als hätte sie Blei in den Knochen. Alles träge. Florianis Stimme dröhnte vor ihr. Sie wäre hier oben lieber ganz allein geblieben, bis zum Morgen still und friedlich dagesessen. Warm genug war es ja. Sie hätte die Direktorinnenstelle gar nicht annehmen sollen, stattdessen mit ihrer Kleinsäugerforschung habilitieren. Sie hatte die besten Voraussetzungen dazu gehabt. Noch fünf, sechs Jahre drangehängt … Niemals hatten sich in den zehn Jahren Forschung ihre Mäuse auch nur annähernd so irrational verhalten wie nun die Menschen. Alle Menschen in der Stadt.

Floriani sah sich auf dem Monitor die Ausbeute der letzten halben Stunde an. Ilse Stormberger neben ihm. Die Fröhlichkeit, die er noch vor wenigen Minuten in breiten Lichtbahnen verströmt hatte, war verschwunden. Er ließ die Schultern hängen, die Augen blickten aus tieferen Höhlen, von den Mundwinkeln abwärts liefen scharfe Falten, die vorher nicht sichtbar gewesen waren. Über seinem Gesicht lag ein graublauer Schatten, auf der Stirn glänzte feiner Schweiß. Verlebt, dachte die Direktorin. Das ist wohl gemeint, wenn es heißt, jemand sieht verlebt aus. Zu viel Alkohol, zu viel Zigaretten, zu viel Sex, zu wenig Schlaf. Zu viel Sex ist nicht gut möglich, korrigierte sie sich selbst. Das setzte eine gewisse Fähigkeit voraus, sich in dieser Hinsicht zu verausgaben; Floriani mochte viele Fähigkeiten haben, diese spezielle hatte er sicher nicht. Er sah wie ein Durchschnittsmann aus, der keinen Sport trieb. Wie ein bedauernswerter Durchschnittsmann. Das dünne Haar klebte in flachgedrückten Schlingen auf seinem Kopf. Er sollte duschen und dann ins Bett gehen.

„Das Beste ist wohl vorbei“, sagte Moser. „Die haben fürs Erste genug voneinander.“

Moser hatte recht. Die Straße unter dem Gebäude war leer, die letzten Versprengten zogen sich in Seitengassen zurück. Zurück blieben Leichen, um die sich niemand kümmerte, und ein paar zerrissene Transparente.

„Wenn man nur das hier sieht, weiß man gar nicht, wer gewonnen hat“, sagte Ilse Stormberger.

„Das ist bei Schlachtfeldern immer so“, sagte Floriani leise, „die liegen geblieben sind, haben auf jeden Fall verloren. Wie viele waren das denn?“ Er hatte sich an Strasser gewandt.

„Die ganze Stadt, würd ich sagen; die ganze, verdammte Stadt …“

Moser, der an der anderen Schmalseite des Daches stand, rief ihnen etwas zu. Moser hatte eine weittragende Stimme,

Strasser rannte auf ihn zu und rief, er solle um Gottes willen die Schnauze halten, man höre ihn ja häuserweit. Moser gestikulierte, winkte sie herbei, deutete nach unten. Alle trabten auf die andere Seite.

Was er zu zeigen hatte, war eindrucksvoll. Die schmale Straße vor dem Museum war schwarz von Menschen. Sie bewegten sich in kleinen Gruppen ziellos da- und dorthin; ein stetes, erwartungsvolles Gemurmel tönte herauf. Zahlreich die blutverschmierten Gesichter.

„Es sind weniger als auf der anderen Seite", meinte Dr. Wellenhof.

„Du wolltest doch wissen, wer gewonnen hat", sagte Floriani zu Ilse Stormberger. „Die da haben gewonnen, die da unten." Die beschädigten Anti-Carbon-Transparente tauchten wieder auf, ein Zug begann, sich zu formieren. Auf dem Platz fuhr ein einzelnes Auto vor, ein großer Lieferwagen. – Niemand sagte etwas. Auf dem Auto das Logo des Radio- und Fernsehhändlers Moosmann. Floriani wusste nicht, wie Herr Moosmann aussah. Von den Leuten, die um den Kastenwagen standen, kannte er nur einen. Der stieg nun aufs Wagendach, wo man eine Rednerbühne improvisiert hatte.

„Das glaub ich einfach nicht", sagte Floriani, der die Szene durch das Fernglas der Direktorin beobachtete. Man hörte ein kurzes elektrisches Knacksen, dann dröhnte durch die professionell eingestellte Lautsprecheranlage der Fa. Moosmann, volltönend, ausgepegelt, nicht übersteuert, eine Floriani wohlbekannte Stimme.

„Liebe Freunde! Wir haben uns hier versammelt …"

Oskar Klein begann seine große Rede.

Die Honigmann'sche Natronlok

„Sie haben mir noch nicht gesagt, wer Sie sind", sagte Peter Hartmann. Der kleine, rothaarige Mann blickte überrascht von den Armaturen auf.

„Nein? Dann muss ich mich entschuldigen. In der Hitze des Gefechts … der Erklärungen, sollte ich besser sagen – aber wenn ich es genau bedenke, liegt die Analogie gar nicht so weit daneben: die zwischen Gefecht und Erklärung … ich neige zu Abschweifungen, ich weiß; ich glaube auch, mit zunehmendem Alter prägt es sich mehr aus …"

Es war eine Art Urwald und sehr heiß. Für dieses Klima war er ganz falsch angezogen. Ich hätte was anderes einpacken sollen, dachte er. Shorts, T-Shirts, einen Strohhut. An sich hatte er nichts gegen Hitze. Er war früher gern in den Süden gereist. Korsika, Mallorca natürlich (aber nur zweimal), öfter auf die Kanarischen Inseln, Fuerteventura. Dort war es manchmal heiß gewesen. Aber nicht so feucht. – Nur hätten ihm jetzt die richtigen Sachen im Gepäck nichts genutzt. Das Gepäck war weg. In der komischen kleinen Lok, die keinen Rauchfang und keine Feuerung hatte, war es noch heißer als draußen. Die Lok stand in der Sonne. – Er stieg aus.

„Wo wollen Sie denn hin?", fragte der Rothaarige. Es klang besorgt. „Hab ich Ihnen das noch nicht erklärt? Wenn Sie jetzt wieder in den Urwald gehen, find ich Sie nie mehr! Es war ein unglaublicher Zufall …"

„Nein, nein", sagte Peter Hartmann leise. „Ich geh nicht mehr in den Dschungel. Ich hab nicht die geringste Lust dazu." Draußen brachte eine leichte Brise Kühlung; sanfter Wind, der ständig die Richtung zu wechseln schien. Es war heiß, aber er schwitzte nicht. Das war merkwürdig. Er spürte die Hitze, litt aber nicht darunter. Vielleicht war er krank. Er machte sich Sorgen. Nicht zu schwitzen konnte nicht gesund sein. Kopfweh hatte er auch. Ich hätte nicht hierherfahren sollen, dachte er. Blöde Idee, sich für den Urlaub einen Urwald auszusuchen. An dem Urwald war auch alles falsch. Das sah nicht so aus wie auf dem Prospekt. Den vermisste er mehr als das Gepäck. Irgendetwas war schon mit der Buchung schiefgelaufen. Bei jeder Reise nahm er den Prospekt mit, da konnte er bei der Ankunft die beiden Wirklichkeiten vergleichen, die des Katalogs und die des Ziels. Das hätte er jetzt gern getan. Er konnte sich nicht vorstellen, dass diese hässlichen Bäume, die hypertrophiertem Gemüse glichen, in dieser Form im Prospekt abgebildet waren. Wer würde so etwas aus der Nähe sehen wollen? Und viel Geld bezahlen, um hinzukommen?

Der Dschungel gefiel ihm nicht. Ein Dschungel, der so bescheuert aussah, lag sicher am Ende der Welt. Wenn er jetzt den Prospekt dabeihätte, könnte er nachsehen, wie das hier hieß. „Tropical Paradise Lodge", oder so. Und wo es eigentlich lag, das Tropenparadies. Das hatte er vergessen. Ohne Herumreden: er hatte vergessen, wo er war. Muss ein wahnsinnig langer Flug gewesen sein. Und Sophia war auch nicht da. Seit er sie kannte, hatte ihn das verrückt gemacht, die ewige Trödelei. Im Urlaub besonders schlimm; da ein Schaufenster, dort noch ein Andenkenstand. Ihr war es gelungen, während der hundert Meter vom Hotel zum Strand zu trödeln. Und das war nur ein Punkt unter zahlreichen … wie kam er darauf, dass sie ihn hierher begleitet hatte? Sie lebten getrennt, fiel ihm ein. Oder hatten sie sich versöhnt? Hatte sie das bezahlt, als Wiedergutmachung, so eine Reise, so weit weg, so teuer? Zwei Tränen kollerten ihm über die Wangen, eine links, eine rechts.

„Worauf warten Sie denn?", fragte der Rothaarige. Es klang ungeduldig. „Wir sollten fahren, bevor es dunkel wird. In der Nacht mach ich das nicht so gern."

„Ich warte nur auf meine Frau."

Der Rothaarige sah ihn seltsam an.

„Sind Sie sicher, dass Sie zu zweit hergekommen sind?"

„Nein … das heißt … ich will sagen …"

„Dann sind Sie allein hier. Glauben Sie mir. – Ihre Frau kommt nach. Später. Ganz bestimmt.“ Er lächelte. „Und nun steigen Sie ein.“

„Es ist nur so wahnsinnig heiß da drin“, sagte Hartmann, als er die zwei Stufen hochkletterte.

„Das ist verständlich. Die Natronlauge hat fast zweihundert Grad.“

„Sie fahren die Lok mit Natronlauge?“

„Das hab ich Ihnen vorhin doch ausführlich erklärt, Herr Hartmann. Hören Sie denn nicht zu?“

„Ja, ich weiß nicht … ich hab mir Gedanken um meine Frau gemacht … außerdem haben Sie mir etwas voraus.“

„Was denn?“

„Sie wissen, wie ich heiße, ich weiß das von Ihnen nicht.“

„Hab ich denn nicht … oh … entschuldigen Sie: Anton Pettenkoffer. Schriftsteller.“ Er war rot vor Verlegenheit. „Und Privatgelehrter“, fügte er leise hinzu. „Also los, fahren wir!“

Sie standen im vorderen Führerstand. Der hintere sah genauso aus. Was das Äußere betraf, war die Lok symmetrisch. Schon darin glich sie nicht einer Dampflok, eher einem Straßenbahnwagen; ein Kasten auf vier Rädern, überstehendes, leicht gewölbtes Blechdach mit einem niedrigen Aufbau, der offenbar nur dazu da war, Platz für den obersten Teil des zylindrischen Kessels zu bieten. Der Kessel lag nicht, wie bei Dampfloks üblich, sondern stand auf seiner kreisrunden Grundfläche. Vorne und hinten die Führerstände.

„Kennen Sie sich denn damit aus?“, fragte Hartmann, den eine lebenslange Scheu vor technischen Geräten (Gartengeräte ausgenommen) daran gehindert hatte, auch nur die einfachsten Haushaltsreparaturen vorzunehmen, was Sophia regelmäßig zur Weißglut gebracht hatte; auch einer jener trüben Sachverhalte, die letztlich … aber nun war sie ja mitgefahren, Herr Pettenkoffer hatte gesagt, sie werde nachkommen. Peter Hartmann war beruhigt. Nun konnte er auch Dingen der unmittelbaren Umgebung Beachtung schenken.

Die Straßenbahnlok war in der oberen Hälfte rundum verglast, die untere Hälfte und das Dach waren knallrot gestrichen. Auf beiden Seiten stand in schwarzen Blockbuchstaben: FEUERLOSE NATRON-LOKOMOTIVE. Das Innere leuchtete in frischem Grün. Herr Pettenkoffer betätigte einige Hebel. Die Lok setzte sich langsam in Bewegung. Vom Kessel kam ein merkwürdiges Geräusch, das Hartmann nicht einzuordnen wusste; ein zischelndes Rumoren und Glucksen, Mechanisches und Flüssiges überlagerten sich akustisch zu innerem Widerspruch.

„Was ist das?", fragte er, deutete auf den Kessel.

„Ein Kessel natürlich, hab ich doch erklärt."

„Nein, das Geräusch, dieses dumpfe Zischen …"

„Das ist der Dampf. – Sie müssen zugeben, es ist sehr leise, verglichen mit einer gefeuerten Lok."

„Wenn Sie es sagen … ich bin noch nie auf einer gefeuerten Lok gefahren … weil Sie grad von Dampf sprechen … diese Lok hat keinen Kamin."

Pettenkoffer blickte ihn verwirrt an. „Natürlich nicht. Das ist ja der Witz an der Sache. Es gibt keinen Rauch, es gibt keinen Abdampf. Hab ich das nicht schon erwähnt? Sie sind wahrscheinlich vertraut mit der Wirkungsweise einer gewöhnlichen Dampfmaschine? – In einem Kessel wird Wasser verdampft, der Dampf strömt in einen Zylinder und schiebt darin einen Kolben hin und her. Das wird dann durch sinnreiche Mechanik in eine Kreisbewegung umgewandelt, und so ein Rad angetrieben. Schon sind wir bei der Lokomotive. – Wie Sie aber hier sehen, fehlt die Feuerung. Keine Ofentür, kein rußverschmierter Heizer, natürlich auch kein Kohlenwagen. Und kein Dreck, das sollten wir nicht vergessen. Kein Dreck und kein Lärm!"

Alles, was Pettenkoffer sagte, hörte sich gut an. Hartmann gefiel die Art, wie der Alte etwas erklärte; es war eine Art Behagen darin, das sich nicht durch Termine stören lassen würde. Diese Lok folgte keinem Fahrplan. Sie konnte sich Zeit lassen. Sie hatte nur auf einen Passagier gewartet. Er selber war dieser

Passagier. Sie würden nicht zu spät kommen; nie mehr und unter keinen noch so widrigen Umständen würde er zu spät kommen. Alle mussten auf ihn warten.

„Wie ist so etwas Wunderbares möglich, frage ich?“ Pettenkoffer klang rhetorisch erhöht; gestikulierte weit ausholend, wobei er sich fast die Hand an einer Fensterstrebe angeschlagen hätte.

„Das Geheimnis liegt in diesem Stehkessel. Nur das oberste Viertel seiner Bauhöhe ist ein normaler Dampfkessel. Der untere Teil ist mit Natronlauge gefüllt.“ Pettenkoffer machte eine Pause. Offenbar erwartete er einen überraschten Ausruf. Peter Hartmann, als Schreibwarenhändler technischer Laie in Sachen Dampfbetrieb, tat ihm den Gefallen nicht. Sollte er doch in den unteren Teil seines Kessels einfüllen, wozu er lustig war: Natronlauge, Hühnersuppe, Limonade, Bier … Bier wär gar nicht schlecht.

„Die Lauge ist am Anfang sehr konzentriert: achtzig Prozent“, setzte Pettenkoffer leicht pikiert fort. „Allerdings wird sie fortlaufend verdünnt, weil nämlich …“

„Wann, am Anfang?“, fragte Hartmann.

„Wann? – Ach so, wenn wir losfahren. Jetzt … Sie haben recht: damit sollte ich beginnen. Also: Vor Fahrtbeginn füllt man heißes Wasser in den oberen Teil und heiße, konzentrierte Natronlauge in den unteren. Die Natronlauge ist heißer als das Wasser …“

„Wie haben Sie das erhitzt?“

„Früher konventionell, also mit einer normalen Feuerung in einem Kesselhaus. Jetzt mit Sonnenkraft. Zeig ich Ihnen noch … wo war ich jetzt …“

„Oben ist heißes Wasser, unten heiße Natronlauge“, wiederholte Hartmann.

„Vom Wasserkessel tauchen nun einhundertzwanzig blind endende Röhren in die Natronlauge ein. Die heizt das Wasser noch weiter auf, bis es verdampft. So baut sich im Wasserkessel ein Dampfdruck von etwa fünf Atmosphären auf …“

„Erstaunlich", höhnte Hartmann. „Können wir nun fahren? Ich meine, der Dampf ist nun da, ich versteh nur immer noch nicht, warum er auf so komplizierte Art und Weise erzeugt wird …"

„Das werden Sie gleich sehen", sagte Pettenkoffer, der unter der Hitze sehr zu leiden schien. Das glatte Gesicht glänzte von Schweiß.

„Der Dampf strömt in die Zylinder, wie Sie richtig vermutet haben. Wir haben zwei, einen links, einen rechts, sie arbeiten im Gegentakt, wegen der Stabilität … aber das sind Eisenbahnspezifika, die nichts mit der Dampferzeugung zu tun haben. Und nun kommt's. Der Abdampf! Haben Sie sich schon einmal überlegt, wo bei einer Dampflok der Dampf hingeht, der seine Arbeit getan hat?"

„Der Dampf hat seine Schuldigkeit getan, der Dampf kann gehen", zitierte Peter Hartmann leicht abgewandelt.

Pettenkoffer begann zu lachen, es klang wie eine Explosion. „Gut!", schrie er. „Das ist gut! Das merk ich mir!" Endlich, als Hartmann sich schon Sorgen um den Alten machte, beruhigte sich der, zog ein großes Taschentuch aus seinem Overall und schnäuzte ausgiebig. Dann schaute er starr durch das Vorderfenster auf die Strecke, die sich schnurgerade vor ihnen durch den Dschungel zog. Manche der Bäume waren sicher zwanzig Meter hoch. Sie standen aber weiter auseinander, als Hartmann sich das bei einem richtigen Urwald vorgestellt hatte. Es gab viel Unterholz, besonders viele Farne.

„Bei der normalen Lok strömt der Dampf nicht einfach ins Freie, wie die meisten glauben, sondern durch eine Art Düse, das Blasrohr, in den Schornstein. Nach oben natürlich. Erfunden hat das nicht James Watt und auch nicht George Stephenson, dem von Laien überhaupt alles zugeschrieben wird, was mit Eisenbahn zu tun hat, sondern der geniale Techniker Richard Trevithick, von seinen bewundernden Landsleuten „Captain Dick" genannt. Er baute 1803 die ‚Invicta', die erste Lokomotive, die je auf Schienen gefahren ist. Der Abdampf, der durch das Blasrohr ausströmt, reißt die Verbrennungsgase der Feuerung mit sich, der Sog facht das Feuer gewaltig an. Ohne Blasrohr würde die Lok nicht funktionieren."

Hartmann erinnerte sich dunkel an Kindertage, als er einmal eine Dampflok in Betrieb gesehen hatte; beim Anfahren hatte sie rhythmisch fauchend den Qualm in Stößen aus dem Kamin gestoßen; in nichts hatte die Maschine so sehr einem Tier geglichen, wie in diesem Detail, das Hartmann immer mit zorniger Empörung in Verbindung gesetzt hatte. Die Lok war böse, sobald sie erwachte, schnaufte voll rauchgeschwängerter Wut und machte sich an die Verfolgung eines Gegners, der je aufs Neue diese Wut entfachte; sichtbar nur für die Maschine. Diesem Urgegner aus Vorzeiten jagte sie nach, vergaß den langen Zug, den man listigerweise angehängt hatte – ohne diesen Zug hätte sie den Unsichtbaren vielleicht eingeholt und vernichtet. Hartmann fiel das alles mit einem Schlag ein, woran er Jahrzehnte nicht mehr gedacht hatte. Er hatte sich vor der Lok gefürchtet und streng vermieden, vorne vorbeizugehen; wer konnte wissen, ob sie nicht plötzlich lossprang?

„Bei uns nun", setzte Pettenkoffer fort, „fährt der Abdampf der Zylinder nicht in den Kamin – wir haben ja auch keinen – sondern durch ein Rohr in die Natronlauge. Er wird sofort und vollständig verflüssigt. Zu Wasser", fügte er mit zweifelndem Seitenblick auf Hartmann hinzu.

„Ich weiß, dass aus Dampf beim Abkühlen wieder Wasser wird", sagte Hartmann. Er war beleidigt. „Wofür halten Sie mich denn?"

„Sie würden sich wundern, was einem die Leute alles über die Aggregatzustände des Wassers erzählen ... die Menschen sind sagenhaft ungebildet ... manchmal glaube ich, es ist schlimmer als im Mittelalter ..."

„Moment", unterbrach Hartmann, „Sie sagten, der Dampf wird in der Natronlauge verflüssigt? Aber die ist doch beträchtlich heißer als hundert Grad?"

„Bis zu zweihundert Grad, da haben Sie recht."

„Wie kann dann …"

„Chemie!", rief Pettenkoffer. „Die Macht der Chemie! Es ist eben Natronlauge, hochkonzentrierte Natronlauge! Sie bindet den Wasserdampf chemisch, sie zwingt ihn zur Verflüssigung, obwohl er bei dieser hohen Temperatur viel lieber Dampf geblieben wäre, verstehen Sie?"

„In etwa", versicherte Hartmann. Dieser Pettenkoffer war ein Fanatiker, ganz klar. Jeder Widerspruch würde ihn zur Weißglut treiben. Hartmann bekam es leicht mit der Angst zu tun. Wer weiß, was dem einfiel, wenn man zugab, etwas nicht verstanden zu haben. Vielleicht warf er einen aus dem fahrenden Zug. Pensionierter Lehrer, der das sein ganzes Berufsleben hindurch gern gemacht hätte und nie durfte. Jetzt durfte er …

„Aber warum macht man das?", fragte Hartmann tapfer weiter. „Aus der Lok kommt an keiner Stelle Dampf raus, das sehe ich. Nur muss da doch noch etwas …"

„Sie haben es erfasst, mein Lieber!", tönte Pettenkoffer überschwänglich und ließ einen Hebelgriff los, den er bis jetzt festgehalten hatte. Die Lok fuhr ohne Störung geradeaus weiter. Vielleicht hatte er ja den Griff nur aus Gewohnheit festgehalten; ohne Druck und steuernde Intention.

„Bei der Verflüssigung des Wasserdampfs wird die gesamte Kondensationswärme des Wassers frei. Diese Wärme geht an die Natronlauge, die dadurch heißer werden müsste …"

„Aber sie gibt die Wärme über diese einhundertzwanzig Rohre gleich an das Wasser im oberen Kessel ab, wodurch neues Wasser verdampft wird, der Dampf treibt die Kolben und strömt als Abdampf in die Natronlauge, wodurch wieder Wärme frei wird, die neuerlich … sagen Sie, klingt das nicht verdächtig nach einem Perpetuum mobile?"

Pettenkoffer lächelte. „Durchaus nicht! Die Kondensationswärme ist nur ein Durchlaufposten: Im Natronkessel wird sie frei, der gibt sie aber laufend an den Wasserkessel ab, wo sie sofort verwendet wird, Wasser zu verdampfen. Es kommt noch etwas hinzu: Die Lauge, die immer mehr Wasser aufnimmt, wird ja verdünnt. Dabei wird zusätzlich eine beträchtliche Verdünnungswärme frei. Es ist so ähnlich wie bei der Schwefelsäure. Vielleicht erinnern Sie sich an diesen Merkspruch aus der Schule: Niemals Wasser in die Säure …"

„… sonst geschieht das Ungeheure", setzte Hartmann fort, dem dieser Vers schon in der Schule wie ein Beispiel für die bemerkenswerte geistige Schlichtheit der Naturwissenschaftler vorgekommen war. „Es fängt an zu spritzen, nicht wahr? Nur schade, dass kein solcher Vers für Lauge existiert … warten Sie, da fällt mir einer ein: Niemals Wasser in die Lauge, denn das geht vielleicht ins Auge!"

„Klingt hübsch, ist aber nicht ganz zutreffend", sagte Pettenkoffer, dem der Hohn zu entgehen schien. „Gegenüber Schwefelsäure ist Natronlauge harmlos. Aber Sie haben recht: *wenn* sie spritzt, kann das Ihr Augenlicht kosten. Jedenfalls treibt die Verdünnungswärme den Prozess an. Durch die fortlaufende Verdünnung sinkt aber der Siedepunkt der Lauge ab. Wir füllen den Laugenkessel zum Beispiel mit einer Mischung aus hundert Kilo Natriumhydroxid – das ist reine, wasserfreie Natronlauge – und dreißig Kilo Wasser. Diese Mischung lässt sich auf zweihundert Grad erhitzen; erst bei dieser Temperatur fängt sie an zu kochen. Das Wasser im Kessel darüber hat dann zwölf Atmosphären Überdruck. Ich betreibe die Zylinder aber nur mit sechs Atmosphären Überdruck; es reicht also locker. Mit laufendem Betrieb nimmt aber die Konzentration der Lauge immer mehr ab. Wenn sie dreißig Kilo Wasser zusätzlich aufgenommen hat, liegt der Siedepunkt bei hundertsechsundsechzig Grad. Das ist die Siedetemperatur des Wassers bei meinen sechs Atmosphären Überdruck. Von nun an kann nicht mehr der gesamte Abdampf in der Lauge absorbiert werden, der Dampf entweicht aus der Lauge ins Freie, keine Kondensation mehr, heißt: kein Wasser wird mehr nachverdampft, der Prozess kommt zum Stillstand. Die Lok auch."

„Und wie lang dauert das?", fragte Hartmann.

„Bei dieser Lok hier vier bis fünf Stunden."

Peter Hartmann dachte eine Weile nach.

„Ungefähr versteh ich's", sagte er dann. „Wo der Vorteil gegenüber einer normalen Dampflok liegt, allerdings nicht. Was machen Sie mit der verdünnten Lauge? Wegschütten?"

„Natürlich nicht. Die Lauge wird auf der Station wieder eingedampft, konzentriert und neuerlich verwendet."

„Also müssen Sie *doch* irgendwo ein Feuer unterhalten! Warum heizen Sie dann die Lok nicht direkt? Warum der komplizierte Umweg über die Natronlauge?"

„Im Prinzip haben Sie recht. Aber Ende des letzten Jahrhunderts wurden sogenannte feuerlose Lokomotiven nach dem System Lamm-Francq auf Straßenbahnen eingesetzt. Dabei hat man einfach überhitztes Wasser in einem großen Kessel mitgeführt. Das setzt so lange hochgespannten Dampf frei, bis die Temperatur auf einhundert Grad abgesunken ist. So eine Lok ist aber nur eine Stunde gefahren, dann musste in der Füllstation neuer Heißdampf eingepresst werden. Bei fünfzehn Atü! Das war für damalige Kesselkonstruktionen zu gefährlich. 1883 hat dann der geniale Industrielle Moritz Honigmann die feuerlose Natronlokomotive erfunden. Diese Lok hier. Er besaß eine Fabrik für Ätznatron in Grevenberg. Das liegt bei Aachen. Ja …"

Seine Stimme erstarb, er schaute gedankenverloren in den Urwald hinaus, der mit gleichmäßiger Geschwindigkeit an ihnen vorbeizog. Die Lok lief so ruhig, dass man sich ohne Mühe der Täuschung hingeben konnte: Das Fahrzeug steht; was sich bewegt, ist nur die ganze Welt. Peter Hartmann fühlte sich plötzlich sehr müde. In einer Ecke des Führerstandes gab es einen Hocker, fest am Boden angeschraubt. Er setzte sich.

„Der normale Dampfbetrieb", fuhr Pettenkoffer fort, „war auf der Straßenbahn problematisch. Dampf und Qualm wurden in zweieinhalb Metern Höhe freigesetzt – mitten in der

Stadt. Eine erhebliche Belästigung. Außerdem wurden die Pferde scheu, wenn direkt daneben Dampf aus einem Schornstein quoll. Man brauchte also eine Lok, die nicht nur sehr leise war, sondern weder Rauch noch Abdampf emittierte."

„Eine E-Lok", sagte Peter Hartmann.

„Richtig. Die hat sich ja dann später auch durchgesetzt. Aber in einer kurzen Phase davor war es eben die Honigmann'sche Natronlok. Allerdings nur im Probebetrieb. Als Straßenbahnlok in Berlin und Aachen, als Grubenlok in der Grube „Maria" der Hoengener Bergwerks-AG und für die Königsgrube der Vereinigungsgesellschaft in Kohlscheid bei Aachen; dann als Vollbahnlok der Aachener Industriebahn nach Jülich."

„Pferdeeisenbahn? Warum sind die nicht dabei geblieben?"

„Es gab auf der Strecke solche Steigungen, dass die Passagiere manchmal aussteigen mussten, sonst hätten es die Pferde nicht geschafft."

„Das ist nicht im Sinne des Erfinders", sagte Hartmann fröhlich. Die Vorstellung einer Menschenmenge, die in glühender Sommerhitze neben einer leeren Straßenbahn hertrottet, die mit Ach und Krach von ein paar Gäulen eine Straße hochgezogen wird – diese Vorstellung erheiterte ihn.

„Eben. Deshalb wurde ja dann die Natronlok eingesetzt. Versuchsweise."

„Hat sich aber nicht durchgesetzt. Ich hab noch nie von so einer Lok gehört", sagte Peter Hartmann. „Ich meine, das Prinzip ist doch vielversprechend … oder war der Elektroantrieb dann so viel besser?"

„War er nicht. Außerdem brauchen Sie für Elektroantrieb erst einmal ein E-Werk. Neue Technologie am Ende des 19. Jahrhunderts. Nein, nein, der Grund liegt einfach darin, dass die Natronlauge den Eindampfkessel korrodiert hat. Der hat das auf die Dauer nicht ausgehalten. Darauf verschwand die Natronlok sang- und klanglos nicht nur von der Bildfläche, sondern auch aus dem Bewusstsein der Techniker." Er deutete mit weitausholender Geste in den Urwald hinein. „Fragen Sie einen beliebigen Ingenieur nach Moritz Honigmann, nach der Natronlok! – Nicht einmal bei Eisenbahnfanatikern ernten sie mehr als verwunderte Blicke. Menschen, die Ihnen jeden Loktyp einer gottverlassenen, krähwinklerischen Schmalspurbahn im Detail beschreiben können, haben von Honigmann auch nur den Namen gehört! Zu schweigen davon, dass die meisten Menschen nicht wissen, was Natronlauge ist. Eine verschwindende Minderheit erinnert sich daran als ein Mittel, alte Farbe abzubeizen, wenn nichts anderes mehr hilft. Oder haben Sie was von Natronlauge gewusst?"

„Ich hab ein Schreibwarengeschäft", sagte Peter Hartmann.

„Sehen Sie! Sie haben keine Ahnung. Das ist eines der großen Rätsel dieser Zeit … ich hab das nie begriffen."

„Was meinen Sie? Dass niemand weiß, was es mit Natronlauge und Moritz Honigmann auf sich hat?"

Pettenkoffer schien den Spott nicht zu merken. Peter Hartmann kam sich mit einem Mal unendlich blöd vor.

„Es geht doch gar nicht um die Natronlauge", sagte Pettenkoffer ruhig. „Sie könnten auch etwas anderes fragen. Irgendeinen dahergefahrenen Autobesitzer. Fragen Sie ihn doch, wie seine Karre funktioniert! Beim Automotor, als der Standardmaschine des Zeitalters, werden Sie noch was von Zylindern, Kolben, Benzin-Luft-Gemisch und so weiter zu hören bekommen. Aber nichts über den zweiten Hauptsatz der Wärmelehre, der ihn so begrenzt wie jede andere Wärmekraftmaschine. Schön. Und nun fragen Sie ihn, den Autofahrer, wie das Autoradio funktioniert; das Radio überhaupt. Was meinen Sie, was Sie da zu hören kriegen?"

„Nichts. Natürlich nichts. Wie komm ich auch dazu, ihn so was zu fragen? Ich weiß es ja selbst nicht."

Pettenkoffer sah ihn breit lächelnd an. „Das haben Sie eben sehr schön ausgedrückt", sagte er milde. „Wie kommen Sie dazu, den armen Autofahrer so etwas Schwieriges zu fragen; Sie sehen sich in der Rolle des Lehrers, nicht wahr? In der Tat:

Wenn der Lehrer etwas fragt, was er selber nicht weiß, ist das eine Unverschämtheit."

Hartmann war verwirrt. Sein leichter Kopfschmerz machte sich wieder bemerkbar. Vom linken Ohr zog er nach vorn zur Stirn. Der schnelle Wechsel zwischen Hell und Dunkel hatte damit zu tun. Hartmann wandte den Blick von den stängelartigen Bäumen ab und konzentrierte sich auf das ruhige Grün des Natronkessels. Der Wald sieht lächerlich aus, dachte er. Eine Art Riesengemüse. Verschroben. Genau wie dieser Pettenkoffer, dem es hier zu gefallen scheint. Wie konnten sie nur in eine so idiotische Gegend reisen. Sophias Idee. Plötzlich war er sicher: Das hier hatte Sophia ausgesucht.

„Ich kann Ihnen nicht ganz folgen", sagte er. „Worauf wollen Sie hinaus?"

„Wissen ist mit einem Zwang belastet. Mit dem Zwang, wissen zu *müssen* oder wenigstens zu *sollen.* Wie funktioniert das Radio? Was ist Natronlauge? Wann lebte Karl der Dicke? Wer war der überhaupt? All das sollten wir wissen. Wer sagt das? Die Eltern, die Lehrer. Die Existenz der Zivilisation hänge davon ab, sagen sie uns, wenn wir etwas älter sind. Sie haben recht. Aber wir wollen nicht. Es *interessiert* uns nicht. Man zwingt uns, diese Sachen zu lernen. Es wird *geprüft.* Danach vergessen wir das meiste so schnell wie möglich. Bis auf die paar Prozent, die uns *interessieren*, die auch nötig sind für unseren Lebensunterhalt."

„Sie mögen recht haben", sagte Hartmann gereizt. Der Kopfschmerz hatte sich verstärkt. Das Grün des Natronkessels nützte nichts mehr. Er kam sich angegriffen vor.

„Ja", sagte Pettenkoffer langsam, „ich glaube wirklich, ich habe recht. Die Situation ist doch höchst merkwürdig. Die Zivilisation hängt von einem Wissen ab, das sich im Vergleich zu früheren Jahrhunderten zu Gebirgen türmt. Aber nur sehr wenige Menschen beherrschen auch nur Teile dieses Wissens. Die Chance, so jemandem zufällig auf der Straße zu begegnen, ist praktisch null. Nun vergleichen Sie diese Lage mit dem Mittelalter: Das Wissen, von dem das Mittelalter abhängig war, technisch abhängig – dieses Wissen hat jeder gehabt. Auf die Frage ‚Wie funktioniert das?' hätten Sie erschöpfende Antworten bekommen. Ein Pflug, ein Fuhrwerk. Alles kein Geheimnis. Man *sieht*, wie es funktioniert. Man braucht es nicht zu lernen."

„Ja, ja!", rief Hartmann. Pettenkoffers Monolog ging ihm auf die Nerven. „Wird schon so sein, wie Sie sagen! Aber worauf wollen Sie hinaus? Dass wir dümmer sind als die Menschen im Mittelalter? Von mir aus! Sind wir eben dümmer. Mir macht das nichts aus!"

„Nein, wir sind nicht dümmer. Wir leben nur in einem Zeitalter der Magie. Das Mittelalter war ein Zeitalter des Glaubens. Wir tun Dinge, die Göttern vorbehalten waren: Wir sehen und hören, was in der Ferne vorgeht, wir bewegen uns schneller als der Wind, fahren über den Himmel, decken unsere Tische mit Zauberhand, lassen die Nacht zum Tage werden. Mit Zauberhand. Darin liegt es. Zaubern kann man, man lernt es nicht. Genau wie die Götter der Alten tun wir diese Dinge, genau wie sie wissen wir nicht, wie wir das tun."

Hartmann sagte nichts darauf. Er machte sich Gedanken um seine Frau. Sie werde sicher nachkommen, hatte der Alte gesagt. Er glaubte ihm, dennoch steckte in der Information ein Nebensinn, der ihn beunruhigen sollte; ein Zusatz, den er nicht festzumachen wusste.

„Wie weit ist es zum Hotel?", fragte er.

„Zum Hotel? Ich glaube kaum, dass es hier in der Nähe ein Hotel gibt ..."

„Ich meine ja nicht direkt in der Nähe", sagte Hartmann, der sich über so viel Begriffsstutzigkeit ärgerte.

„Ich meine das Hotel, das wir gebucht haben ... meine Frau und ich ... vielleicht ist es auch eine Art Lodge, so mit Bungalows ... ich will sagen, die Unterkunft, verstehen Sie, irgendwo müssen wir doch wohnen ..." Er merkte, wie er den Faden verlor. Alles, was er von sich gab, hörte sich nun unglaublich töricht an. An Pettenkoffers Miene war das nicht abzulesen, der schaute ihn nur an, mäßig interessiert. Klingt so, dachte er, als hätte ich vergessen, wie das Hotel heißt. Wie soll ich wissen, wie das Scheißhotel heißt. Ich weiß ja nicht einmal, wie das Scheißland heißt.

„Ich hab vergessen, wie das Hotel heißt", sagte er. Trotz schwang darin mit. „Einfach vergessen." Er lächelte. „Drum sind wir ja gefahren, weiter weg, meine ich. Richtig ausspannen, erholen. Hat keinen Zweck, immer nur dieser Rummel auf den Kanaren, hat Sophia gesagt. – Sophia ist meine Frau."

„Aha", sagte Pettenkoffer. Er konzentrierte sich wieder auf die Strecke.

„Das ist keine Erholung, hat sie gesagt, keine *richtige*, verstehen Sie? Wir sollten wohin, wo nichts los ist, kein Diskolärm, keine deutschen Bierlokale, keine Animateure – richtig raus. Ans Ende der Welt!" Er lachte plötzlich. „Das hat sie gesagt!", rief er. „Wörtlich! Ans Ende der Welt!"

Pettenkoffer räusperte sich. Dennoch klang seine Stimme heiser, als er sprach.

„Da hat es Ihre Frau aber gut getroffen. Ans Ende der Welt … ich glaube, da sind Sie hingekommen …"

„Nicht als Einziger", unterbrach ihn Hartmann. „Sehen Sie die zwei dort vorn? Die wollen mitgenommen werden, glaub ich. Wie sagt man da: Per Lokstopp? Bahnstopp?"

Pettenkoffer verlangsamte die Fahrt.

„Sie haben gute Augen", sagte er. „Ich hätte die noch nicht gesehen." Hartmann spürte, wie er rot wurde. Er fragte sich, wann er das letzte Mal gelobt worden war. Er konnte sich nicht erinnern. Als Kind vielleicht. Als Erwachsener hatte ihn niemand gelobt. Sophia auch nicht. Nie. Das war einer der Gründe, die dazu geführt hatten … wozu geführt? Plötzlich war ihm klar, dass mit Sophia etwas ganz entschieden nicht stimmte … nein, nein, nicht mit ihr, mit seinem Verhältnis zu ihr oder ihrem zu ihm, oder wie man das …

Vorbereitungen

Bürgermeister Gottfried Stormberger schlich sich durch Nebengassen zum Rathaus. Aus der Ferne – einer allzu nahen Ferne, fand er – brandete der Lärm der Sprechchöre herüber. Damit wollte er nichts zu tun haben. Eine Demonstration sei im Gange, hatte Schnetzer gesagt. Zehntausend Menschen. Krach machten sie wie hunderttausend. Stormberger verstand nur: „Nieder mit dem Carbon!“ Dagegen war nichts zu sagen. Die Sprechchöre an sich störten ihn. Das war keine Stadt, in der so etwas zum politischen Alltag gehörte. Es war unheimlich und extrem unerfreulich. Er hatte Angst. Die Spiegelgasse, durch die er huschte, verlief zwischen Villen und Terrassenhäusern, in deren Erdgeschoßen Anwälte und Ärzte ihre Praxen hatten. Es war nicht weit vom Zentrum und doch im Grünen. Alter Baumbestand.

Alles wie ausgestorben, kein einziges Fenster erleuchtet. Die sind abgehauen, dachte er, die feinen Leute haben sich verdrückt. Sieht ihnen ähnlich, den Patriziern, die haben feine Nasen für so was. Nur er, der Bürgermeister dieser unglücklichen Stadt, hatte natürlich erst etwas mitgekriegt, als es längst zu spät war. Deshalb schlich er wie ein Verbrecher ins eigene Rathaus. Im Schutz der Dunkelheit. Weil er nicht wusste, was die Demonstranten mit ihm anstellen würden.

Dann dachte er daran, was Schnetzer erzählt hatte. Notstand in Ungarn usw.

Er bog in eine Querstraße ein. Hier war die Straßenbeleuchtung intakt. In einer Einfahrt blieb er stehen. Es war ein Fehler gewesen, sich von Schnetzer zu trennen. Der Postenkommandant hätte vielleicht gewusst, was nun zu tun war. Der Bürgermeister wusste es nicht. Er wollte ins Rathaus – so hatte noch auf der Brücke der Plan ausgesehen. Im Rathaus würde er die Maßnahmen koordinieren, an diesem Satz hatte er sich die letzte halbe Stunde festgehalten; nicht an der Vorstellung, denn er verband keine damit. Das wurde nun grausam deutlich. Maßnahmen koordinieren – welche Maßnahmen? Er schämte sich. Er kam sich vor wie ein Versager. Sollte er wirklich zum Rathaus? Es lag in der Mitte der Stadt, genau dort, wo die Demonstration im Gange war. Jetzt lief er schon eineinhalb Kilometer parallel neben der Stadtstraße her, und noch immer dröhnte das aggressive Gebrüll herüber, eine Massenkundgebung, wie sie die Stadt noch nicht gesehen hatte.

Der Friedhof fiel ihm ein, der mit seiner hinteren Schmalseite unmittelbar an das Rathaus grenzte, dort, hoffte er, würde niemand sein.

So war es auch. Nicht nur der Friedhof lag still und verlassen im Licht der Sterne, auch die Straße davor. Das Tor stand offen; er hoffte, das war immer so und nicht auf einen Jemand mit trüben Absichten zurückzuführen, der sich jetzt dort aufhielt; gleichzeitig empfand er so etwas wie Scham, dass er als Bürgermeister nicht wusste, ob das Friedhofstor offen, angelehnt oder geschlossen zu sein hatte. Sicher gab es eine Verordnung darüber.

Er hielt sich rechts hart an der Mauer, in deren Schatten er völlig verschwand, ging leise hinter den Grabreihen zum Rathaus hinunter. Er schien allein zu sein; die Menschenmenge vor dem Gebäude war jedoch nicht zu überhören. Megafongeplärre, das Tosen der Massen. Zu verstehen war nichts.

Dann stand er an der Rückfront. Alle Fenster dunkel. Es gab keine Tür, die auf den Friedhof hinausführte, dafür einen angebauten Schuppen mit mäßig steilem Ziegeldach, das bis dicht unter die Fenster im ersten Stock hinaufreichte. Für den Schuppen passte der Universalschlüssel der Stadtverwaltung, den er nicht am Schlüsselbund, sondern als Anhänger um den Hals trug.

Im Schuppen herrschte pechschwarze Nacht. Er tastete nach dem Schalter, zog die Tür hinter sich zu und machte Licht. Eine nackte Glühbirne an der Decke, rundum Geräte für Erdarbeiten, Schubkarren, Bretter und Seile, die düstere Vorstellungen hervorriefen. Er vermied es, die Grabkreuze im hinteren Teil anzusehen. Was er suchte, lag gleich neben der Tür, eine Klappleiter aus Aluminium. Einen Hammer nahm er auch mit.

Draußen stellte er die Leiter ans Dach des Schuppens. Das Ziegeldach war trocken und nicht so steil, wie er befürchtet hatte. Die Scheiben machten entsetzlichen Krach; auf der Vorderseite würde aber nichts zu hören sein. Beim Einsteigen warf er noch einen großen Blumentopf vom Fensterbrett, lange blieb er im dunklen Zimmer stehen und lauschte. Hinter dem Haus die glänzende Aluleiter, im ersten Stock die zertrümmerte Fensterscheibe, im Inneren demolierte Einrichtung. Genauso gut kann ich mir ein Schild mit der Aufschrift „Einbrecher" umhängen, dachte er.

Das Büro gehörte zur Abteilung IV, Rechnungswesen. Die Namen der beiden Sachbearbeiter, die hier saßen, fielen ihm nicht ein; so ein kleiner Dunkler und ein ziemlich Dicker – er kam einfach nicht drauf. Aber er wusste genau, wo er war. Sein Büro lag auf demselben Stockwerk weiter vorn, der Straße zu.

Als er die Tür aufmachte, lief er in einen blendenden Lichtkegel und Polizistengebrüll, das sich nach einer ganzen Einsatztruppe anhörte, tatsächlich aber nur vom Revierinspektor Amann stammte, der mit seiner Glock dem Bürgermeister vor dem Gesicht herumfuchtelte – ein paar recht lange Sekunden. Das angstverzerrte Gesicht des Beamten Amann erkannte er sofort. Seltsamerweise fiel ihm auch der Name dazu ein. Das Erkennen und richtige Einordnen dauerte bei Amann etwas länger, dann richtete er den Taschenlampenstrahl auf den Boden, steckte die Pistole ein und stammelte Entschuldigungen, die bald in Vorwürfe übergingen. Wenn er ihn erschossen hätte, wäre er, der Bürgermeister, nicht ganz unschuldig daran gewesen, von wegen ins Rathaus einbrechen …

„Ja, ja", sagte Stormberger, der unkontrolliert zitterte. Der Schock machte sich bemerkbar, er taumelte ins Büro zurück und ließ sich auf den Drehstuhl sinken, auf dem sonst der dicke Sachbearbeiter saß, der bei der Weihnachtsfeier im städtischen Altersheim als Nikolaus auftrat. Der Name fiel ihm immer noch nicht ein. Tiefe Bitternis erfüllte ihn. Der dicke Sachbearbeiter für Rechnungswesen war ebenso fort wie sein Name, das letzte Weihnachtsfest und alles andere, was Bürgermeister Stormberger einst schal und alltäglich vorgekommen, ihm in Wahrheit aber, das wusste er jetzt, lieb und wert gewesen war.

„Wie ist die Lage?", fragte er. „Was machen Sie eigentlich hier? Wo sind die anderen?" Amann schwieg. Zu viele Fragen auf einmal. Wie ist die Lage? Was stellte er sich eigentlich vor, der Herr Bürgermeister?

„Ich habe keine Ahnung", sagte er. „Ich bin allein hier, wenn Ihnen das weiterhilft … ein paar von den anderen sind bei der Demonstration", kam er einer neuerlichen Frage des Bürgermeisters zuvor. Stormberger stand langsam auf. Er fühlte sich betäubt.

„Gehen wir in mein Büro", sagte er. Auf dem Weg in den vorderen Gebäudeteil schlug Amann vor, sie sollten sich im zweiten Stock postieren, von dort sei besserer Überblick. Die Demonstranten kümmerten sich nicht um das Rathaus, sagte er, sie hätten nur Augen und Ohren für einen bestimmten Redner; er wolle aber keine Aufmerksamkeit aufs Rathaus ziehen, weil die Masse der Obrigkeit feindlich gegenüberstehe, so viel könne er mit Sicherheit sagen, er habe deshalb kein Licht gemacht. Der Bürgermeister lobte ihn für seine Umsicht. Im zweiten Stock näherten sie sich vorsichtig dem Fenster eines nach vorn liegenden Büros.

Der Redner, der die Masse in Bann geschlagen hatte, stand auf dem Dach eines Lieferwagens und bellte in ein Mikrofon. An den Bäumen auf dem Vorplatz waren Lautsprecherboxen angebracht. Die beiden Lauscher konnten nicht nur alles hören, im Mondlicht schien die Szenerie fast überhell ausgeleuchtet, jedes Gesicht war zu erkennen. Amann schätzte die Menge auf ein paar Tausend Leute. Sie standen dicht an dicht auf dem

Vorplatz und auf der breiten Stadtstraße, die am Rathaus vorbeiführte, auf dem kleinen Park gegenüber bis in die Straßen hinein, die von dort in die Innenstadt reichten. Und alle hörten der grollenden Stimme zu.

„… und noch etwas, liebe Freunde! Habt ihr einen einzigen Vertreter der Stadt hier gesehen? Schaut einmal zum Rathaus hinüber! Ist da irgendjemand?“ In der rhetorischen Pause wandten sich zehntausend Gesichter zum Rathaus, Stormberger spürte deutlich, wie sein Herz einen Augenblick aussetzte. Das Ende, dachte er. Das Ende. Nur diesen einen Gedanken.

Aber es war nicht das Ende. Der Mann auf dem Lieferwagen sprach weiter.

„Woher das Grünzeug kommt, ist uns klar: aus den Labors verrückter Wissenschaftler. Das hat doch alles nichts mit Natur zu tun. Diese Bäume sind keine richtigen Bäume. Es sind Monster. Es sind Kreaturen der Hölle. Und sie müssen vernichtet werden!“ Der Applaus, der sich diesen Worten anschloss, war von einer Art, wie ihn Stormberger noch nie gehört hatte. Die Leute brüllten wie die Verdammten. Mit einem Mal war ihm alles klar; sie schrien aus Angst vor dem Unbekannten, aber auch aus Angst vor Dingen, die sie gleich selber tun würden und an die zu tun sie nicht einmal gedacht hatten.

* * *

„Das hätte ich ihm nie zugetraut“, sagte Floriani auf dem Dach des Museums, „ein Demagoge! Oskar Klein, der Demagoge!“

„Sie kennen ihn?“, fragte Frau Dr. Wellenhof.

„Er ist Privatdetektiv“, erklärte er. „Ich kenn ihn von der Schule. Ein komischer Typ, er war immer so … ich kann es nicht richtig ausdrücken …“

„… Feuer, Feuer, Feuer ist das Einzige, was uns helfen wird, liebe Freunde! Das ist erwiesen, ich werd es euch gleich zeigen. Sonst kann man gegen diese Höllenpflanzen nichts unternehmen, das habt ihr alle selbst erlebt …“ Tumultuarischer

Beifall. „Man kann sie nicht ausreißen, nicht abhacken, nicht umschneiden: Das liegt an dem Gas, das sie absondern …"

Beim Stichwort „Gas" steigerte sich das Brüllen der Menge zu wütendem Gekreisch, kollektivem Geifern.

„Er wird kein einziges Mal unterbrochen", staunte Floriani, „er weiß genau, an welchen Stellen sie schreien müssen, und lässt ihnen Zeit! Ich hab nicht gewusst, dass er das kann."

„Wir wachsen alle mit unseren Aufgaben", sagte Frau Dr. Wellenhof kühl. Moser und Strasser waren schon am Einpacken.

„Es wird Zeit, dass wir verschwinden", sagte Frau Dr. Wellenhof.

„Sie hat vollkommen recht", sagte Ilse.

„Was meinen Sie mit verschwinden?" Floriani war laut, ohne es zu wollen. „Im Sinne von Abhauen, die Biege machen – nicht mehr zurückkommen?"

Frau Dr. Wellenhof holte tief Luft. „Genau in diesem Sinn", sagte sie scharf. „Den Geifer, den ihr sogenannter Schulfreund dort drüben produziert, spuckt er in unsere Richtung, in Richtung Wissenschaft, Rationalität, ruhiger Überlegung. Das hier ist zweifellos ein Ort der Wissenschaft. Der einzige weit und breit. Glauben Sie, ich warte, bis denen das auch einfällt?"

Die anderen sagten nichts. Die Direktorin beruhigte sich.

„Die Leute machen einen irren Eindruck … ich habe Angst", setzte sie nach einer Pause hinzu.

„Schön, ein bisschen Angst haben wir alle …", entgegnete Floriani.

„Bei Ihnen hab ich da gewisse Zweifel. Ich wollte nichts sagen, aber da Sie mir ja direkt Feigheit vorwerfen …"

„Was für Zweifel?", unterbrach er.

„An Ihrer Zurechnungsfähigkeit. Es mangelt Ihnen an ganz natürlicher Vorsicht! Sie begehen Ehebruch, und das gleich mit der Frau des Bürgermeisters! Dann turnen Sie auf einem steilen Dach herum! Und jetzt sollen wir alle hierbleiben und zuschauen, wie diese Horden das Museum stürmen!"

Sie verstummte plötzlich und hätte im selben Augenblick ihre Karriere dafür geopfert, die Worte zurückholen zu können. Sie spürte, wie sie rot wurde, was in der Dunkelheit zum Glück keiner sehen konnte.

„Sie hat recht“, sagte Ilse. „Eigentlich hat sie recht, das musst du zugeben.“ Floriani war erstaunt über diese Äußerung.

„Aber ich will dich nicht kritisieren“, fügte sie rasch hinzu, „ich mach es ja genauso, ich meine, ich begehe ja auch Ehebruch … was für ein Wort!“ Sie lachte. „Und ich klettere auch über steile Dächer – ohne Angst vor dem Hinunterfallen, es kommt mir nur … ich weiß nicht, wie ich das sagen soll …“

„… es kommt Ihnen ganz normal vor?“, fragte die Direktorin.

„Ich weiß, Sie haben recht mit dem, was Sie sagen, aber gleichzeitig weiß ich … es stimmt nur theoretisch. Praktisch ist es schon richtig, was wir tun.“ Sie fasste Floriani am Arm und drückte sich eng an ihn. Frau Wellenhof war das alles nur noch peinlich. Alle blickten sie an und erwarteten etwas von ihr. Wahrscheinlich sollte sie sich nun zum Thema Ehebruch äußern.

„Zeit zum Abhauen“, sagte Strasser. „Los, Toni, komm jetzt!“

„Ich komm ja schon!“ Floriani klang beleidigt. „Hab ich vielleicht gesagt, wir sollen hierbleiben?“

Moser bewies eine Fürsorglichkeit, die ihm niemand zugetraut hätte, und führte die Frau Direktor zur Dachtür. Mit einer Hand stützte er sie, in der anderen trug er die Kabelrolle.

Floriani und Strasser gingen als Letzte. Moser und Strasser beleuchteten die engen Stiegen mit ihren Taschenlampen. Im Foyer machten sie die Lampen aus. Der Hinterhof war völlig dunkel. Über die Mauer tönte das Geschrei Oskar Kleins und das Gegengeschrei der Massen. Diese Massen reichten bis ans Tor in dieser Mauer heran. Strasser und Moser verstauten die Gerätschaft im Wagen und kehrten ins Haus zurück. Es war unmöglich, das Tor aufzumachen und hinauszufahren; mitten hinein in eine Versammlung von Fanatikern.

Frau Dr. Wellenhof ging zum Vordereingang, schloss die Tür auf, winkte ihnen zu. Hier stand niemand mehr, die Seitengasse war leer. Als alle draußen waren, schloss sie zu.

„Wohin?", fragte Ilse.

„Zum Studio", sagte Floriani. „Ich muss dorthin, Moser und Strasser auch."

„Ich schließe mich an", sagte die Direktorin. „Wir gehen am besten einzeln in großem Abstand … damit wir nicht aussehen wie eine Gruppe." Schweigend setzten sie sich in Bewegung, aber nicht einzeln, wie sie gefordert hatte. Moser ließ es sich nicht nehmen, sie zu begleiten. Er ging mit der Direktorin voran. Dann kam Strasser. Allein. Am Schluss Ilse und Floriani. Eingehakt. Als sie in die nächste Seitenstraße einbogen, drehte sich niemand nach dem Museum um.

* * *

„Was also hilft noch? Sollen wir warten, bis die Regierung Hilfe schickt? Habt ihr bis jetzt was gesehen von der Regierung?"

„Neeeiiin!", brüllte die Menge.

„Und warum? Weil die Regierung unfähig ist, vollkommen unfähig. Eine einzige Bande von Schwätzern und Schmarotzern! Daher sage ich euch, liebe Freunde: Helfen können wir uns nur selber! Wir müssen die Pflanzen verbrennen, systematisch verbrennen. Sie sind abartig, verdorben, pervers. Wo das Schwert versagt, helfe die Flamme! Verbrennt sie, rottet sie aus mit Stumpf und Stiel!"

Der Applaus nach diesem Aufruf donnerte wie ein Orkan. Es zitterten die Fensterscheiben, hinter denen Bürgermeister Stormberger einen Schritt zurücktrat wie vor plötzlich auflodernder Glut.

„Sehen Sie die drei in Uniform? Da drüben, gleich beim Auto, auf dem er steht?", sagte Amann. „Die lieben Kollegen!"

„Aber warum? Ich versteh das alles nicht. Das ist doch keine bloße Pflichtverletzung mehr, das ist … das ist … Hochverrat!"

Stormberger konnte sich unter Hochverrat nicht viel Konkretes vorstellen, nur, dass man dafür erschossen wurde. So etwas gab es heute nicht mehr; wie Sockenhalter und Gamaschen. Oder doch? Amann nickte nur, sprach aber kein Wort.

„Wer sich anschließen will, der komme her! Gleich hier kann er sich einteilen lassen. Gegen den organisierten Feind muss organisierter Widerstand geleistet werden. Handelt nicht auf eigene Faust! Diese sogenannten Pflanzen sind ebenso tückisch wie die verbrecherische Kaste, die sie erfunden hat! Der Einzelne ist machtlos. Der Einzelne ist nichts. Aber wenn wir entschlossen zusammenstehen, überwinden wir jede Tücke, zerschlagen wir jeden Feind, rotten wir das Abartige aus!"

„Wir müssen hier raus!", schrie Amann, um das Gebrüll von draußen zu übertönen. „Wer weiß, was der vorhat! Kommen Sie!" Bürgermeister Stormberger folgte seinem Untergebenen ins Erdgeschoß. Ich habe einen Vasallen, dachte er, wunderte sich über das Wort „Vasall", das ihm so leicht zugefallen war. Aber es stimmte doch. Er hatte einen Vasallen, der sich gebunden fühlte – an ihn, die Person des Bürgermeisters, nicht an Dienstvorschrift, Besoldungsschema und sogenannte Vorgesetzte. Den Lehensherrn hatte sich Amann selbst erwählt. Dabei hatte Stormberger im Augenblick kein Lehen zu verteilen. Er war gerührt.

Amann zog im Dienstzimmer Zivilkleidung an. Die beiden verließen das Haus auf demselben Weg, den der Bürgermeister benutzt hatte, um hineinzukommen.

„Wohin jetzt?", fragte er auf der Seitenstraße hinter dem Friedhof.

„Zu mir nach Hause", sagte Amann. „Dort sind wir sicher. Nach mir sucht keiner …"

„Wollen Sie damit sagen, bei mir zu Hause ist es nicht sicher?"

„Wer weiß, was denen alles einfällt …"

Es fielen ihnen Dinge ein, die sogar den vorausschauenden Amann in Erstaunen versetzt hätten. Zunächst meldeten sich ein paar Hundert zu den „Brandbrigaden“ von Oskar Klein. Er hatte sich zum Sekretär eines Exekutivkomitees wählen lassen, das außer ihm aus vierzehn Personen bestand, deren Namen nur teilweise überliefert sind; die Nachwelt hat dieses Versäumnis angesichts der Aktivitäten des Komitees leicht verschmerzt. Nie hat irgendwer bezweifelt, dass sie es gut gemeint haben, alle fünfzehn. Überliefert ist, dass seltsamerweise gleich zwei Apotheker dazugehörten und der Gymnasialprofessor Erhart. Das Exekutivkomitee übernahm also die Macht in der Stadt D. Die Freiwilligen wurden in Gruppen zu zehn Mann eingeteilt, fünf solche Gruppen bildeten eine Brandbrigade, fünf Brigaden ein Regiment. Gruppe 1 bis 4 jeder Brigade war für den operativen Einsatz vorgesehen, Gruppe 5 für die Logistik. Diese Gruppen wurden auch als Erste tätig. Versehen mit roten Armbinden und Maschinenpistolen von der Polizei begannen sie, in allen Tankstellen der Stadt sämtliche Vorräte an Benzin und Dieselöl zu beschlagnahmen. Nur in der großen Nordtankstelle kam es zu einem Zwischenfall, in dessen Verlauf der Tankstellenpächter getötet wurde. Sonst bekamen sie alles, was sie wollten: Benzin, Öl, Behälter; heiße Segenswünsche für das große Werk.

Die Zurückbleibenden drangen ins Rathaus ein, das Exekutivkomitee bezog dort sein Hauptquartier. Oskar Klein saß im Zimmer des Bürgermeisters, der offenbar geflohen war, die Brigadeführer in den anderen größeren Räumen im ersten Stock. Die permanente Sitzung des Exekutivkomitees fand im Ratssaal statt, sodass die Mitglieder gar nichts hatten von ihren Büros, weil Oskar Klein streng auf vollzählige Anwesenheit achtete und die Sitzung wirklich permanent war. Dennoch hatte sich nach der Besetzung des leeren Gebäudes jeder sofort ein Büro gesichert, als ob sie es vorher abgesprochen hätten.

„Wir können es kurz machen“, begann Oskar Klein. Sein schwarzer Schopf stand am Hinterkopf steil in die Höhe wie eine Art Kamm, was ihm das Aussehen eines streitlustigen Hahns verlieh. Streitlustig, aber erschöpft. Sein Gesicht war blass.

„Es ist ja eindeutig nachgewiesen, worauf wir unsere Kräfte konzentrieren müssen. Feuer, Feuer und nochmals Feuer! Die Brigaden sind ja schon unterwegs, arbeiten wir also den weiteren Einsatzplan aus. Was machen wir, sobald wir das Material zusammenhaben?"

Zunächst herrschte Schweigen. Klar, sie waren für Oskar Klein, alle, ohne Ausnahme. Aber woher wusste er, dass die Pflanzen verbrennen würden, dass sie sich überhaupt anzünden lassen würden? Niemand von den Versammelten hatte von solchen Versuchen gehört. Niemand schien etwas davon zu wissen. Niemand bis auf Oskar Klein.

„Das geht mir alles zu schnell", sagte jemand aus der Runde. Natürlich der Mittelschulprofessor Erhart. Er sprach laut und klar, gewohnt, Sachverhalte in Köpfe zu bringen, die von denen gar nichts wissen wollten. Niemand konnte sich dieser Stimme und dieser Sprache verschließen.

„Bevor wir uns noch mehr in wilden Aktionismus stürzen", sprach er, „sollten wir alle anderen Möglichkeiten untersuchen. Nur ein paar Fragen: Was ist mit den anderen Städten, mit den anderen Bundesländern? Was sagt man in Wien zur Lage, was hören wir vom Ausland? – Alles anzuzünden ist eine so extreme und gefährliche Maßnahme, dass ich nicht bereit bin, ihr zuzustimmen, bevor sie sich nicht als letztes Mittel erwiesen hat!"

„Also schön." Oskar Klein klang verdrossen. „Sie haben recht, Kollege Erhart. Gehen wir es der Reihe nach durch. Am besten nach den Himmelsrichtungen."

Er trat an eine Karte des Landes, die an einem Gestell befestigt war, an dem sonst Poster und Schaubilder angeklemmt wurden.

„Aus dem Süden höre ich vom Ausbruch der Pflanzen in Feldkirch." Aus einer Schachtel nahm er kreisrunde Papierstückchen und befestigte sie mit Stecknadeln über Feldkirch. Die Papierstückchen waren grasgrün. Dieselbe Farbe wie die der schmalen Rechtecke, mit denen er die Unterbrechungen der Verkehrswege markierte. Er orientierte sich an einer Liste, die er mit einer dem Detektivberuf eigenen Akkuratesse angefertigt hatte. Der Süden füllte sich mit grünen Kreisen und Rechtecken, im Norden war es etwas besser.

„Bedenklich ist die Lage östlich von Feldkirch. Es kam eine einzige Meldung über Pflanzen in Nenzing, dann nichts mehr. Nach Bludenz ist die Verbindung unterbrochen, aus Bludesch hörten wir telefonisch irgendein Gefasel über Veränderung der Landschaft, die Berge werden flacher, heißt es aus dem Gemeindeamt, oder anders gesagt, die Landschaft scheint sich dort in zwei Richtungen zu dehnen …"

Tumult. Mehrere Mitglieder des Exekutivkomitees sprangen auf und schrien durcheinander; es dauerte, bis Oskar Klein wieder zu Wort kam.

„Es tut mir sehr leid", rief er, „aber die Verbindung nach Bludesch ist vor einer halben Stunde auch zusammengebrochen! Zu den anderen Walgaugemeinden gab es gar keine Verbindung! Die Telefone sind tot. Wahrscheinlich hat der Bewuchs die Leitungen zerstört …"

„Und Bregenz, Lindau? Was ist mit der Schweiz? Bregenzerwald?" Sie riefen ihm Orte, Landschaften und Länder zu. Erhart schlug vor, sich über das Fernsehen zu orientieren. In einer Ecke des Saals stand ein Fernsehapparat mit Videorekorder. Oskar Klein schaltete ein. Auf den meisten Kanälen kam nur das Logo der Kabelbetreiber und die lapidare Schrift „Sendeausfall".

Spanische und französische Stationen sendeten noch, leider war unter den fünfzehn Mitgliedern des Exekutivausschusses niemand, der ausreichende Kenntnisse dieser Sprachen hatte. Erhart konnte ein bisschen für den Urlaubsgebrauch, aber nicht so gut, dass er das schnell gesprochene Spanisch der Reporter und Reporterinnen verstanden hätte, die sich in rascher Folge aus verschiedenen Provinzen Spaniens meldeten, wie den Einblendungen zu entnehmen war. Sie sprachen so schnell, weil sie alle am Rande der Hysterie waren, diese Reporter, und man brauchte kein Spanisch, um zu verstehen, warum.

„Scheiße“, murmelte Oskar Klein. „Große, verfluchte Scheiße.“ Den Hintergrund sämtlicher Aufsager bildete das leuchtende Grün wohlbekannter Pflanzen, die sogar aus dem Boden Almerias sprossen, eines der trockensten Gebiete der Halbinsel.

„Das kenn ich vom Urlaub!“, rief einer beim nächsten Bild.

„Das ist die Plaza de las Cibeles in Madrid!“

Gleich darauf erschien das Insert „Plaza de las Cibeles“. Anerkennendes Gemurmel unter den Mitgliedern des Exekutivausschusses. Im Hintergrund die Säulen klassizistischer Bauten, davor die berühmte Plaza selber, zugewachsen mit Staubwedelbäumen und Gewächsen, die riesige Farnblätter auf palmenartigen Stämmen trugen. Dann Schnitt auf den schnauzbärtigen, schwitzenden Reporter, der mehr bellte als sprach. Oskar Klein schaltete weiter. Was der Spanier ihnen erzählen konnte, wussten sie schon.

Bei dem französischen Sender kam alles aus Paris, wie es der zentralistischen Tradition entsprach. Andere Bauten, andere Sprache, dieselben Pflanzen. Oskar Klein arbeitete sich mit der Fernbedienung durch das ganze Spektrum. Beim Lokalsender blieb er hängen. Der hatte beim ersten Durchlauf nichts geboten, jetzt funktionierte er wieder. Eine Dame, die von den meisten als Veronika Wildgruber identifiziert wurde, vor dem Hintergrund des Rathauses und einer Bande Angetrunkener mit Maschinenpistolen.

„… ist im Augenblick noch nicht klar, wie das Ganze vor sich gehen soll. Das Gebäude ist hermetisch abgeriegelt, niemand ohne Erlaubnis wird vorgelassen. Das Exekutivkomitee hat verlautbart, dass in etwa einer Stunde ein offizielles Kommuniqué herausgegeben wird. Gegenstand der Sitzung, die im Augenblick hier im Rathaus stattfindet, ist die Bekämpfung der Pflanzen durch Feuer. Offenbar zu diesem Zweck werden große Mengen Benzin beschlagnahmt. Ich habe jetzt einen Fachmann hier, der uns vielleicht etwas zu diesen Plänen sagen kann …“ Sie trat nach rechts auf einen Mann zu, der brav gewartet hatte. Er trug einen dunkelblauen Anzug, eine Kurzhaarfrisur und eine Brille mit dicken Gläsern.

„Herr Dr. Manfred Geier von der Umweltschutzanstalt des Landes im Bereich … warten Sie …"

„… Instrumentalanalytik", ergänzte er, bevor sie das Wort auf ihrem Zettel gefunden hatte.

„Okay, Herr Dr. Geier, das Exekutivkomitee will offenbar die Pflanzen durch Feuer vernichten. Was halten Sie davon?"

„Ich halte das für eine Schnapsidee", sagte Dr. Geier. „Überstürzter Aktionismus, weiter nichts."

Veronika Wildgruber war verwirrt.

„Entschuldigung, aber das versteh ich nicht, verbrannt ist doch verbrannt …"

„Kein Mensch hat bisher auch nur eine dieser Pflanzen brennen sehen", erläuterte Geier. „Und selbst, wenn sie brennen und verbrennen, was ist mit der Asche? Pflanzenasche ist ein Düngemittel – die Asche dieser neuen Pflanze auch? Sodass nachher alles nur noch schlimmer wird, die Dinger noch aggressiver wachsen? Hat das jemand untersucht? Hat sich das jemand auch nur gefragt? Die Antwort ist beide Male ‚Nein'. Aber Benzin wird beschlagnahmt, um ein ganzes Land niederzubrennen …"

Oskar Klein machte den Apparat aus.

„Theoretikergeschwätz!", rief er. „Wir aber müssen Entscheidungen fällen und durchsetzen. Mit äußerster Entschlossenheit!" Alle „S" ließ er wie Flammenwerfer zischen; im unmäßig gerollten „R" konnte man schon das Knattern der Maschinengewehre hören. Es geschah etwas Seltsames. Statt in Gelächter auszubrechen, starrten die versammelten Mitglieder des Exekutivkomitees – ausschließlich männlichen Geschlechts – auf ihren Anführer und genossen den Schauer, der ihnen über den Rücken lief, die kurzen Nackenhaare sträubte; genossen die Stimme, das Pathos, das fettig von seinen Lippen troff, das sie ersehnt, zu dem zu bekennen sie sich nie getraut hatten. Hier waren sie nun eins, alle unter sich, an ihrer Spitze einer, der es ehrlich meinte.

Oskar Klein spürte, wie ihm das zulief, was er seit der Schulzeit ersehnt und niemals ohne einschränkende Auflagen bekommen hatte; der Seelenstrom, der auf ihn zufloss, ihn umspülte wie die Wasser des Paradieses; kein individuelles, physisches Etwas, sondern das seelische Sein, das Beste, was diese Männer geben konnten, vereint, untrennbar verschmolzen zu einer neuen, machtvollen Einheit reinen Wollens …

„Kein Zögern und Zagen, sage ich euch, wird uns helfen; wer jetzt noch zaudert, zieht uns hinab in den Schmutz! Jawohl, Schmutz und Unrat ist es, was uns bedroht. Da hilft kein Gefühl, kein Deuteln an Tatsachen – aus der Hölle wachsen diese entarteten Pflanzen herauf, schnüren uns die Luft ab. Verbrennt sie! Verbrennt sie! Ins Feuer, ins Feuer!“

Langanhaltender, tosender Applaus, wie man ihn vierzehn Leuten nicht zugetraut hätte. Es klang nach vierhundert.

Als sie sich etwas beruhigt hatten, machten sie die Einsatzpläne.

* * *

Veronika Wildgruber interviewte vor dem Haus Dr. Geier, der wie die Stimme der Vernunft zu ihr sprach; je länger diese Stimme sprach, desto logischer, überzeugender kam ihr vor, was sie hörte, desto zorniger wurde sie über die Bande verantwortungsloser Narren in dem Gebäude. Im Hintergrund, gerade außerhalb des Rathausplatzes, saßen Menschen dicht gedrängt auf dem Boden. Von der Stadt war nichts zu sehen, die Scheinwerfer reichten nicht so weit.

„Noch einmal“, endete Dr. Geier, „wir können doch nicht annehmen, dass strotzend grüne Pflanzen sich verbrennen lassen wie trockenes Papier. Es ist nicht möglich. Natürlich: Mit Unmengen Benzin kann ich wohl eine gewisse oberflächliche Verkohlung erreichen. Ich fürchte, nach einiger Zeit werden sie fröhlich ausschlagen – aus dem Stock.“

„Und was sollte Ihrer Meinung nach geschehen?“

„Ich bin überzeugt, dass diese Gewächse einen Hemmstoff ausstoßen, der Wirbeltiere daran hindert, sie anzugreifen. Diesen Hemmstoff müssen wir isolieren, vielleicht lässt sich dann ein Gegenmittel finden."

„Sie betonen eigens die Wirbeltiere ..."

„Ich bin froh, dass Sie mich das fragen! Es wird doch verschiedentlich von Riesenasseln und Insekten berichtet, die von den Pflanzen fressen. Gegen diese Wesen sind die Bäume offensichtlich machtlos. Das böte doch eine Chance – wenn wir gewisse Fraßfeinde in Massen züchten könnten ..."

„... so eine Art biologische Schädlingsbekämpfung?"

„Exakt! Das braucht natürlich Zeit. Der ganze ökologische Zusammenhang dieses neuartigen Biotops muss erst erforscht werden, dann ergeben sich vielleicht auch Hinweise, wie es überhaupt entstanden ist."

„Sie meinen, dafür gibt es eine natürliche Erklärung?"

„Sicher. Es gibt für alles eine natürliche Erklärung. In manchen Fällen hat man sie nur noch nicht gefunden."

Nachdem sich Dr. Geier solcherart tapfer zur wissenschaftlichen Weltanschauung bekannt hatte, wurde er von Veronika Wildgruber freundlich verabschiedet und verschwand aus dem Bild. Er verschwand aber nicht aus dem Bewusstsein der Maschinenpistolenträger, die seine Ausführungen mitgekriegt hatten. Sie zerrten ihn in ein Auto, fuhren zur Rückseite des Rathauses und brachten ihn in den Friedhofsschuppen. „Du findest dafür sicher eine natürliche Erklärung", sagte der Anführer und verteilte Dr. Geiers Gehirn über die Holzwand.

Frau Mag. Wildgruber ahnte nichts von diesem Vorfall.

„Die Demonstration hat sich beruhigt", berichtete sie. „Das Rathaus wurde bekanntlich friedlich besetzt" – sie hatte damit ihre Reportage begonnen, kam aber nicht davon los – „es war zu diesem Zeitpunkt schon verlassen, die offiziellen Stellen haben die Flucht ergriffen. Die Stadtregierung mit dem Bürgermeister, die Beamten, die Polizei. Mit dem Einzug der neuen Machthaber ins Rathaus hat sich die Masse beruhigt. Sie können das jetzt nicht sehen, aber die ganze Stadt ist immer noch voll mit Menschen, man hat einen Hilfsdienst für die Verpflegung organisiert, die Leute sitzen auf dem Boden, es ist ja recht warm. Ich werde jetzt versuchen, ein paar Statements einzuholen." Sie ging nach hinten auf die Leute zu, die Kamera folgte. Sie beugte sich zu einer jungen, blonden Frau, die mit untergeschlagenen Beinen in der ersten Reihe saß und keine Anstalten machte, aufzustehen. Veronika Wildgruber ging in die Hocke.

„Wie lang sind Sie schon hier?", fragte sie.

„Seit ... ich weiß nicht ... seit es angefangen hat."

„Gegen was demonstrieren Sie?"

„Gegen das Carbon natürlich!"

„Könnten Sie uns einmal erklären, was das für Sie persönlich heißt? Was ist das für Sie, das Carbon?"

„Diese Pflanzen, die sind manipuliert ... Gene und so ... ich glaub, die heißen so, Carbon ..."

„Nein, nein", mischte sich der etwas ältere Mann daneben ein, „das ist falsch. Wie die Pflanzen heißen, weiß kein Mensch. Die Firma heißt so!"

„Ich versteh nicht ganz ..."

„Die Gentechnikfirma, die das Zeug entwickelt hat ..."

„Woher wissen Sie das?"

„Das weiß jeder hier ..."

„Und wissen Sie auch, wo diese Carbonfirma ist?"

„Die sind doch überall!", rief eine Frau mit Brille aus der zweiten Reihe. „Multinationale Konzerne, das kennt man doch! Denen ist das einfach ausgekommen ..."

„Diese Ansicht hab ich auch schon gehört", sagte Veronika Wildgruber, „ich versteh nur nicht, was es für einen Zweck haben soll, diese Pflanzen zu züchten. Wofür sollen die gut sein?"

„Als Holzersatz", sagte der Mann neben der Blondine. „Wegen dem Ozonloch, verstehen Sie? Dagegen machen sie natürlich nichts, da züchten sie lieber gentechnische Bäume, denen das nichts ausmacht, das ganze Ozon ..."

„Das *Ozonloch* meinst du", sagte die Blondine.

„Sag ich ja!"

„Ich glaub's trotzdem nicht", sagte die Blondine. „Ich hab gesehen, wie der Wind so einen Baum umgehauen hat. In unserem Garten – ich wohn nämlich in der Fasoltsiedlung. Da war so ein Wirbelwind, der Baum ist in der Mitte abgebrochen wie nix. Innen ein weißes Mark wie Holunder, ganz weich. Als Holz kann man das nicht brauchen. Also ..."

„Aber für die Papierindustrie!", rief die bebrillte Frau von hinten. Sie ärgerte sich, dass sie sich von den beiden hatte verdrängen lassen. „Für die Papierindustrie ist so ein Holz natürlich ideal. Wenn es jetzt noch beständig gegen UV-Strahlen ist, wie der Herr hier vorn gesagt hat, schnellwüchsig ist es ja, das kann man sagen ..." Die Umsitzenden lachten. Veronika Wildgruber war verwirrt, sie hatte das Gefühl, gleich den Faden zu verlieren.

„Und dagegen demonstrieren sie alle?"

„Jawohl! Stimmt genau!", tönte es von allen Seiten.

„Es muss jetzt endlich was getan werden", sagte die Frau mit der Brille. „Die Offiziellen tun ja nichts. Der Bürgermeister ist einfach verschwunden. Und der ganze Gemeinderat! Sehen Sie, Übergriffe gibt es immer, man soll es nicht beschönigen, aber dramatisieren auch nicht, oder? Die meisten hier haben alles verloren, sie können nicht mehr in die Häuser, weil alles zugewachsen ist, die Straßen sind kaputt, kein Auto kommt weiter, das sollten Sie sich einmal ansehen! Gehen Sie in die Fasoltsiedlung und schauen Sie sich die Zerstörungen an! Dann werden Sie vieles besser verstehen, was hier passiert ist."

„Bravo!", riefen ein paar. „Stimmt genau! Geht in die Fasoltsiedlung, bringt das im Fernsehen!" Die Leute begannen zu klatschen, sogar der Mann in der ersten Reihe und die Blondine. Veronika Wildgruber stand auf und wandte sich zur Kamera.

„Mit diesem Stimmungsbericht zurück ins Studio zu Wolfgang Baumann."

Der stand hinter seinem Studiopult und blickte mit ernster Miene in die Kamera.

„Sie haben es gehört, die Lage hat sich also etwas beruhigt. Im Rathaus redet man hinter verschlossenen Türen über Maßnahmen zur Bekämpfung. Von dort ist nichts zu erfahren, die Sitzung ist noch im Gange. Die etwa zehntausend Demonstranten machen keine Anstalten, die Innenstadt zu verlassen, sie wollen offenbar die ganze Nacht ausharren. – Wir beenden unsere Sondersendung und melden uns wieder morgen früh um acht Uhr. Gute Nacht."

Das rote Licht an der Kamera ging aus, Wolfgang Baumann kroch hinter seinem Pult hervor. Er ging zwar aufrecht, ihm kam es aber wie ein Kriechen vor. In der Fernsehredaktion saßen noch ein paar Leute, die er überredet hatte, hierzubleiben. Nur solche, die in D. oder Umgebung wohnten. Die anderen aus dem Oberland und dem Unterland hatten sich längst zu ihren Familien aufgemacht, nachdem die Telefonverbindung zu reinem Glücksspiel geworden war – mit recht bescheidenen Chancen auf einen Treffer. Man konnte nach Wien telefonieren, ans andere Ende des Landes, aber nicht nach Feldkirch, das nur zwanzig Kilometer entfernt war. Sogar Filme hatten sie aus Wien bekommen, ebenso aus Salzburg und Graz; die deutschen Sender berichteten aus Hamburg und Stuttgart, dann fielen sie aus, es meldeten sich andere, die über kurz oder lang ebenfalls ausfielen, dann – manchmal – kamen die ersten wieder, die man schon verloren gegeben hatte, aber nicht auf Dauer. Es machte Kopfweh, auch nur hinzusehen, die ganze Reihe rauf- und runterzuschalten. Sowieso gab es überall dasselbe Programm. Mehr oder weniger hysterische Reporter vor Carbonpflanzen und Massendemonstrationen. Ab und zu wurde ein Fachmann oder eine Fachfrau ins Bild geschoben – die mussten zugeben, dass sie keine Ahnung von diesen Pflanzen hatten. Sie wussten nicht, woher sie kamen, warum sie so schnell wuchsen, warum man nichts gegen sie unternehmen konnte. Auch von den ausländischen Stationen Demonstrantenwut und hilflose Experten, nur in anderen Sprachen. Am besten klappte die Verbindung nach Spanien, niemand wusste, warum. Man hätte all diese Berichte zu einem einzigen zusammenschneiden können, es wäre gar nicht aufgefallen.

Klar war: Weglaufen hatte keinen Sinn. So viel stand fest, die Straßen wurden völlig von den neuen Pflanzen überwuchert. Lockerer Bewuchs, eigentlich kein Problem, zu Fuß durchzukommen. Aber zwanzig, dreißig Kilometer weit? Hatte das irgendeinen Sinn? Floriani fiel ihm ein, der als einer der Ersten weggelaufen war, noch vor der Demonstration, wenn er sich recht erinnerte. Oder danach? Die Ereignisse überboten einander, entwerteten ihre Vorläufer; eine Inflation des Schreckens; nur schlechte Nachrichten sind gute Nachrichten. Jetzt ist uns das Maul gestopft, dachte Baumann. Floriani verschwunden, der beste Mann, den er hatte. In normalen Zeiten, gestern noch, hätte ihn das aufgeregt, heute war es schon egal.

Angelika und Max saßen sich in der Fernsehredaktion gegenüber, jeder an einem Schreibtisch. Sie tranken Kaffee aus Plastikbechern. Baumann hatte nicht das Gefühl, eine lebhafte Diskussion zu unterbrechen, als er eintrat. Gedrücktes Schweigen. Angelika und Max waren seit Jahren miteinander verheiratet und arbeiteten seit Jahren im selben Beruf; ohne die geringsten Misshelligkeiten, was allgemein als Ausnahme und Wunder angesehen wurde. Max drehte sich zu Baumann um.

„Die kommen schon wieder", sagte er. „Spätestens morgen früh sind alle wieder da."

„Was macht dich so sicher?", wollte Baumann wissen.

„Sie kommen nicht durch", sagte Max. „Sie haben keine Chance. Nach zwei Kilometern drehen sie um …"

„Ich möchte nur wissen, wie wir morgen Teams rausschicken sollen, wenn man nirgends mehr hinfahren kann. Ich kann die doch nicht zu Fuß …"

„Bist du noch bei Trost? Teams rausschicken! Typisch, dass du an nichts anderes denkst!" Angelikas Stimme klang hart, was Baumann nicht von ihr gewohnt war. Max auch nicht. Ihm war nur aufgefallen, dass seine Frau, die schon unter normalen Umständen nicht viel redete, an diesem Abend in dumpfes Brüten verfallen war. Sie hatte nur gesprochen, wenn es unbedingt erforderlich war. Jetzt stand sie auf und ging zu der großen Landkarte, auf der mit Klebeetiketten die Sperren und Behinderungen angebracht waren. Die Karte wurde in jeder Sondersendung präsentiert. Sie war mit roten Etiketten übersät.

„Habt ihr euch einmal überlegt, wovon die Leute leben sollen? Ohne Lastwagen bricht doch die ganze Versorgung zusammen …"

„Ich versteh nicht, warum du jetzt wieder davon anfängst. Wir wissen seit halb fünf, dass Hilfszüge unterwegs sind, einer aus Innsbruck, einer aus Bayern, es gibt doch keinen Grund …"

„Und das glaubst du?", höhnte sie. „Hilfszug! Aus Innsbruck. Wenn dort wirklich einer abgefahren ist, was ich bezweifle, wie weit kommt der wohl? Durch alle Orte, wo es genauso zugeht wie hier? – Spätestens in Landeck ist der Zug ausgeplündert bis zum letzten Brotbrösel. Und für den Zug aus Bayern gilt dasselbe. Die Schweizer haben gleich gar keinen geschickt. Die leben ja auf einem anderen Kontinent." Darauf wusste Baumann nichts zu erwidern, Max auch nicht. Es stimmte alles, was sie sagte. Die Schweizer hatten den Vorhang runtergelassen, nicht einmal das Telefon funktionierte noch. Allerdings blieb unklar, ob eidgenössischer Abschottungswille oder Naturereignisse Schuld daran trugen, denn die Unterbrechung war mitten in einem Gespräch mit dem Gemeindepräsidenten von Diepoldsau erfolgt, der sich im Telefoninterview für grenzüberschreitende Zusammenarbeit ausgesprochen hatte. Mitten im Satz war die Leitung tot gewesen. Mit den Zügen hatte Angelika recht. Die Hilfszüge waren technisch möglich, weil die Pflanzen aus unbekanntem Grund die Schienenstränge verschonten. Die Asphaltdecken zerbröselten unter dem Angriff von unten, die Kiesdeckung der Gleiskörper blieb unbehelligt, obwohl sie doch viel einfacher aufzubrechen war. Max vertrat die These, das jahrzehntelange Verschütten von Unkrautmitteln durch die Eisenbahn zahle sich jetzt eben aus, wenn auch solche Mittel, gegen die Bäume gesprüht, nicht die geringste Wirkung entfalteten. Das hatten sie ausprobiert. Wie auch immer – die Bahnstrecken blieben frei von Bewuchs, sogar die Böschungen der Bahndämme. Daran hatten sie sich geklammert: über die Gleise würde Rettung kommen. Lebensmittel, Bundesheertruppen mit einem schlauen Bekämpfungsplan, Ordnung und Sicherheit.

„Ein bisschen was ist in den Geschäften", fuhr sie fort, „aber wie lang reicht das schon? Gibt es große Lebensmittellager bei uns?"

„Also bitte, wollen wir doch nicht übertreiben!", rief Baumann. „Das sind alles Themen, die frühestens in ein paar Tagen akut werden. Bis dahin …"

* * *

„Das bedeutet gar nichts, dass sie weg ist, Herr Bürgermeister", sagte er, als sie das ganze Haus in der Fasoltsiedlung durchsucht hatten. Das Haus war leer, aber die anderen Häuser der Siedlung machten auch keinen bewohnteren Eindruck, ein Umstand, den Amann als günstiges Zeichen besonders hervorhob. „Die sind alle demonstrieren", sagte er, „oder halt zuschauen!", beeilte er sich hinzuzufügen; Stormberger würde die Vorstellung zuwider sein, die eigene Frau beteilige sich an Sprechchören, die dazu aufriefen, ihn, den Bürgermeister, am nächsten Carbonbaum aufzuhängen.

„Überlegen Sie doch … was soll Ihre Frau anfangen – ganz allein dort draußen? Ist doch klar, dass sie mitgeht …"

„Aber das Auto ist weg!"

„Na und? Ist sie eben gefahren, als die Straße noch frei war. Weit gekommen ist sie sowieso nicht. Sie können absolut davon ausgehen, dass Ihre Frau nicht mit dem Wagen verunglückt ist. Wo es keine Straßen gibt, kann man nicht mehr fahren, und wo man nicht fahren kann, gibts keine Verkehrsunfälle!" Der selbstgefällige Tonfall dieser trivialen Ableitung regte den Bürgermeister auf, dennoch hatte Amann recht. Der war sich klar darüber, wie idiotisch sich alles anhörte, was er zur Beruhigung des Bürgermeisters vorbrachte; es schien aber zu wirken, zu trösten. Der Bürgermeister war in Gefahr, zu versacken. Er, Amann, musste ihn irgendwie oben halten – wenn ihm das gelang, würde der Bürgermeister seinerseits etwas zur Bereinigung der Lage tun.

Die Frau war nicht zum Demonstrieren weggelaufen, auch nicht, um beim Demonstrieren zuzuschauen. In Wahrheit ließ sie es sich in ebendiesem Augenblick von ihrem Liebhaber besorgen, und ihr Mann kümmerte sie genauso viel, wie sie die Carbonpflanzen kümmerten, nämlich einen Dreck; Amann war sich dessen so sicher wie seines eigenen Namens. Obwohl er die Stormbergerin nicht einmal kannte, geschweige denn einen möglichen Liebhaber. Seit dem Einsatz heute Morgen, seit dem Brief, hatte er sich verändert. Die ist abgehauen mit einem Galan, hatte er gedacht, als sie des Bürgermeisters Haus betreten hatten. Zwecklos, sie zu suchen. Und es ist endgültig, das wusste er auch, als sei es ihm durch die Luft zugeweht wie ein Geruch, den niemand verwechseln kann – Zimt oder Scheiße. Alles kam darauf an, den Bürgermeister nicht auf das Naheliegende stoßen zu lassen, dachte er.

In diesem Augenblick, als Stormberger noch wie ein verschrecktes Huhn durchs Haus lief, traf den Polizisten Amann die Erkenntnis als plötzlicher Einfall, wie es bei schwierigen Problemen geht, die wochenlang hin und her gewälzt, in einem Lidschlag ihre Lösung finden; eine viel simplere, als man je gehofft oder gefürchtet hatte. Sie alle waren *verloren gegangen*. Sie hatten als Betroffene nichts Wesentliches verloren (es kam ihm mit einem Mal so vor, als seien Beziehungen, Beruf, Geld und Bestimmung nicht wesentlich), sondern sie waren alle *verloren worden*. Er wusste nicht, von wem. Nicht ihm war etwas abhandengekommen, sondern er selbst war einem Etwas abhandengekommen, von dem er bis jetzt nicht gewusst hatte, dass es existierte. Wir alle, dachte er, fühlen uns nun wie verlorene Dinge. Das ist wirklich ein Scheißgefühl. Kein Wunder, dass der Bürgermeister durchdreht. Gleichzeitig wusste er, dass er Stormberger helfen musste, wo es nur ging; darüber dachte er keine Sekunde nach, es war so und basta.

Er schlug ihm vor, sich über den Rundfunk an die Bevölkerung zu wenden; vielleicht würde man so diese Narren im Rathaus von ihren Benzinexperimenten abhalten können. Der Bürgermeister stimmte zu, sie brachen zum Studio auf. Das lag im Südosten der Stadt, die Fasoltsiedlung im Westen, sie brauchten nicht durchs Zentrum. Es war mühsam. Bäume standen nun auf allen Straßen, auch in den Einfahrten der Häuser, in den Gärten waren sie schon zu stattlicher Größe herangewachsen. Auf den zerbröckelten Straßen gab es kein Unterholz, keine Äste, die einem beim Durchgehen ins Gesicht schlugen, nur locker verstreute Stämme wie in einem Park, der ein wenig zu dicht bepflanzt war. In einem solchen Pseudowald konnte man sich hervorragend verirren; immer wieder kamen sie von der geraden Linie ab, stießen auf die Zäune und Mauern, die vorher die Straße seitlich begrenzt hatten. Im freien Gelände würden wir nur im Kreis gehen, dachte Amann.

Der Mond war herausgekommen, schickte sein Licht durch den lockeren Bestand bis zum Boden. Es war sonst niemand auf der Straße. Im Farngesträuch der Hausgärten hörten sie ab und zu Geraschel und Getrappel von deutlich mehr Füßen als den vieren eines Hundes und deutlich kleineren als etwa denen einer Katze. Stormberger machte ihn darauf aufmerksam, aber Amann hatte keine Lust, mit der Taschenlampe zoologische Exkursionen zu unternehmen. Die Begegnung mit dem Tausendfüßler reichte ihm. Davon sagte er dem Bürgermeister nichts.

„Wir müssen weiter", meinte er nur. „Die Viecher schauen wir uns auch besser bei Tageslicht an." Stormberger grübelte über den Inhalt seiner Rundfunkrede. Er wusste nicht, was er den Leuten eigentlich sagen sollte. Was war zu tun? Was war vernünftig? In den Wäldern ringsum alles anzuzünden, schien ihm unvernünftig, aber mehr als vage Befürchtungen konnte er nicht dagegen vorbringen. Nutzlos und gefährlich. Schön. Das ließ sich behaupten. Aber jeder würde fragen: Was, bitte, sollen wir sonst tun? Und darauf wusste er gar nichts.

In der Nähe des Bahnhofs machten sie Halt. Stormberger musste sich ausruhen. Er setzte sich auf ein Mäuerchen, das noch gestern einen gepflegten Vorgarten vom Gehsteig getrennt hatte. Jetzt stand es zwischen einem Waldstück mit lockerem und einem mit dichtem Bewuchs. Das Haus war zwischen den Riesenblattpinseln kaum zu erkennen. Im Garten gab es viele junge Pflanzen, die erst vor Kurzem aus der Erde gestoßen waren. Ein paar Meter weiter versuchte Amann, ein Plakat an einem Lichtmast zu entziffern. Die Lampe an dem Mast war dunkel.

„Hier steht, der Zirkus kommt. – Glaub ich nicht, ehrlich gesagt." Hinter ihm begann es rhythmisch zu krachen. Das Geräusch verursachte der Bürgermeister. Er kaute auf etwas Saftigem. Amann dachte an Radieschen, das Wasser lief ihm so plötzlich und in solcher Menge im Mund zusammen, dass er ein paarmal schlucken musste.

„Was essen Sie da?", fragte er mit feuchter Stimme.

„Keine Ahnung. Eine Art Schössling. Wächst hier überall … sehen Sie, das Innere von diesen Dingern hier … Sie müssen nur die Deckblätter abmachen …"

Erst jetzt bemerkte Amann die lanzenförmigen, grünen Gebilde, die aus dem Boden ragten; sie hatten einen sonst unbewachsenen Fleck im Garten hinter dem Bürgermeister erobert. Die kleinsten waren einen halben, die größten einen ganzen Meter hoch. Stormberger packte einen der schmalen Kegel dicht an der Stelle, wo er aus dem Boden kam, und brach ihn ab, dann riss er die Blätter herunter, die das Innere dicht umschlossen. Ein kleinerer, hellgelber Kegel kam zum Vorschein. Ein Duft breitete sich aus, den Amann nicht einordnen konnte; nach etwas Frischem, Saftigem, Gutem. Stormberger hielt ihm die Lanze hin. Amann biss hinein. Es schmeckte nicht so gut, wie der Duft versprochen hatte, aber gut genug.

„Wieso können Sie das Ding abreißen?", fragte er kauend. Stormberger deutete stumm auf einen anderen Schössling. Amann bückte sich, packte den Stängel fest mit der rechten Hand und brach ihn ab. Stormberger klatschte in die Hände, ging auf einen fünf Meter hohen Carbonbaum zu und riss ein lanzettliches, halbmeterlanges Blatt herunter, machte eine einladende Geste, ließ Amann an den Baum. Der packte das Blatt gleich daneben. Dann erlahmte er. Als ob alle Muskelkraft aus den Armen liefe. Wasser aus einem verrosteten Topf. Er ließ los, rieb sich die Arme, die sich merkwürdig taub anfühlten. Allmählich wurde es besser; er beobachtete den Bürgermeister, der nur zum Spaß alle Blätter von der demütigenden Pflanze entfernte, bis nur der Stamm übrig war, kahl und hellgrün.

„Offenbar ist es nicht so einfach, wie wir uns das vorgestellt haben", sagte Stormberger. „So lange die Dinger klein sind, so lange sie ihre Blätter nicht ausgebreitet haben, können *wir* sie beschädigen – ausreißen, abreißen, was auch immer. Bei den großen Exemplaren kann das nur noch *ich* …"

„Sie sind immun dagegen!", rief Amann begeistert. „Sie könnten mit einer Motorsäge all die Bäume umschneiden! Wahrscheinlich sind Sie nicht der Einzige! Wenn man all die anderen …"

„Beruhigen Sie sich! Dazu ist es viel zu spät. Auch wenn ich immun bin – wie soll ich allein ganze Wälder umhauen? Europa entwalden? Das ist nicht möglich …"

„Sie dürfen nicht aufgeben!", schrie Amann. „Sie haben kein Recht dazu! Sie müssen in die Stadt zurück und sich zur Verfügung stellen – es öffentlich machen. Dann können das auch alle anderen ausprobieren, Leute, die gar nicht wissen, dass sie diese Fähigkeit haben!"

Der Bürgermeister argumentierte, wenn jemand immun sei, wisse er es schon, weil doch die natürliche Reaktion des Menschen sei, eine Pflanze, die ihn stört, auszureißen. Dazu brauche er kein Testprogramm. Von irgendeiner Aktivität solcherart Immuner hätten sie aber in der Stadt nichts zu sehen bekommen, oder? Woran das wohl liege? Amann schwieg verdrossen, und der Bürgermeister beantwortete die Frage gleich selbst: Weil es entweder nur eine verschwindende Anzahl Immuner gebe, und/oder weil die wirklich Immunen sich wohlweislich hüteten, ihre besondere Eigenart publik zu machen.

„Sie würden uns Immune zwangsrekrutieren und mit vorgehaltener Waffe zwingen, vierzehn Stunden am Tag diese Bäume umzuschneiden. Nur nützen würde es nichts. Es sind zu viele …"

„Aber vielleicht gibt es ja viel mehr Leute, die immun sind? Dann hätten wir doch eine Chance …"

„Wer hätte eine Chance? Ihr, die Nicht-Immunen? So meinen Sie es doch, Herr Amann? Die Chancen der Zwangsarbeiter sehen bedeutend düsterer aus, nicht wahr? Die dürfen die Motorsäge schwingen, bis sie an Erschöpfung sterben?"

„Nun, ich weiß nicht …"

„Aber ich weiß. Und ich habe keine Lust, wegen eines biologischen Zufalls Opfer und Zeuge dieser Barbarei zu werden. – Nein, das hier lehrt uns etwas anderes: Die jungen Pflanzen kann jeder abreißen und sie sind essbar. Sie schmecken sogar. Ich vermute, sie sind auch sehr nahrhaft. Das ist doch etwas Positives. Das müssen wir veröffentlichen. Jetzt weiß ich auch, was ich den Leuten erzählen kann. Kommen Sie, wir müssen weiter!"

Begegnung mit Zwergen, einem Toten und einem Gott

„Verrückte Idee, hier auf einen Zug zu warten", sagte Pettenkoffer. Die zwei standen zu beiden Seiten. Links der Mann, rechts die Frau. Sie winkten heftig und hörten auch nicht damit auf, als die Lok immer näherkam.

„Was soll das Rumgefuchtel", brummte Pettenkoffer, „glauben die, wir sind blind?" Direkt vor den beiden brachte er die Lok zum Stehen.

Der Mann hatte das blonde Haar straff zurückgekämmt, das bartlose Gesicht war von der Sonne verbrannt. Hartmann bewunderte die Frau. Feine, ebenmäßige Gesichtszüge, was erst der zweite Blick enthüllte, denn sie sah recht mitgenommen aus. Das rote Haar strähnig, Schweißperlen im Gesicht. Das Kleid für den Dschungel ungeeignet. Wo es dicht am Körper anlag, große, dunkle Flecken. Zerrissen war es auch. Der Mann neben ihr trug eine schwere Jacke über der Schulter. Was nimmt er so eine Jacke in den Urwald mit?, dachte Hartmann. Und dreckverkrustete Wanderschuhe. Dabei war auf dem Gleis gar kein Dreck. Die mussten mitten durch den Urwald gelaufen sein. Schiere Unvernunft. Er schaute an sich hinunter und nahm mit Schrecken zur Kenntnis, dass er nicht weniger absurd angezogen war. Er trug seine schwarze Schnürlsamthose und die ausgetretenen Halbschuhe, die wegzuwerfen er sich seit Jahren nicht durchringen konnte. Ein langärmliges Flanellhemd, blaugemustert, eine Strickjacke (!) und sein Lieblingsjackett, das an den Ellbogen mit Lederflicken besetzt und daheim nur für den Garten gedacht war. In diesem Aufzug war er in Urlaub gefahren. Vollkommen absurd. Viele Stunden im Flugzeug gesessen. Was hatten sich die anderen Passagiere gedacht? Er konnte sich jetzt nicht daran erinnern, aber er musste unmöglich ausgesehen haben; er wunderte sich, dass sie ihn überhaupt hatten mitfliegen lassen. Warum hatte Sophia nichts gesagt? Die war sonst so pingelig mit seinem Aussehen. Das Jackett hatte sie wegwerfen wollen. Sie hatten sich deshalb sogar gestritten.

Nicht nur deshalb, fiel ihm ein, aber dieser Gedanke verschwand wieder, verdunstete wie eine leichtsiedende Flüssigkeit in der Sonne. Peter Hartmann trat einen Schritt in den Hintergrund, auf den Natronkessel zu. Dort war es etwas dunkler. Er fuhr mit der Hand über die Augen. Die Stirn fühlte sich trocken an. Und kühl. Kein Tropfen Schweiß. Ihm war nicht einmal heiß. Trotz Winterkleidung.

Er war so mit sich selbst beschäftigt, dass ihm die Stille erst nach geraumer Zeit auffiel. Die Lok stand, Herr Pettenkoffer stierte durchs Seitenfenster; die Anhalter stierten zurück. Sie standen jetzt beide auf der rechten Seite. Das Schweigen zwischen diesen drei Personen war so laut wie Streitgebrüll; da waren alle drei, das spürte Hartmann, mit abscheulicheren Einsichten konfrontiert, als mit der, auf der Urlaubsreise die falsche Hose anzuhaben.

„Sie kennen sich?“, fragte er.

„Das können Sie laut sagen.“ Die Dame starrte dabei unverwandt auf Pettenkoffer, der unter diesem Blick weder wankte noch wich.

„Diebin!“, zischte er. „Gemeine, verfluchte Diebin!“ Er verfiel in einen gutturalen Dialekt, von dem Hartmann kein Wort verstand; sie tat es ihm nach, wie ineinandertosende Sturzbäche keiften sie sich an, getrennt nur durch die Frontscheibe.

Der Begleiter der Dame wirkte verlegen, von dem Disput schien er genauso wenig zu verstehen wie Hartmann. Er winkte ihm zu, deutete zur linken Seite und stieg aus. Sie gingen ein paar Meter von den Streitenden weg, machten sich bekannt. Scholz musterte voll Interesse sein Gegenüber.

„Wohnen Sie in der Nähe?“, fragte er dann.

„Nein, ich bin auf Urlaub hier …“

„Sie sind was!?“

„Auf Urlaub. Eigentlich war es die Idee meiner Frau, dass wir heuer einmal richtig weit wegfahren. Sie verstehen: Fernweh!“ Er lachte unsicher.

„Fernweh. Aha“, sagte Dr. Scholz. Fernweh mit Strickweste und Schnürlsamthose.

„Was hat Sie denn bewogen?“, fragte Hartmann.

„Bewogen wozu?“

„Zur Wahl dieses Zieles. Ich meine, es ist ja doch ein bisschen abgelegen ...“ Der Blonde schien genau zu wissen, wo er war. Wenn er ihn dazu bringen könnte, beiläufig diesen Ort zu nennen, die einfache geografische Bezeichnung, dann käme alles andere auch ins Gedächtnis zurück.

„Die Wahl des Zieles“, sagte Scholz gedehnt. „Das haben Sie schön formuliert ... die Wahl hat sie getroffen.“ Er deutete auf die Frau, die auf Pettenkoffer einredete, der auch ausgestiegen war. Zu hören war nur noch wütendes Gemurmel.

„Dann wollten Sie gar nicht her?“, fragte Peter Hartmann.

„Nein“, sagte Dr. Scholz. „Hierher wollte ich ganz bestimmt nicht.“

Hartmann wusste nicht, was er darauf sagen sollte. Die schöne Dame war offensichtlich nicht die Frau von diesem Scholz, der ja nicht einmal die Sprache verstand, die sie jetzt benutzte. Dafür schien sie den komischen Lokführer umso besser zu kennen. Hartmann war verwirrt.

Dr. Scholz ging nun auf die Dame und Pettenkoffer zu, Peter Hartmann folgte ihm.

„Keine Hand aus dem Reich für den Verräter, kein Blick, kein Wort“, sagte Scholz. „So hieß es doch, nicht wahr, Frau Sommerring?“ Dabei gab er Pettenkoffer die Hand. Der zögerte kurz, schlug dann ein.

„Sie missverstehen die Situation“, sagte Frau Sommerring. „Was Sie eben ganz richtig zitiert haben, gilt nur im Normalfall ... aber jetzt ... jetzt ist alles anders. Ich könnte Ihnen ...“

„Sie können mir den Buckel runterrutschen, Gnädigste“, unterbrach Scholz. Die Schärfe in seiner Stimme ließ sie verstummen. „Ich möchte als Erstes wissen, wie wir hier rauskommen. Sie sind ja offensichtlich unfähig, uns hinauszuführen", setzte er an Frau Sommerring gewandt fort. „Dabei hab ich als Kind geglaubt, Zwerge sind weise. Vielleicht können Sie uns helfen, Herr Pettenkoffer – wenn das Ihr richtiger Name ist. Sie gehören ja angeblich auch zu dem Verein. Also liegt es an Ihnen, die Zwergenehre zu retten!"

Der angesprochene Pettenkoffer fühlte sich unwohl. Er umklammerte die Haltestange neben der Loktür; die Knöchel traten weiß hervor. Als ob er Angst hat, runterzufallen, dachte Hartmann, dabei steht er doch auf dem Boden. Frau Sommerring hatte sich beleidigt abgewandt.

„Nun?", fragte Dr. Scholz. Keine Antwort.

„Sie sprachen eben von Zwergen", sagte Peter Hartmann in die lastende Stille. Kein Blatt regte sich, es fehlte das allgegenwärtige Insektengesumm. Alles ruhig.

„Ich weiß nicht, ob ich das richtig verstanden habe: Die beiden Herrschaften sind Zwerge?"

„Herrschaften? Wenigstens sie ist eher ein Gauner", sagte Dr. Scholz, „aber sonst stimmt es. Das sind Zwerge."

„Aber so was gibt's doch gar nicht!", protestierte Hartmann. Dr. Scholz schüttelte den Kopf.

„Es gibt Zwerge, glauben Sie es ruhig. Sie bewohnen auch ein sogenanntes Zwergenreich; in dem befinden wir uns augenblicklich. Und sie halten ihre Existenz und die ihres Reiches eifersüchtig vor den Menschen verborgen. Nur so klug, wie die Märchen und Sagen behaupten – so klug sind sie nicht. Das war wohl nur Propaganda. Ich persönlich kenn zum Beispiel zwei", fügte er giftig hinzu, „die ausgesprochene Idioten sind." Er trat rasch auf Pettenkoffer zu und packte ihn am Kragen. Pettenkoffer war einen halben Kopf größer, traf aber keine Anstalten zur Verteidigung.

„Was haben Sie sich dabei gedacht, Sie Oberarschloch!", schrie ihm Scholz ins Gesicht. „Warum haben Sie mich da reingezogen? Warum sollte ausgerechnet ich Ihren Scheißroman rausbringen?"

„Ich protestiere gegen diesen Ausdruck! Das Werk ist wohlgelungen!“ Pettenkoffers Stimme klang so unnatürlich hoch, dass Scholz ihn erschrocken losließ. Wie ein Quieken war das. Von einem kleinen, verängstigten Tier. Tränen liefen über Pettenkoffers Gesicht. Die Arme, mit denen er herumzufuchteln begann, standen mit einem Mal in groteskem Missverhältnis zum Körper; sie waren zu kurz, der Rumpf zu plump. Auch die Beine, auf denen er zeternd herumstapfte, schienen zu kurz. Scholz war sicher, es lag nur an der Art, wie er seine Gliedmaßen steuerte; etwas von Zappeln, von Trippeln, eigenartig schwankendes Zittern in jeder kleinen Bewegung; vielleicht war es ja normal. Bei einem Zwerg.

„Das Buch ist gut geschrieben“, zeterte Pettenkoffer. „Selber sagtest du das, Doktormensch, schlauer!“

Frau Sommerring packte ihn am Ärmel, fauchte Unverständliches, worauf er sich beruhigte.

„Ihre Sprache“, sagte Dr. Scholz leise zu Peter Hartmann. „Sie haben natürlich eine eigene Sprache. Es gibt angeblich keinen einzigen Menschen, der sie versteht …“

Sommerring hatte Pettenkoffer wieder ein paar Schritt beiseite gezogen und redete leise auf ihn ein.

Peter Hartmann fasste einen Entschluss. „Wissen Sie, wo wir hier sind?“, fragte er. „Ich weiß es nämlich nicht, und ich weiß nicht sicher, wie ich hergekommen bin.“

„Was war denn das Letzte …“, begann Scholz.

„… das Letzte, woran ich mich erinnere, ist dieser Wald. Ich bin durch den Wald gelaufen bis zu einer Lichtung. Dort hab ich Ihren Herrn Pettenkoffer getroffen. Eine Art Lokschuppen war auch dort. Er hat mich mitgenommen.“

Dr. Scholz wandte sich von Hartmann ab und ging auf die beiden anderen zu. Er packte Pettenkoffer erneut am Kragen und zog ihn dicht heran.

„Antworten, Pettenkoffer! Frage eins: Wie – kommen – wir – hier – raus? Verstanden?“ Bei jedem Wort schüttelte er den Zwerg wie eine Gliederpuppe.

„Ich weiß es nicht!“, wimmerte Pettenkoffer, „ich weiß es doch nicht!“

„Was soll das heißen? Sie sind doch hergefahren mit dieser Scheißlok!“

„Ja, von Innsbruck …“

„Woher?!“

Dr. Scholz spürte den sanften Druck einer weiblichen Hand auf dem Arm. Unwillkürlich lockerte er seinen Griff.

„Wir glauben Ihnen ja“, sagte sie, „dass Sie ein ungeheuer starker und wilder Mensch sind, Dr. Scholz. Und wir sind auch überzeugt, dass Sie wie alle Menschen einen Hang zu irrationaler Gewalttätigkeit haben. Das brauchen Sie uns nicht eigens zu demonstrieren. – Und jetzt lassen Sie ihn bitte los. Er sagt die Wahrheit.“

Scholz ließ den ramponierten Lokführer los. Peter Hartmann war die ganze Zeit ruhig danebengestanden. Er hatte nicht weggeschaut, er hatte auf merkwürdig unbeteiligte Art zugesehen, als werde hier eine Sache verhandelt, die von gewissem allgemeinem Interesse war, ihn aber nicht unmittelbar betraf. Pettenkoffer räusperte sich, rieb sich dramatisch seufzend den Hals, obwohl ihn Scholz gar nicht dort gepackt hatte, sondern am Kragen.

„Wir benutzen die Natronlok ganz regulär“, sagte er dann, „bei uns ist sie das einzig zugelassene Verkehrsmittel …“

„Wo bei uns?“, wollte Scholz wissen.

„Im Reich“, sagte Frau Sommerring. „Bei uns im Reich. Wir benutzen sie, weil …“

„Dann wissen Sie also genau, was es mit dieser Bahn auf sich hat!“, unterbrach Scholz. „Sie haben mich getäuscht! Die ganze Zeit so getan, als hätten Sie keine Ahnung!“

„Das ist nicht wahr, nicht wahr, ist nicht wahr!“ In ihrer Stimme war nun ein hässlich keifender Ton wie dissonante Oberschwingungen. Scholz fröstelte trotz der Hitze, die Wut kühlte sich ab.

„Woher hätte ich wissen sollen, dass es ein Gleis der Natronlok ist?“, keifte sie. „Die Zone hätte gar nicht da sein sollen, der Urwald erst recht nicht. Und keine Eisenbahn!" Auch mit Armen und Beinen begann sie nun in gleicher Manier zu zappeln; offenbarte immer deutlicher die verborgene zwergische Natur. Scholz wich einen Schritt zurück, stellte sich neben Peter Hartmann, auf dessen glatter Stirn kein einziger Schweißtropfen glänzte.

„Können wir jetzt ins Hotel?", fragte der. Niemand würdigte ihn einer Antwort; nicht, weil seine Frage absurd oder unpassend gewesen wäre, sondern weil keiner von ihnen wusste, was er darauf sagen sollte. Peter Hartmann hatte vergessen, wie er hergekommen war. Die anderen drei wussten zwar, wie sie hergekommen waren, aber nicht, wie sie wieder wegkamen.

„Da entlang müsste es nach Innsbruck gehen", sagte Pettenkoffer. Er deutete nach hinten. „Natürlich nicht Innsbruck direkt … ich meine eine Anomaliezone in der Nähe …"

„Schon gut", unterbrach ihn Scholz, „wann sind Sie dort losgefahren?"

„Vor einer guten Stunde. Die Natronlauge reicht noch für drei Stunden."

„Ich nehme an, der Urwald hier passt aber nicht in eure Innsbrucker Zone?"

„Nein, überhaupt nicht. Ich war ganz überrascht, als plötzlich der Dschungel angefangen hat …"

„Er war ganz überrascht!", rief Scholz. „Haben Sie das gehört, Gnädigste? Der gute Pettenkoffer war überrascht! – Und trotz dieser Überraschung sind Sie einfach weitergefahren?"

„Darüber können Sie nur froh sein, Herr Scholz. Schließlich hab ich Sie dadurch aufgegabelt. Oder wollen Sie lieber laufen?"

Den „Doktor" hat er weggelassen, dachte Scholz. Das amüsierte ihn. Passte auch besser zu seinem neuen Image als Choleriker.

„Ich würde laufen", sagte er, „sogar, wenn's noch heißer wäre. Wenn ich die Gewissheit hätte, irgendwohin zu kommen. Wir kommen aus der Richtung, in die Sie fahren wollten. Ich kann

Ihnen versichern, dort sieht alles genauso aus wie hier. Dschungel mit Baumkarikaturen, Libellen, ab und zu ein Sumpf …"

„Und das hier sollte das Innere einer neuen Zone sein", ergänzte Frau Sommerring. „Einer Zone bei Gisingen. Das liegt etwa hundertsechzig Kilometer westlich von Innsbruck …"

Pettenkoffer wischte sich den Schweiß von der Stirn.

„Hundertsechzig Kilometer. Im Realraum kann die Lok nicht halb so weit fahren – mit einer Füllung", sagte er leise.

„Sie sind aber nicht im Realraum!", schrie Scholz. „Begreifen Sie das nicht! Sie sind mit Ihrer Lok in eine Zone hineingefahren – wir sind in eine Zone hineingelaufen. In eine ganz andere, wohlgemerkt. Dennoch begegnen wir uns. Woran kann das wohl liegen?"

„Aber das ist unmöglich", sagte Frau Sommerring. „Die Zonen sind isoliert voneinander. Das ist ja das große Problem des Reiches, dass es auf ein paar hundert Zonen verteilt ist … wie ein Archipel. Wer von der einen zur anderen will, muss fremdes Territorium durchqueren. Verzerrt …"

„Wie bitte?"

„Sie meint in Menschengröße", erklärte Pettenkoffer. „Wir tun das sehr ungern. Menschenland durchqueren. Wenn die Zonen untereinander Verbindung hätten …"

„… gäbe es keine Sagen von Zwergen, Trollen und so weiter", sagte Scholz. „Ich verstehe schon. Ihr hättet uns nicht mit der Ehre eurer zeitweiligen Anwesenheit beglückt! – Seit Kurzem *haben* sie aber Verbindungen, eure Zonen, und Sie wissen das! Dann fahren Sie uns jetzt mal ganz schnell raus in den Realraum, wie ihr das nennt!"

„Fahren können wir. Ob wir jemals wieder in den Realraum kommen, kann ich nicht versprechen."

Pettenkoffer stieg in die Lok. Seiner Stimme war keine Emotion anzuhören. Dr. Scholz fühlte sich schlecht. Mit diesen Idioten konnte man nicht reden. Sie körperlich zu bedrohen, nützte auch nichts. Die waren zu zäh, diese Zwerge, rappelten sich immer wieder hoch; er hatte einfach nicht die Kraft, sie auf Dauer unten zu halten. Er war nur ein Mensch. Vielleicht lag es daran. Den seltsamen Heiligen in Jackett und Schnürlsamthosen neben ihm schien überhaupt nichts zu stören; weder die Hitze noch die Langatmigkeit der Zwerge. Frau Sommerring blickte interessiert auf zu ihrem – wie sollte man dazu sagen: Volksgenossen? Kamerad? Landsmann? Mitzwerg? Ihre Augen spiegelten offen jene Bewunderung, die sie insgeheim schon immer für Pettenkoffer empfunden hatte. Kein Zweifel, Pettenkoffer war der große Star bei Zwergen, der Bewunderte, der etwas tat, was kein anderer sich traute. Das beeindruckte, und wenn es noch so großer Blödsinn war. So anders, wie sie tun, sind sie gar nicht, dachte Dr. Scholz. Dann dachte er an seine Frau, Livia; der trübe Gedanke, ob er sie je wiedersehen würde, stellte sich ein, kam aber nicht zur Entfaltung, weil Pettenkoffer das Wort ergriff.

Ihm, Pettenkoffer, seien die schleichenden Veränderungen schon vor Jahren aufgefallen, als die offiziellen Stellen des Reiches sich noch jener heiter trägen Bewusstlosigkeit hingegeben hätten, die für sie typisch sei.

Frau Sommerring wollte protestieren, Pettenkoffer brachte sie mit herrischer Bewegung seiner Rechten zum Verstummen.

Was habe er nicht alles unternommen, um auf die drohende Gefahr aufmerksam zu machen! Schon vor sage und schreibe sechseinhalb Jahren sei im Realraum in der Nähe von Aldrans die erste Spur aufgetaucht, ja, er gebe es zu, mikroskopisch klein, mit einer Lupe kaum zu erkennen, aber eindeutig kreisförmig, eindeutige Skalenanomalie im Inneren, wie er mit einer selbstgebauten Mikrosonde zweifelsfrei festgestellt habe, aber geglaubt habe ihm natürlich niemand, ausgelacht hätten sie ihn …

„Hinterher lässt sich leicht …“, sagte Frau Sommerring halblaut.

„Still, still, still!“, keifte Pettenkoffer und trommelte mit der Faust so heftig gegen den Fensterrahmen, dass der ganze Wagenkasten dröhnte. – Es sei eindeutig die Schuld der zuständigen Stellen, dass es so weit gekommen sei! Man habe diese Zonen sich einfach ausbreiten lassen wie ein Unkraut, obwohl die alten Quellen in klaren Worten vor der Gefahr warnten – als man dann Hugins Fütterer gerufen habe, sei alles schon zu spät gewesen, zu weit fortgeschritten.

„Wer ist Hugin?“, flüsterte Hartmann.

„Ein Rabe. Eine Art Rabe“, flüsterte Frau Sommerring zurück.

Da nun, setzte Pettenkoffer sichtlich erregt fort, die eigenen Leute uneinsichtig geblieben wären, habe er sich an die anderen gewandt, die Erdbeweger, die Verzerrten …

„Wieso Erdbeweger?“, fragte Scholz halblaut. Niemand beachtete ihn.

Und er habe das, sagte Pettenkoffer, um den Schock abzumildern, in Form eines Buches getan. Mit keinem Medium könne man unter den Verzerrten eine Wahrheit sanfter und langsamer verbreiten als mit einem Buch, das hauptsächlich von Dingen handelt – von den Verzerrten selber nur am Rande. Sie seien eben auf sich selbst fixiert, die Verzerrten, hielten sich für den Nabel des Universums! Frau Sommerring lächelte bei diesen Worten und begann zögernd zu klatschen. Scholz ärgerte sich. Diesem zwergischen Propagandamist würde er nicht applaudieren. Peter Hartmann hörte voller Gleichmut zu. Ihn schien es nicht zu stören, dass von Menschen ständig als „Verzerrte“ die Rede war.

Wenn er allerdings gewusst hätte, wie träge das Verlagswesen reagieren würde, setzte Pettenkoffer fort, hätte er sich die Sache noch einmal überlegt! Bei diesen Worten warf er böse funkelnde Blicke auf Dr. Scholz. Nichts, aber auch gar nichts sei da weitergegangen, obwohl er sein Werk an siebenundvierzig Verlage verschickt habe. Kein einziger habe positiv geantwortet, nicht einmal die Kleinstverlage, die sonst Bücher über die Geheimnisse der Rosenkreuzer, den Einfluss des Mondes und jeden esoterischen Mist druckten. Als dann immer mehr Zonen entstanden seien, da erst habe das Reich etwas unternommen, Gungnirs Schleuderer zu Hilfe gerufen, aber da sei es schon zu spät gewesen – was natürlich letzten Endes alles darauf zurückzuführen sei, dass man seine Forschungen über die Quelle „C" jahrzehntelang nicht nur nicht ernst genommen, sondern totgeschwiegen habe!

Frau Sommerring begann schrill zu lachen. Sie nestelte an dem nachtblauen Band, das ihre roten Haare im Nacken zusammenhielt, löste es, schüttelte die Pracht, die wie ein glänzender Wasserfall um ihr Haupt wirbelte, rotgoldglänzend erst, dann immer mehr silbern, grau – silbergrau. Als sie sich umdrehte, schaute Scholz ins Gesicht einer älteren Frau, die ihm bekannt vorkam. Er machte den Mund auf und nicht wieder zu. Pettenkoffer ging es ebenso.

„Wieso?", stammelte er, „wieso hast du …"

„Um zu verhindern, dass du dich ins Unglück stürzt", sagte sie und stieg in die Lok. Auch die Stimmlage hatte sich verändert. Kein Zweifel, das war die Frau Pettenkoffer.

„Tarnkappe, Doktor", wandte sie sich an Scholz, „schon gehört? Darf man sich nicht nur als Kappe vorstellen. War nicht leicht zu beschaffen."

Dr. Scholz fand seine Fassung als Erster wieder. Seine eigene Frau fiel ihm ein, und ob sie wohl auch imstande wäre, ihn auf diese heimtückische Art zu hintergehen. Krank, dachte er, das ist doch absolut krank; Livia würde nie … was hat Livia mit der Situation zu tun? War ja nicht einmal sicher, ob er sie je wieder zu Gesicht bekäme, und da überlegte er, ob sie ihn …

„Bilde dir bloß nicht zu viel drauf ein", sagte Pettenkoffer. Er wienerte mit einem Putzlappen an einem Hahn herum, dessen strahlender Messingglanz kaum gesteigert werden konnte.

„Ich geb zu, ihr habt mich getäuscht. Aber die Weisheit habt ihr auch nicht gepachtet, der Rat und du! Hättet ihr auf mich gehört – wir hätten das Ganze vielleicht noch in den Griff gekriegt. Schau doch raus, da aus dem Fenster! Was hat es denn gebracht, das Versteckspielen?"

Sie sagte nichts.

„Wie lange sind Sie denn schon verheiratet?", wollte Peter Hartmann wissen.

„Zweihundertdreißig Jahre."

„Ja, dann." Die Antwort schien ihn zufriedenzustellen, er verfiel wieder in ein ruhiges, selbstgenügsames Schweigen. Dr. Scholz spürte Erschöpfung. Die Zwerge erklärten nichts, daran lag es. Mit allem, was sie von sich gaben, tauchten neue Fragen auf; wie Gänge in einem Labyrinth, aus dem er nicht hinausfinden konnte. Wer zum Beispiel waren die anderen Herrschaften, die Pettenkoffer erwähnt hatte, die auch mit der Bekämpfung der neuen Zonen zu tun hatten? Und was hatte das alles mit ihm zu tun? Er wollte zu Livia zurück, zu seinem Laden, zu seinem Leben. Kümmerte das auch nur einen von diesen Komikern, die Tarnkappen als modische Accessoires benutzten – wer weiß, was sonst noch alles? Das war denen völlig egal …

Jemand näherte sich hinter ihm, Dr. Scholz merkte es an den starren Blicken der anderen drei. Er drehte sich um.

Der Fremde trug einen grauen Umhang, einen schwarzen Schlapphut und einen langen, oben gekrümmten Hirtenstab. Er sah aus wie die Sparversion eines Bischofs. Ein Auge war unter einer Binde verborgen, das andere blitzte. Natürlich blau. Das kann nicht sein, dachte Scholz. Zwei große Raben flatterten herbei, einer setzte sich dem Hirten auf die linke Schulter, der andere, leise krächzend, auf die Schulter Peter Hartmanns. Auf die rechte. Dr. Scholz wunderte sich, wie ruhig er blieb. Kein Zweifel, Hugin und Munin. Jetzt war auch klar, wen sie mit „Hugins Fütterer" gemeint hatten. Den Chef persönlich. Er fing an zu lachen. Das war nicht möglich, das war einfach nicht möglich. Der Hirte sagte etwas in einer unbekannten Sprache, die Scholz nicht einordnen konnte; ein Zischeln war darin, ein sanftes Brausen wie große Blättermassen in leichtem Wind. Es hörte sich nicht an wie etwas Gesprochenes.

„He, he!", rief er, „altnordisch klingt das aber nicht!"

„Ist es auch nicht!", flüsterte ihm Frau Pettenkoffer zu. „Und jetzt halten Sie den Mund! Sehen Sie nicht, wer das ist?"

„Ich sehe es, traue aber meinen Augen nicht. – Was hat er denn gesagt?"

Niemand gab Antwort. Dr. Scholz fiel nichts ein, was er passenderweise sagen konnte. Der Hirte sah ihn freundlich an. Dr. Scholz kam sich vor wie ein Idiot. Da niemand sprach, hätte man die Geräusche des Urwalds hören müssen, aber der Urwald blieb stumm. Die Insekten hatten sich in entferntere Gefilde zurückgezogen, die nicht durch die bloße Anwesenheit eines so markant nordischen Wesens unter der Bedrohung eisiger Stürme standen. Von denen war noch nichts zu spüren, auch nicht vom leisesten Windhauch, alles blieb still.

Wie wispernder Wind klang es dann, als er nach einer Weile zu sprechen begann, tonlos, doch deutlich vernehmbar.

„Er weiß, wer Sie sind", sagte Peter Hartmann ruhig.

„Seien Sie doch ruhig!", zischte Pettenkoffer. „Mischen Sie sich nicht in Dinge ein, die Sie nicht verstehen …"

„Aber er hat es doch selber gesagt!", beharrte Peter Hartmann. Wieder war vom Hirten ein Zischeln zu hören; an Akazien erinnerte das Dr. Scholz; wenn ein Luftstoß durch die hohen Kronen fährt; und nicht irgendwelche Akazien, sondern die auf dem lehmigen Hügel, wo er als Kind mit den anderen gespielt hatte. Verstecken; mit einem komplizierten Ritual, das er nicht mehr zusammenbrachte. Etwas mit Abklopfen auf den Rücken und einem Spruch … aber Akazien waren es nicht gewesen, sondern Robinien. Das hatte er später in einem Buch gelesen. Echte Akazien kommen nur in Australien vor, aber das Geräusch, das der Wind in diesen schmalen Blättern macht … er roch den roten Lehm, aus dem die Akazien wuchsen (für ihn blieben es Akazien, sollte in den Büchern stehen, was wolle), und er spürte diesen warmen, sanften Wind auf der Haut, die Freude über das gelungene Versteck erfüllte ihn, ein zerstörter Bunker, in den nicht alle anderen sich hineintrauten, ein Versteck, wo er den ganzen Nachmittag zubringen konnte, wenn er wollte, offen nach oben, Brombeergestrüpp, ein lichtblauer Himmel zwischen den wie im Traum hin und her sich neigenden hohen Zweigen.

„Da, jetzt wieder: Er weiß alles über diesen Mann", sagte Hartmann.

„Sie verstehen, was er sagt?"

Pettenkoffer wich zurück, hielt sich an seiner Frau fest.

„Hast du das gehört? Er versteht ihn. Er versteht ihn!"

„Was regt Sie das so auf?" Hartmanns Stimme klang traurig, leicht belegt. „Ihr versteht ihn doch auch."

„Aber wir sind Zwerge. Bei euch Menschen heißt es, dass ihr …"

„Ich weiß", sagte Hartmann. „Dass wir tot sind."

Wieder der Hirte; ein Rauschen dieses Mal, wie wenn eine Bö die knöchelhoch liegenden Ahornblätter aufwirbelt; Dr. Scholz konnte sich an die Allee erinnern, wo er das gehört hatte. In Innsbruck. In Saggen. Herbst war es, und er lief als Student über die Blätterberge, die sich hierhin und dorthin verteilten, es war viel zu warm, Föhn seit drei Tagen, kein Ende abzusehen. Er ging mit offenem Mantel und schwitzte. Jetzt, Ende Oktober. Und er fühlte sich wohl, weil er zu seiner Freundin in die Stafflerstraße ging, er kannte sie erst seit sechs Wochen, und es sah nach etwas Ernsterem aus. Es war Samstagnachmittag und sie würden Eis essen gehen, trotz Oktober, dann spazieren im warmen Wind …

Pettenkoffer hatte ihn am Arm gepackt, Innsbruck war vorbei. „Er ist tot!", flüsterte er. „Dieser Hartmann ist tot! Mir kam er gleich seltsam vor, wie er mitten aus dem Urwald auf mich zulief …"

„Ich bin nicht gelaufen", sagte Hartmann kalt, „ich bin gegangen, gemessenen Schrittes, möchte ich sagen …"

„Lassen Sie doch meinen Ärmel los!" Dr. Scholz schüttelte wütend den Lokführer ab. „Was habt ihr bloß alle? Er ist tot, na und? Soll ich deswegen in Ohnmacht fallen? Hier stehen Millionen Bäume rum, die es seit ein paar hundert Millionen

Jahren nicht mehr geben dürfte, es tritt ein gewisser Jemand auf, den es *nie gegeben haben dürfte* – da soll mich ein lebender Toter erschrecken?"

„Das haben Sie schön formuliert", sagte Peter Hartmann, „ich glaube aber, ich sollte nicht hier sein, deshalb die Aufregung …"

„Noch nie war einer von ihnen in unseren Zonen!", rief Pettenkoffer hinter dem Schutz der Lokverkleidung hervor, „nicht seit Anbeginn! *Alles stürzt ein, alles fällt. Was sich binden sollte, bindet sich nicht; was getrennt sein sollte, fährt zusammen.*" Das hörte sich nach einem Zitat an, Dr. Scholz konnte es aber nicht zuordnen. Es klang auch übersetzt; aus gebundener Form einer anderen Sprache schlecht in holprige deutsche Prosa.

„Eine Prophezeiung", sagte Hartmann ruhig, „aus einem ihrer Epen."

Dann trat Pettenkoffer wieder vor, sorgfältig Abstand zu Hartmann haltend, und sprach in knurrendem Zwergenidiom zu dem Hirten, der sich niederbeugte, um besser hören zu können. Auch die Raben schienen zu lauschen; der eine saß immer noch auf Hartmanns Schulter, rieb ab und zu seinen Kopf an der Schläfe, wobei er die Augen schloss, es schien ihm zu gefallen neben Hartmanns Kopf. Jedem, der redete, wandte er sich zu, musterte ihn aus kleinen, dunkelroten Augen, den Schnabel leicht geöffnet, schiefgelegt den Kopf erst auf die eine Seite, dann auf die andere.

„Der Sturmherr spricht nur die Sprache der Zwerge und seine eigene. Die haben Sie ja vorhin gehört", sagte Hartmann leise.

„Wieso verstehen Sie Ihn?", fragte Dr. Scholz.

„Weil ich tot bin. Daran hab ich es ja gemerkt."

Der Zwerg raunte seinem Herrn weiter zu, der ließ ab und zu ein Säuseln vernehmen wie ein sanfter Lufthauch im Ligustergebüsch. Scholz senkte die Stimme.

„Sie haben es vorher nicht gewusst?"

„Keine Spur. Amnesie. Ich weiß auch nicht genau, wie ich gestorben bin. Das wird mir erst nach langer Zeit wieder einfallen. Fragen Sie mich nicht, woher ich das weiß. Ich weiß es eben. Und ich sollte nicht hier sein. Sie übrigens auch nicht, Herr Doktor. Wir sollten beide an anderen Orten sein. Nicht am selben … irgendetwas ist furchtbar schief gelaufen …"

Der Sturmherr richtete sich auf, deutete mit dem krummen Ende seines Stabes in die Richtung, aus der sie hergefahren waren.

„Auf!", befahl Pettenkoffer. „Ihr beide steigt hinten ein. Sie, Herr Doktor und … dieser … Hartmann."

„Entschuldigen Sie wegen … wegen vorhin?", fragte Scholz. „Ich weiß nicht, wie das plötzlich gekommen ist …"

„Das wisst ihr hinterher nie", zischte Frau Pettenkoffer.

„Wohin fahren wir?", wollte Scholz wissen.

„Keine Ahnung", sagte Pettenkoffer knapp, deutete vage in Richtung Schlapphut, dessen Träger sich aufs Gleis gestellt hatte. Als Hartmann einstieg, flatterte der Rabe von seiner Schulter und setzte sich aufs Dach der Lok. Stöhnend wuchtete sich Scholz in den hinteren Führerstand. Pettenkoffer und seine Frau, die unausgesetzt miteinander tuschelten, waren vorn eingestiegen. Gleich darauf setzte sich das schwere Fahrzeug in Bewegung. Der Hirte mit ausgreifenden Schritten voraus, ein Rabe auf seiner rechten Schulter, der andere krächzte vom Dach.

„Ich hoffe, er weiß, wo er uns hinbringt", sagte Scholz.

„Wenn er es nicht weiß, wer dann?"

„Verstehe, immerhin ist er ein Gott …"

„Dieses Wort vermeiden wir, weil es Missverständnisse provoziert …"

„Auch gut. – Sagen Sie, Hartmann, warum bloß ziehen Sie nicht diese unmögliche Jacke aus? Mir wird schon heiß vom Hinsehen!"

Hartmann lächelte. „Mir ist nicht heiß", sagte er.

Scholz überlegte einen Augenblick.

„Verstehe", sagte er dann. Unter der Führung des Sturmherrn zog die Lok auf ihrem Eisenweg durch den Carbondschungel, ohne Dampf oder Rauch von sich zu geben. Ruhig, verlässlich und leise, wie es einem Gefährt wohl anstand, dem ein Gott voranschritt.

* * *

Sie waren auf einer Lichtung angekommen. Pettenkoffer fuhr die Natronlok in einen Schuppen aus teerdurchtränkten Buchenschwellen. Der Schuppen passte nicht mehr in die Umgebung, sogar dem zersägten und denaturierten Holz war es anzusehen. Das Dach des Schuppens bestand aus schwarzer Pappe. Der Sturmherr stand etwas abseits auf seinen Stab gestützt und beobachtete das Treiben der Zwerge und Menschen, ohne sich zu äußern. Die beiden Raben hatten sich in der Krone eines nahen Schopfbaumes niedergelassen, dessen Stamm sich oben in zwei gleichstarke Äste verzweigte. Jeder trug einen Blätterschopf. Ein Rabe saß links, einer rechts. Sie machten einen schlappen Eindruck, wahrscheinlich bekam ihnen die Hitze nicht.

An einem anderen Baum hatte Pettenkoffer ein großes Klemmbrett angebracht, wie es auf jenen Seminaren verwendet wird, bei denen man Wert darauf legt, dass sich die Teilnehmer grafisch ausdrücken. Ein ganzer Packen quadratmetergroßer weißer Blätter war daran befestigt. Es gab einen schwarzen Filzstift, und den hielt Pettenkoffer fest in der Hand.

„Setzt euch doch!“, rief er leutselig seinen drei Hörern zu, „der Boden ist trocken, könnt euch ruhig hinsetzen.“ Sie taten wie geheißen. Ein Lehrer, dachte Dr. Scholz, verschone uns der Himmel, ein verhinderter Lehrer! Pettenkoffer zeichnete auf das erste Blatt einen großen Kreis, den er sodann mit zwei gekreuzten Strichen in vier Quadranten teilte.

„Was ist das?“, fragte er zurücktretend.

„Ein Kreis“, sagte Dr. Scholz verdrossen. „Hören Sie, Pettenkoffer, ich warne Sie: Halten Sie keine Vorlesung! Ich bin allergisch dagegen, ich hab mir zu viele anhören müssen. Wenn Sie also die Situation in kurzen, klaren Sätzen erklären können, dann tun Sie es, wenn nicht, halten Sie gefälligst den Mund!“

Pettenkoffer lachte herzlich, er war kein bisschen beleidigt.

„Keine Angst, nur keine Angst!“, rief er, „ich verspreche, es wird alles hochinteressant: die ganze Fläche hier steht für das Seiende, dargestellt als zweidimensionaler ontologischer Zustandsraum …“

„Die Realität hat doch mindestens drei Dimensionen!“, rief Scholz dazwischen, „wenn nicht gar vier …“

„Sie müssen aufpassen, was ich sage“, sprach Pettenkoffer mit strengem Unterton. „Ich sprach von ‚Zustandsraum‘, nicht von Raum im landläufigen Sinn. Jeder Punkt auf dieser Fläche entspricht dem *Seinszustand* eines Objekts, einer seienden Sache. Dass Seiendes verschiedene Zustände annehmen kann, sollte gerade Ihnen inzwischen geläufig sein, Dr. Scholz. Neben Ihnen sitzt jemand, der tot ist, während Sie selber noch lebendig sind. Sie werden zugeben: zwei grundverschiedene Zustände!“

„Also schön“, sagte Scholz, der nun doch beeindruckt war, „und die beiden Achsen? Was bedeuten die?“

Pettenkoffer wandte sich der Zeichnung zu. „Die waagrechte Linie ist die reelle Achse, die senkrechte Linie die imaginäre. Das Modell dazu ist die Gauß’sche Zahlenebene. Reelle Zahlen und imaginäre Zahlen auf den beiden Achsen. In der Fläche dann die Kombination aus beiden, die sogenannten komplexen Zahlen. So auch hier: Es gibt reelle Seinszustände, die waagrecht aufgetragen sind, es gibt imaginäre Seinszustände, senkrecht aufgetragen – und die ganze Ebene ist voll mit Punkten, die den komplexen Seinszuständen entsprechen. Die Zahlen und Zustände haben unterschiedliche Vorzeichen: nach rechts und nach oben positiv, nach links und nach unten negativ. So entstehen, wie man unschwer erkennt, vier Quadranten …“

„Und die Kreislinie?“, fragte Scholz.

„Wollte ich eigentlich später behandeln, aber bitte … dieser Kreis trennt die innere Fläche des prinzipiell Erkennbaren vom Außen, das prinzipiell unerkennbar ist. Man nennt das die Grenze des Intellegiblen. Im Modell müsste weiter innen noch ein kleinerer konzentrischer Kreis sein, die sogenannte Grenze der Objektion, die das schon Erkannte vom Kreisring des noch nicht Erkannten, aber Erkennbaren scheidet … aber das lass ich jetzt weg, wen das interessiert, soll es bei Nikolai Hartmann nachlesen."

„Schönes Modell!", rief Scholz. „Alles von Nikolai Hartmann?"

„Nein. Die Sache mit den Achsen ist eine Erweiterung."

Scholz fing an zu lachen. Vom Sturmherrn, der etwas nähergekommen war, tönte es wie vom Ächzen eines alten Baumes, so markerschütternd, so intensiv, dass Dr. Scholz verstummte. Pettenkoffer tat, als habe er die Unterbrechung überhört.

„Jeder Punkt der Ebene steht also für einen Seinszustand. Den vier Quadranten, die unsere komplexe Ebene einteilen, entsprechen vier Reiche. Wir können hier zwanglos der eigenen Intuition folgen. Der rechte obere Quadrant, positiv reell und positiv imaginär – das ist einfach jenes Reich, das die Menschen die reale Welt nennen. Das obere rechte Viertel steht für die Lebenden, das linke Viertel für die Toten – deren Realanteile sind einfach invertiert vom Positiven ins Negative. Geometrisch sind sie an der Senkrechten gespiegelt. Aber die Ebene hat ja nicht nur eine linke und eine rechte Hälfte, sondern auch eine obere und eine untere – an der Senkrechten sind die imaginären Zahlen aufgetragen, die Vielfachen von ‚i'. In meinem Modell entsprechen diese Zahlen allem, was zwar existiert, aber nicht im selben Sinne real ist wie etwas, das man jederzeit sehen oder mit Händen greifen kann. Hierher gehören Geister, Spukerscheinungen, göttliche Wesen …"

„Und Zwerge?", rief Scholz dazwischen.

„Zwerge sind vollkommen real! So real wie ein Stein oder ein Baum oder eine Hauskatze! Okay? – Schön. Die Skalenanomalie ist eine Sache, die sich ausschließlich im Quadranten rechts oben abspielt …"

„Das ist doch eine Fläche“, unterbrach ihn Scholz, „die Punkte dort haben doch schon einen imaginären Anteil …“

„Sehr richtig!“, lobte Pettenkoffer. „Und es gibt auch keine Wesen, die gewissermaßen direkt auf den Achsen liegen – es gibt kein rein *imaginäres* und kein rein *reelles* Sein. Nicht bei Lebewesen. Jeder Mensch hat einen imaginären Anteil, es sei Ihnen freigestellt, ob Sie das Geist oder Seele nennen; ich als Materialist bevorzuge eine technischere Sprechweise und sage: die Geistseele ist einfach der imaginäre Anteil am komplexen Sein und entspricht dem Imaginärteil einer komplexen Zahl. Der Anteil ist übrigens konstant“, fügte er boshaft hinzu, „das heißt, er kann nicht durch Aufnahme noch so imaginärer Inhalte wie zum Beispiel Literaturwissenschaft erhöht werden …“

„Hab schon verstanden!“, rief Scholz fröhlich, „Studieren ist für die Menschenbildung unerheblich. Aber das hab ich schon vorher gewusst, Herr Pettenkoffer!“ Die Theorie des Zwergs begann, ihm zu gefallen. Es war alles so klar und übersichtlich.

„Menschen und Zwerge liegen natürlich näher an der reellen Achse als an der imaginären. Und zwar viel näher. Auf dieser Darstellung“ – er wies auf das Blatt Packpapier, dessen Ecken in einem leichten Wind zu flattern begonnen hatten – „würden Sie die Punkte, die den Zustand der meisten Menschen darstellen, gar nicht von der X-Achse unterscheiden können; sie kleben praktisch drauf, so gering ist ihr imaginärer Anteil – andererseits ist er auch nicht Null: Es gibt kein seelenhaftes Wesen, sei es Mensch oder Zwerg, das ausschließlich reell wäre …“

„Ihre Worte sind ein großer Trost, Herr Pettenkoffer“, sprach Peter Hartmann mit fester Stimme. Pettenkoffer musterte ihn argwöhnisch, weil er Hohn hinter jeder Bemerkung vermutete. Aber Peter Hartmann war tot und meinte es ehrlich. „Beim Tod“, fuhr Pettenkoffer fort, den Peter Hartmann auf dieses Detail gebracht hatte, „beim Tod wird nur der reelle Teil des Seins invertiert, der imaginäre bleibt erhalten. Es ist eine Achsenspiegelung, keine Punktspiegelung …" Frau Pettenkoffer seufzte vernehmlich.

„Ich bitte dich, komm zu einem Ende, die Einzelheiten interessieren doch niemand …"

„Nein, nein", sagte Dr. Scholz, „lassen Sie ihn nur alles hübsch der Reihe nach erklären – dann gibt's keine Missverständnisse …"

„Aber es wird ungemütlich hier!", jammerte sie halblaut. Der böige Wind war stärker geworden, wirbelte die bandförmigen, halbmeterlangen Blätter der Schopfbäume durch die Luft. Der Sturmherr hatte sich unbemerkt von der Gruppe entfernt; er stand am Rand der Lichtung, wandte ihnen den Rücken zu. Durch einen eigentümlichen Reflex des Sonnenlichtes blitzte der Hirtenstab wie Metall.

„Riecht ihr das?", fragte Frau Pettenkoffer. „Das ist doch Rauch!" Aus unbestimmter Ferne trug der Wind Brandgeruch herbei; etwas würzig Süßes war darin wie von Zimt und Muskat. Ein wenig roch es auch nach Scheiße. „Was brennt denn da?", fragte sie.

„Woher soll ich das wissen!" Pettenkoffer war ärgerlich über die Unterbrechung. Die Zuhörer schauten nicht mehr auf ihn, sondern auf den Hirten.

„Kann es sein, dass der Wald brennt?", wollte Dr. Scholz wissen.

„Ich bin nicht die Auskunft!", sagte Pettenkoffer schroff.

„Das hab ich auch nicht angenommen, es war an alle gerichtet, als Aufforderung, sich Gedanken zu machen …"

„Ich hätte wissen müssen, dass es Ihnen als Mensch schwerfällt, sich mehr als dreieinhalb Minuten auf ein Thema zu konzentrieren …"

„Ihrem Chef aber auch", unterbrach ihn Scholz. „Im Augenblick macht er mir nicht den Eindruck eines aufmerksamen Zuhörers …"

„Natürlich nicht. Er weiß es ja."

„Er weiß es? Wieso?"

„Er weiß fast alles“, sagte Pettenkoffer kalt. „Und jetzt ist er anderweitig beschäftigt.“

Das ließ sich nicht überhören, wenn Dr. Scholz auch unklar war, worin diese Tätigkeit bestand. Peter Hartmann schien keine Verständnisschwierigkeiten zu haben, er blickte unverwandt auf den Sturmherrn, und auf seinem Gesicht lag ein Ausdruck großer Ruhe. Dr. Scholz bekam es mit der Angst zu tun, der Schweiß brach ihm aus.

„Was macht er da?“, flüsterte er.

Niemand gab Antwort. Der Hirte war gewachsen. Er reichte schon bis an die halbe Höhe der Bäume, und er wuchs weiter, mit ihm der Stab. Ein säuselnder, pfeifender Ton kam von der Stelle, wo er stand, etwas Lüsternes, aber nicht von einem Mann, nein, keinesfalls, es war derselbe Laut, den Dr. Scholz in jenem Auto vernommen hatte, vor langer Zeit. Wie war doch ihr Name gewesen? Das hatte er vergessen; zwecklos, darüber nachzudenken. Es würde ihm nicht mehr einfallen, was vor allem daran lag, dass er es schon damals hatte vergessen wollen. Liegesitze, er lag zurückgelehnt, die Namenlose kauerte auf ihm und wiegte sich, er brauchte nichts zu tun, sie machte alles. Was dazu geführt hatte, war verschwunden, so lang war es her; irgendein Fest, wahrscheinlich ein Fest; er wusste nicht einmal mehr, wo genau das Auto gestanden hatte, in einem Wald, warum nicht; ob sie betrunken gewesen war, wusste er auch nicht mehr, aber an dieses Wiegen konnte er sich erinnern und an das Wimmern einer alles vergessenden Lust.

Dann verging die Erinnerung, das Bild der Frau verschwamm, der Laut; jetzt war es mehr Heulen des Windes, mehr Naturgeräusch, der Hirte weiter gewachsen, wuchs über die Bäume hinaus, größer wurde der Sturmherr, bis er den halben Himmel füllte, die Welt verschwand hinter seinem schwarzen Mantel, auf dem der schwarze Hut als Pilzwolke saß; große Ruhe überkam Dr. Scholz, die Anspannung der letzten Stunden fiel ab. Er spürte, dass er müde war, setzte sich an den Baum, von dem das Packpapier mit Pettenkoffers Skizze flatterte. Alles wie im Kino. Ganz einfach. Nicht echt. Es sah so hypernaturalistisch aus wie die Tricks in den Erfolgsfilmen, als der Sturmherr sich nun zur Wolke wandelte, und gleichzeitig sah es so beruhigend unglaubwürdig aus, so ganz und gar nach entsetzlich kostspieligem Supercomputer-Mega-Giga-Filmtrick. Dr. Scholz wusste aber, dass alles real war, was er vor sich sah, dass die Umrisse des Sturmherrn sich wirklich und tatsächlich in bullige Wolkenknäuel wandelten, die sich nach allen Seiten ausbreiteten, nicht nur den halben Himmel bedeckten, fast den ganzen, und obwohl er das wusste, half es nicht gegen den Eindruck gigantischer Vorspiegelung. Er sah seine Gefährten an. Sie verfolgten das Schauspiel mit unbewegter Miene. Peter Hartmann lächelte. Ihm schien zu gefallen, was er sah.

Die Wolkenwand bewegte sich in eine bestimmte Richtung, in welche, war nicht so klar, weil die Sonne hinter der Wand verschwunden war; aber so genau ist es ohnehin nicht mit der Richtung, dachte Dr. Scholz. Die Wolkenwand wurde kleiner und kleiner, die Sonne kam dahinter hervor, nicht zentral, sondern mehr rechts, im Westen, also war die Wolke nach Südosten abgezogen. Dr. Scholz war stolz, dass er das so eindeutig abgeleitet hatte.

„Was soll das Ganze?“, fragte er Herrn Pettenkoffer.

„Sturm“, sagte Herr Pettenkoffer. „Es ist Sturm. Darum heißt er ja Sturmherr.“

„Das ist mir schon klar, ich will aber wissen, warum er das plötzlich macht.“

„Wegen dem Feuer“, sagte Peter Hartmann, dessen Laune sich sehr gebessert hatte. „Haben Sie das nicht gerochen vorhin? – Er facht das Feuer an …“

„Er hat recht“, sagte Frau Pettenkoffer, „ich ahne nichts Gutes für die Stadt …“

„Je nun“, sagte Dr. Scholz, der plötzlich mit der Erkenntnis konfrontiert war, dass ihm das Schicksal der Stadt vollkommen gleichgültig war. Dabei hatte er nicht einmal gefragt, welche Stadt … irgendwas war noch, der Sturmherr hatte sie durch die Trickdemonstration unterbrochen bei etwas …

„Sie haben uns noch nichts über die unteren Quadranten erzählt", wandte er sich an Pettenkoffer. Der blickte ihn misstrauisch an, sagte aber nichts. Dr. Scholz stand vom Baum auf und setzte sich gegenüber wieder hin, die beiden anderen machten es ebenso.

„Die Unterbrechung kommt gelegen", begann Pettenkoffer. „Der Sturmherr hat uns eben eine schöne Demonstration seines Wesens und seiner Fähigkeiten gegeben. Der imaginäre Anteil in seinem Seinszustand ist viel größer als bei Menschen oder Zwergen oder Toten; Wesenheiten seiner Art bevölkern mehr die *Fläche* der beiden oberen Quadranten, weit weg von der reellen Achse …"

„Wieso haben die zwei Quadranten zur Verfügung?", fragte Dr. Scholz.

„Eine gute Frage! Diese Wesenheiten haben in der Tat die beiden oberen Quadranten zur Verfügung, also einfach die obere Hälfte des Seinskreises; die imaginäre Achse, die für unsereinen die Grenze zwischen Leben und Tod darstellt, ist für sie keine Grenze; ja, sie vermögen sogar ihren Zustand beliebig zu ändern, können sich in dieser oberen Hälfte gewissermaßen frei bewegen, sich in einem Zustandsraum ebenso umtun wie in einem geometrischen Raum, was sich uns Beschränkten als fast unendliche Wandelbarkeit darstellt … sie kennen keinen Tod, also sind sie unsterblich, und sie nehmen jede Gestalt an …"

„Götter", sagte Peter Hartmann ruhig. Eine Weile blieb es pietätvoll still. Der große Gedanke braucht wohl Zeit, sich in die kleinen Herzen einzusenken, dachte Dr. Scholz. Dann, als die Stille zu lasten begann, fragte er: „Was ist eigentlich in der unteren Hälfte des Kreises? Ist die leer?"

„Das fragen wir uns schon seit Jahrhunderten", sagte Pettenkoffer. „Die Grenze der unteren Hälfte ist die reelle Achse. Darunter müssten die Seinszustände mit negativem Imaginäranteil liegen, aber das ist etwas, was wenig Sinn ergibt. Alles seelisch-geistige Sein, das wir kennen, ist positiv im Sinne von existent. Negatives geistiges Sein: was soll man sich darunter vorstellen? Die bisher populärste Deutung war die: Wenn das rechte obere Viertel das Reich der lebenden Menschen und Zwerge, das linke obere Viertel das der toten Menschen und Zwerge ist, ferner die ganze obere Hälfte das Reich der lebenden Götter, dann muss die ganze untere Hälfte das Reich der toten Götter sein. Mehr ließ sich darüber bis vor Kurzem nicht sagen, noch nie ist jemand dorthin gelangt, kein Mensch, kein Zwerg, kein Gott. Die herrschende Auffassung hielt die untere Hälfte für reine Mathematik, dort sei einfach gar nichts, hieß es …"

„Warten Sie!", rief Dr. Scholz. „Was soll das heißen, die herrschende Auffassung? Das war nicht Ihre Privatphilosophie, was Sie bisher vorgetragen haben?"

„Natürlich nicht! Was ich Ihnen bisher gesagt habe, wird so in unseren Schulen gelehrt. Es ist blanke Empirie, es ist so, wie es erlebt wird. Von den Zwergen, von euren Toten" – er verneigte sich leicht in Richtung Peter Hartmann – „sogar von lebenden Menschen; von Naturvölkern, auch wenn die für diese Erfahrung ganz andere mythische Bilder schaffen; und schließlich von den Göttern, euren und unseren. Sie dürfen nicht vergessen, Dr. Scholz, bis vor ganz kurzer Zeit war es auch für uns ungewöhnlich, mit einem Toten zusammenzusitzen, wie wir das hier mit Herrn Hartmann tun …"

„Und die Bäume, das Carbon?"

„Das eben ist der Punkt. Was wir im Augenblick erleben, ist eine Art ontologischer Schmelzprozess, ein Übergang in einen Zustand höherer Symmetrie, besser gesagt: in einen Zustandsraum höherer Symmetrie. Die Grenzen in diesem Schema" – er deutete auf die Zeichnung – „die reelle und die imaginäre Achse sind verschwunden, so ähnlich, wie die Phasengrenzen zwischen dem Festen und dem Flüssigen verschwinden, wenn etwas völlig geschmolzen ist. Der einheitliche Zustand ist symmetrischer – genauso gibt es auch jetzt nur noch eine Art des

Seins, in der Menschen, Tote und Götter einander auf derselben Stufe begegnen. Auch die untere Hälfte des Kreises ist nun da, *mit* da. Es ist das Carbon. Wir können nicht wissen, wie das Sein in jener Hälfte negativen, imaginären Seins vorher ausgesehen hat. Jetzt, da es mit allem anderen Sein gewissermaßen vermischt ist, hat es die Form dieser Pflanzenwelt angenommen ..."

„Und warum die Form von Pflanzen, die seit Hunderten von Jahrmillionen ausgestorben sind?"

Pettenkoffer hob die Hände. „Ich weiß es nicht. Eines nämlich haben wir bisher noch gar nicht behandelt: Ich hatte einen Kreis gezeichnet, um den Zustandsraum abzugrenzen. Die Kreislinie als Grenze des Intellegiblen; ich hatte das erwähnt. Auch außerhalb gibt es ein Sein, das wir uns aber nicht vorstellen können, dem wir uns weder spekulativ noch empirisch nähern können. – Was uns nun geschieht, kommt von da draußen. Ich halte es für eine ontologische Fluktuation aus dem Reich des Nicht-Intellegiblen, ähnlich den Quantenfluktuationen. Vielleicht ist das Reich des Nicht-Intellegiblen, wie Nikolai Hartmann das genannt hat, auch einfach das *Nichts*. Aus dem Nichts entstehen die virtuellen Teilchen der Quantenphysik auf Grund der Unschärfebeziehung zwischen Energie und Zeit. Je mehr Energie zur Verfügung steht, desto länger bleiben sie existent ... vielleicht gibt es eine Art ontologische Unschärfebeziehung, die etwas nicht Existentem erlaubt, vorübergehend seiend zu werden ... hier, bei uns ... aber das ist alles Spekulation. Genauso gut kann es so sein, wie es unsere alten Überlieferungen voraussagen: Alle paar tausend Jahre wird alles, was ist, neu erschaffen. Man nennt das ‚die Aufhebung des Äons'."

„Steht auch so in der Bibel", sagte Peter Hartmann gleichmütig. „Ende des Matthäusevangeliums: héos tes syntheleías tou aiónou ... bis zur Aufhebung des Äons."

Alles blieb still. Erst nach geraumer Weile fragte Dr. Scholz: „Woher können Sie denn Griechisch?"

„Von der Schule, aber ich kann gar nichts mehr. Der Satz ist mir nur so eingefallen. – Stimmt er nicht? Heißt es dort nicht so?"

Darauf konnte Dr. Scholz nichts erwidern. Er war nicht bibelfest. Dennoch stimmte etwas nicht an der bescheuerten Formulierung ... bis zur Aufhebung des Äons, das klang weder nach Bibel noch nach Luther, da war er sicher.

„Meinen die das hier mit ‚Aufhebung'?", fragte er Pettenkoffer. „Dass die Zeit von den Pflanzen ... aufgehoben wird – und die ganze Welt dazu?" Der schüttelte den Kopf.

„Fragen Sie nicht mich, Herr Dr. Scholz, fragen Sie nicht mich! Ich hab mir diese Sachen nicht ausgedacht. Ich hab sie nur auf uns zukommen sehen und ein Buch darüber geschrieben – ich wollte warnen, verstehen Sie, alle von unserem Volk, alle von eurem ... das hat man mir sehr übel genommen ..." Frau Pettenkoffer seufzte so laut, dass es alle hören konnten. Sie sollten es auch hören. Dann sagte sie: „Sparen Sie sich weitere Fragen, Herr Doktor! Von jetzt an wird er Ihnen nur noch von seinem vermaledeiten Buch erzählen. Was er weiß, hat er gesagt – Sie stehen jetzt an der vordersten Front der Erkenntnis. Von hier aus müssen Sie selber denken ... oder spekulieren."

„Ich werde mich hüten!", rief Scholz. „Ich bin Verleger, kein Autor. Ich bin nicht verantwortlich für die Story. Ich bring sie nur heraus, wenn es geht. Im Augenblick geht es nicht."

Dem widersprach niemand. Es wurde sehr still auf der Lichtung. Auch Insekten waren nicht zu hören. Aus unbekanntem Grund hatte sich alles, was krabbelte und flog, von der Lichtung zurückgezogen. Scholz fiel ein, dass darin eine Ankündigung kommenden Unheils liegen könnte; er hatte es aber satt, sich Sorgen zu machen, und fragte nicht nach. Seit seiner Begegnung mit diesem Kerl, der sich Wurzelsepp nannte, hatte er sich ununterbrochen Sorgen gemacht. Vielleicht war die ganze Kalamität ja wirklich durch dieses eine Versäumnis ausgelöst worden. Das war nicht absurder als jede konkurrierende Annahme. In dieser Welt gab es das Absurde überhaupt nicht. Alles war normal und alles war manifest.

Die Sonne stand tief über den Baumwipfeln im Westen; vorausgesetzt, dachte er, sie geht immer noch im Westen unter. Peter Hartmann hatte sich auf den Rücken gelegt, die Hände unterm Kopf verschränkt, und schaute in den blauen Himmel hinauf. Scholz fand nicht die Ruhe dazu. Hartmann machte ihn nervös. Pettenkoffer und Frau saßen ein wenig abseits an den Stamm gelehnt, von dem die Skizze mit den ontologischen Zustandsräumen matt herabhing. Sie unterhielten sich leise. Scholz ärgerte sich.

„Was wird denn jetzt?!", rief er. „Wartet ihr auf den Hauptfilm? Ich meine, passiert jetzt noch was, wird was unternommen, kann ich vorher noch aufs Klo, oder wie ist das?"

„Regen Sie sich nicht auf", sagte Frau Pettenkoffer. „Ihr Fehler ist, Sie regen sich immer künstlich auf ..."

„Wir übernachten hier", sagte Pettenkoffer. „Ich bin, ehrlich gestanden, etwas erschöpft von der Rederei, schließlich hab ich die Unterhaltung fast allein bestritten ..."

„Ja, du bist wirklich arm!", tröstete ihn Frau Pettenkoffer, tätschelte ihm die Wange, was er sich mit Behagen gefallen ließ.

„Und der Brandgeruch? Sie wollen allen Ernstes *hier* schlafen?"

„Wir sollen hier übernachten. Das hat der Sturmherr gesagt. Vielleicht sollen wir erst später ankommen", entgegnete nun Hartmann ruhig, der bereits mit geschlossenen Augen auf dem Boden lag.

„Sie nehmen das alles mit erstaunlichem Gleichmut", sagte Scholz.

„Was wollen Sie? Ich bin schließlich tot."

„Schon, aber ist das ein Grund, gleich alle viere von sich zu strecken?"

„Ich weiß gar nicht, was Sie wollen. Das ist immerhin das Jenseits hier ..."

„Wohl eher eine Mischung aus Diesseits und Jenseits."

„Wenn schon! Auf jeden Fall besser als das große Nichts ... Mensch, überlegen Sie doch, das Jenseits! Das Leben nach dem Tode! Wem wir hier aller begegnen könnten: Einstein, Albert Schweizer ..."

„… und Dr. Mengele“, höhnte Dr. Scholz. „Vielen Dank, ich will niemandem begegnen, Sie als Toter reichen mir vorläufig …“

„Und was ist mit Ihren eigenen Toten?“

„Ich weiß nicht“, sagte Scholz. Er setzte sich neben Hartmann auf den Boden, verschränkte die Arme über den Knien.

„Was wissen Sie nicht?“

„Ob ich das will … Ihnen begegnen, meine ich.“

„Aber warum denn nicht?“ Hartmann setzte sich auf. „Ich hoffe zuversichtlich, sie alle wiederzusehen, meine Eltern und Großeltern, meine Schwester …“

„Sie hatten eine Schwester?“

„Ja, sie wurde überfahren. Fünf war sie. Ich war sieben damals. Überfahren direkt vor unserem Haus.“ Nach einer Weile sagte er: „Sie müssen alle irgendwo dort drin sein, in diesen Wäldern, ich muss sie nur finden …“

„Aber wie wollen Sie das anstellen? Überlegen Sie doch: Wenn Sie keine Ausnahme und alle Toten in Ihrem Zustand sind, wo bitte sind die dann? Das müssen doch Milliarden und Abermilliarden sein … seit Anbeginn. Der Wald müsste wimmeln von ihnen. Das ist aber nicht der Fall. Also …“

„Sie vergessen die Anomaliezonen, das Reich der Zwerge. Da haben alle bequem Platz.“

Hartmann hatte sich wieder zurückgelegt. Nach einer Weile sagte er: „Ist es nicht seltsam: Früher hat man gestritten, ob es das Jenseits überhaupt gibt, ein Leben nach dem Tode und so weiter. Das wissen wir jetzt. Und was tun wir? Streiten uns über die räumliche Aufteilung, wo wer abgeblieben ist! Das ist doch neurotisch.“

Darauf wusste Dr. Scholz nichts zu erwidern. Er legte sich hin. Inzwischen war es Nacht geworden, so schnell, wie es nicht einmal in den Tropen Nacht werden sollte. War die Sonne schneller? Scholz wollte schon diese neue Frage aufwerfen, unterließ es aber. Er hatte das Gefühl, seinen Schicksalsgefährten mit solchen Fragen mehr und mehr auf die Nerven zu gehen. Die wollten sich ihr schönes Jenseits nicht kaputtnörgeln lassen.

Der Himmel war von einer Schwärze, wie sie Scholz noch nie gesehen hatte. Die Sterne stachen glühend heraus, ohne jedes Funkeln. Scholz dachte an seine Frau. Er fühlte sich elend.

„Was ist mit dem Sturmherrn?“, fragte er dann. „Was glauben Sie: kommt der zurück?“

„Vielleicht.“ Dr. Scholz war zufrieden. Er blickte in das Sterngewimmel hinauf und suchte nach dem großen Wagen. Er fand ihn nicht. Dafür fand er ein riesiges Quadrat aus vier leuchtend hellen Sternen. Das Quadrat bedeckte den halben Himmel. Er machte Peter Hartmann darauf aufmerksam. Peter Hartmann hatte dieses Quadrat noch nie am Himmel gesehen.

„Erkennen Sie sonst eine Konstellation?“, fragte Scholz mit neuer Unruhe.

„Keine einzige“, sagte Hartmann.

„Aber dann ist das hier vielleicht gar nicht die Erde!“, rief Dr. Scholz.

„Ruhe jetzt!“, scholl es von drüben, wo sich das Ehepaar Pettenkoffer gelagert hatte. „Wir wollen schlafen!“

„Na, wenn schon“, sagte Peter Hartmann leise, „auf jeden Fall ist es das Jenseits …“

„… oder eine …“

„Oder eine Mischung, soll sein, Jenseits ist dabei. Glauben Sie mir, ich muss es wissen, ich bin tot. Schlafen Sie jetzt.“

Wider Erwarten schlief Dr. Scholz sofort ein.

Gegenfeuer und Feuer

Wenn es am Abend der Entscheidung noch Zweifel gegeben hatte, so verschwanden sie im Laufe der Nacht. Optimismus erfasste alle Beteiligten; die Mitglieder des Exekutivausschusses, die Gruppen, Brigaden und Regimenter. Über die Menge der requirierten Brandmittel gehen die Angaben auseinander. Die einen sagen, für eine wirksame Bekämpfung der Carbonpflanzen seien es von vornherein viel zu wenig gewesen; die anderen wiederum behaupten, es hätte leicht zur Einäscherung einer Großstadt ausgereicht. Die dritten schließlich argumentieren, man dürfe den Blick nicht auf die technischen Aspekte einengen, viel interessanter sei doch, in welchem Ausmaß die Bevölkerung mitgemacht habe, inwieweit sie über die Gefahren informiert gewesen sei und so weiter.

Wie dem auch gewesen sein mag – gegen ein Uhr in der Nacht begannen die Brigaden auszuschwärmen und jene Stellungen zu beziehen, die ihnen zuvor auf einer nervenzehrenden Sitzung der Exekutivler zugewiesen wurden. Oskar Klein, der Sekretär, hatte sich der Mithilfe der städtischen Feuerwehr versichert. Die Feuerwehr sprach sich für Flammenwerfer und komplizierte Sprühgeräte aus, aber nichts davon war verfügbar. Mit Flammenwerfern war es also nichts. Das Benzin musste händisch aus Kanistern verschüttet werden. Es gab weit weniger Kanister als Brandstifter, man behalf sich mit Eimern, Gießkannen und ähnlichen Behältern. Vielen wurde schon auf dem Hinmarsch schlecht vom Benzingestank, alles musste in der Hand getragen werden, denn die Straßen waren alle nun so dicht bewachsen, dass kein Fahrzeug mehr durchkam. Die Bäume des Carbons strebten ungehindert und unerbittlich in die Höhe, man konnte zuschauen dabei.

Es kam natürlich nicht infrage, einfach irgendwo den Wald anzuzünden. Zunächst musste rund um die Stadt ein

Brandwall gelegt werden; ein ringförmiges Gegenfeuer. Es war vollkommen windstill, das konnte sich aber jeden Augenblick ändern. Den Verantwortlichen war das auch bewusst. Sie ermahnten deshalb die Einsatzgruppen zu höchster Vorsicht. Oskar Klein hatte die Umgebung der Stadt in vier Quadranten eingeteilt, die von Meridian und Breitenkreis des zentral gelegenen Rathauses gebildet wurden. In diesen vier Brandabschnitten, die er im Uhrzeigersinn von 1 bis 4 nummerierte, gingen vier Brigaden des ersten Brandregimentes vor. Etwa hundert Meter außerhalb der Peripherie wurden dann die ersten kleinen Brände gelegt. Je ein Trupp der Feuerwehr stand mit Einsatzfahrzeugen auf die Stadt zu. Die Fahrzeuge in wenigstens halbwegs brauchbare Positionen zu bringen, war ein Gewaltakt, den nur die verzweifelte Aufbruchsstimmung mehr oder weniger gelingen ließ. Die Bäume in der Nähe der Häuser (und die Häuser selbst) wurden so gut es ging nassgespritzt. Der Himmel hatte sich bezogen, es sah nach Regen aus. Die Meldungen, die bei Oskar Klein eintrafen, klangen nicht sehr ermutigend. Jeder Trupp konnte über Funk die Einsatzzentrale im Büro des Bürgermeisters erreichen. Dort saß er mit einigen Getreuen und wartete auf Ergebnisse.

In einem der neuen Waldgebiete übergab der Einsatzleiter eben das Funkgerät an den Geschichtsprofessor Mittmann, der seiner Brigade unterstellt war: „Sie übernehmen die Kommunikation. Wenn die Zentrale uns kontaktiert, dann sagen Sie, ich bin ganz vorn und melde mich, sobald es geht."

Der Geschichtsprofessor nickte nur und ließ sich mit dem Funkgerät unter einem Schopfbaum nieder, der schon auf die beachtliche Höhe von acht Metern emporgewachsen war. Wenn der Einsatzleiter sagte, er gehe ganz nach vorn, hieß das wohl, dass er, der Geschichtsprofessor, etwas weiter hinten bleiben solle. Ihm war das recht, weil er zwei linke Hände hatte und befürchtete, sich selber anzuzünden. Der Professor hatte sich zu dieser Aktion freiwillig gemeldet – wie Hunderte andere; die Gründe dafür wurden immer nebuloser, je weiter sie in den neuen Dschungel eindrangen; was ihm am Stadtrand davon noch einfiel, war eine Art diffuser Patriotismus und der Wunsch, seiner Frau zu imponieren – beides kam ihm jetzt kindisch vor. Ich hab mich hinreißen lassen, dachte Mittmann voller Scham, hoffentlich merkt es keiner. Ich werde mich fernhalten von allem, was brennt. Fürs Militär war Mittmann seiner Senkfüße wegen untauglich gewesen, was ihn damals gefreut hatte – er hatte gleich das Studium der Geschichte beginnen können – ihn aber im Fortschreiten der Jahre mit einem nagenden Unbehagen erfüllte. Er war nirgendwo dabei gewesen, nicht beim Militär, nicht beim Zivildienst, es fehlte ihm ein prägendes Stück persönliche Geschichte. Vielleicht war das der Hauptgrund, warum er sich für diese Aktion gemeldet hatte, die ihm umso verrückter vorkam, je länger er dem Treiben seiner Kameraden zusah. Überall fackelten Brände empor, zehn, zwanzig auf einmal, hochlodernd, sehr rasch sanken sie aber wieder zusammen.

„Sekretär für Abschnitt 2, kommen!“, schnarrte es aus dem Funkgerät.

„Abschnitt 2, Mittmann“, meldete er sich mit der vorgeschriebenen Formel. Bis jetzt hatte er alles richtig gemacht, auch nicht vergessen, den roten Knopf zu drücken, denn der Sekretär in der Zentrale verstand ihn.

„Wie sieht’s aus?“, wollte der wissen. „Lagebericht. Kommen.“ Mittmann holte tief Luft.

„Bis jetzt etwa zwei Dutzend Brände gelegt. So viel kann ich von hier aus sehen. Aber es funktioniert nicht richtig … es … ich meine, zuerst brennt es wie verrückt, die Flammen schlagen bis über die Baumwipfel, aber es brennt nur kurz wirklich gut.“ Er machte eine überflüssige Pause, bis ihm einfiel, dass er seinen Sermon mit der Formel „Kommen“ beenden musste. „Kommen!“, rief er ins Mikrofon. Oskar Klein war ungehalten.

„Was soll das heißen, brennt nicht richtig? Brennt es, oder brennt es nicht? Kommen."

„Es brennt, aber das Feuer breitet sich nicht aus, es sieht so aus, als ob es nur schwelt. Ich gehe vor und schau es aus der Nähe an. Kommen."

„Was heißt aus der Nähe? Wo, zum Teufel, stehen Sie denn? Und wo ist überhaupt der Einsatzleiter? Kommen."

Mittmann war jetzt ganz ruhig. Oskar Klein hörte sich nun genauso an wie der alte Direktor, der sofort laut wurde, wenn er sich unsicher fühlte – entsetzlich, solange man es nicht durchschaut hatte. Wenn man es durchschaut hatte, war es nur noch lächerlich.

„Der Einsatzleiter ist vorne bei den Feuern", sagte er ruhig, „er hat mir aufgetragen, hinten auf der Anhöhe zu bleiben wegen des besseren Überblicks. Soll ich vorgehen? Kommen."

„Steigen Sie runter von Ihrem Feldherrnhügel! Gehen Sie vor zum Feuer und melden Sie, was nicht funktioniert! In zehn Minuten! Ende."

Mittmann trampelte kichernd auf der Stelle. Es gab im Umkreis nichts auch nur annähernd Hügelartiges, nicht einmal eine winzige Bodenerhebung. Das hatte er erfunden, und dieses Arschloch war darauf reingefallen! Das erfüllte ihn mit einer tiefen und reinen Freude. Er ging langsam auf eine der Feuerstellen zu. Mit jedem Schritt wurde der Brandgeruch noch stärker. Die Brandstelle maß querdurch etwa zehn Meter. Im Inneren brannte es, ja, das konnte man sagen. Es loderte nicht, es war kein donnerndes Krachen zusammenstürzender Baumriesen zu hören; es brannte so vor sich hin, die Flammen leckten lustlos an den Stämmen empor, die keine Anstalten machten, zusammenzustürzen, in den beblätterten Wipfeln ging überhaupt nichts weiter, das Feuer schien sich dort oben zu verzetteln, hier ein Riesenblatt anzuknabbern, dort ein anderes. Es war kein Schwung in der Sache – ein Feuer wie Dienst nach Vorschrift, ein Feuer, das nur nach einem Vorwand suchte, auszugehen und eine Menge angekokeltes Carbonholz übrig zu lassen. Allerdings rückte es an allen Seiten doch ein wenig vor, einen halben Meter hier, einen ganzen dort; breitete sich aus wie eine sehr zähe Flüssigkeit auf glattem Boden.

* * *

Das zögerliche Fortschreiten des Gegenfeuers konnte der guten Stimmung in der Zentrale keinen Abbruch tun. Sie ging von den Feuerwehrleuten aus, diese gute Stimmung, und übertrug sich auf alle Beteiligten. Die Feuerwehrleute hüteten sich, den Grund für ihre Heiterkeit zu nennen; pure Erleichterung, hatten sie doch befürchtet, die ganze Stadt werde bei dem Manöver abbrennen. Die Pflanzen brannten, wie sich das für grünes Holz gehört, lustlos bis mäßig. Leicht zu kontrollieren. Es wurde deshalb kein Einwand erhoben, als Oskar Klein vorschlug, jetzt gleich zu Phase 2 überzugehen und die Brigaden in den Außenring zu schicken. Der Außenring war eine Kreislinie fünf Kilometer vom Stadtzentrum entfernt. Auf dieser Linie sollten nun Brandherde angelegt werden, punktförmig aufgereiht wie Perlen auf einer Halskette. Die Punkte würden zu kleineren, dann größeren Flecken heran- und schließlich zu einem geschlossenen Ring zusammenwachsen, der sich immer mehr verbreitern würde, ungleichmäßig, wenn Wind aufkam. Aber das machte nichts, weil der Ring, von welcher Seite immer er auf die Stadt zu kroch, jedenfalls auf den anderen, engeren Ring stoßen würde, den das gelegte Gegenfeuer dann schon aus dem Wald herausgestanzt haben würde. Weit vor den ersten Häusern würde das große Feuer keine Nahrung mehr finden und verlöschen.

Es hab keine Einwände gegen diesen Plan, von niemandem. Später wollte buchstäblich jeder, den man noch fragen konnte, schwere Bedenken gehabt haben; nur geäußert hatte diese Bedenken niemand. Mit wenigen Befehlen eines gut gelaunten Oskar Klein wurde also Phase 2 eingeleitet. Kolonnen von Brandleuten setzten sich sternförmig von der Stadt ausstrahlend in Bewegung. Das Benzin führten sie nun in requirierten Fässern auf ebenfalls requirierten Schubkarren mit sich; beides war in den Baumärkten der Stadt beschlagnahmt worden. Es ließ sich nie mehr eruieren, von wem dieser geniale Einfall stammte. Die Brigaden hatten den Auftrag, nach Erreichen des Außenrings unverzüglich mit der Brandlegung zu beginnen – hier sei schon der erste Fehler gemacht worden, hieß es nachher; man hätte unbedingt abwarten müssen, wie sich das Gegenfeuer inzwischen entwickelte. Alle Gruppen hatten Funkgeräte, deren Funktion in keiner Weise gestört war – die beliebteste Ausrede bei militärischen Katastrophen, nämlich Mängel in der Kommunikation („die Flaggensignale waren bei all dem Pulverqualm nicht mehr zu sehen, Sir"), galt hier nicht. Man hätte über Funk fragen können, aber es gab ja den strikten Befehl, Feuer zu legen, sobald die 5-Kilometer-Linie erreicht war. Die Gruppen kamen auch besser als erwartet voran. Es war inzwischen Tag. Die seltsamen Schopfbäume und Riesenschachtelhalme, die Bäume mit den riesigen graugrünen Rasierpinseln an der Spitze, all diese Gewächse waren erst sechs bis acht Meter hoch und hatten wenige oder gar keine Äste. Es gab kein dichtes Unterholz in diesem Wald; knie- bis mannshohes Farnkraut, das sich einfach niedertreten ließ. Nur mit Autos kam man nicht durch. Es gab auch Schlingpflanzen mit merkwürdig keilförmigen Blättern. Diese Gewächse wanden sich an manchen Stämmen empor. Aber es gab keine verfilzte Pflanzenmasse, der nur mit der Machete beizukommen gewesen wäre. Es war auch nicht dunkel, an vielen Stellen reichte das Sonnenlicht bis zum Boden. In der Nacht hatten sich die Gruppen dauernd verirrt, mussten sich mühsam auf die kaum noch erkennbare Straße zurücktasten, die dem Ansturm der Pflanzen keinen Widerstand mehr entgegensetzte – wobei „Ansturm" kaum das richtige Wort ist; hier schob sich ein Stamm durch die Asphaltdecke, ein paar Meter weiter der nächste, hier ein

Farnbüschel, dort ein anderes – aber alles schön voneinander entfernt und kein Grund, dass die Straßendecke auch auf den freien Flächen in winzige Schollen zerkrümelte. Die Schuhe hinterließen Abdrücke, sanken ein wie in feinen Kies.

Alle Gruppen erreichten den 5-Kilometer-Außenring früher als geplant, füllten die Kanister aus den mitgebrachten Fässern, und begannen, Benzin in der Gegend zu verspritzen. Sie bildeten kreisförmige Brandplätze, allerdings von weit größerem Durchmesser als die am Innenring. Dann legten sie Feuer und zogen sich nach außen zurück.

Der Wind kam gegen zwölf Uhr auf, die Angaben darüber gehen so weit auseinander, dass dies allein schon ein Mysterium ist, von dem Wind selbst einmal abgesehen. Da gibt es tatsächlich Leute, die behaupten, schon um zehn Uhr hätten sie den Wind gespürt – am Marktplatz wohlgemerkt, keine hundert Schritte vom Rathaus entfernt, in dem sich zu diesem Zeitpunkt die Mitglieder des Komitees beglückwünschten, wie plangemäß alles verlief. Die Baumwipfel hätten sich sachte bewegt, behaupten Zeugen. Andere dagegen, auch am Marktplatz, behaupten, bis ein Uhr Mittag nichts von irgendeiner Luftbewegung gespürt zu haben; einer etwas außerhalb des Zentrums sagt dasselbe von zwei Uhr. Aus dem schließt man, dass es sich nicht um gewöhnlichen Wind gehandelt haben kann. Dennoch: Es wäre gar nichts geschehen, wenn man die durchaus richtige Methode des Gegenfeuers nur konsequent und geduldig angewandt hätte. Daran fehlte es nämlich, an Konsequenz und an Geduld. Es genügte keineswegs, einen Ring verbrannter Erde um die Stadt zu legen, was ja geschehen war, man hätte auch die Bäume in der Stadt selbst einzeln verbrennen müssen, Stück für Stück unter feuerwehrlicher Bewachung und Durchnässung angrenzender Gebäude. Das hatte man versäumt. Die Carbonpflanzen, die jede Straße und jede Grünfläche dieser gartenreichen Stadt erobert hatten, blieben vom Gegenfeuer verschont. Sie warteten auf das andere, das größere Feuer.

* * *

Mittmann rannte. Er rannte, wie er noch nie in seinem Leben gerannt war. Keine Chance, dachte er, keine Kondition. Das Funkgerät hatte er weggeworfen, auch die schwere Jacke. Er sprach mit sich selbst: „Es kann nicht sein, so schnell kann es nicht sein, ich bin nicht verletzt, ich kann laufen, ich komm davon, nur stolpern darf ich nicht …"

Hinter ihm donnerte es. Stetiges, brüllendes Donnern wie von den großen Blechplatten, die man im Theater verwendet; es klang unecht bis zum Lächerlichen, aber es war ja auch kein echter Donner, es war Feuer. Die Flammen stiegen weit über die Höhe der Wipfel auf, rissen ganze Blattbüschel der Schopfbäume im Sog hinauf, halbe Stämme, die als schwarze Silhouetten für Augenblicke in der Feuerwand tanzten, hoch über den Bäumen im Vordergrund, Stockwerke darüber, bis sie von innen in lautloser Explosion erglühten, erst rot, dann gelb, noch höher, noch mehr hinten hineingerissen wurden, wo die Umrisse in der allgemeinen Glut verschwanden. Zurückfallen sah er keinen dieser Bäume, die wurden schon im ersten Hinaufwirbeln vollständig verbrannt, in Kohlendioxid und Wasserdampf verwandelt, das bisschen Asche, das da blieb, war zu leicht zum Runterfallen, stob viele hundert Meter nach oben, wo sich eine schwarze Wolke bildete, so hoch, dass sie den ganzen Himmel erfasste, der ganze Himmel war.

Die Sonne stand hinter dieser Wolke. Am Waldboden war es finster. Der Wind hielt auf die Stadt zu. Mittmann lief weg von der Stadt, gegen den Wind. Der Wind hatte sich so schnell erhoben, dass ihnen keine Zeit geblieben war. Die Feuer, die sie gelegt hatten, waren zu groß. Alle liefen weg, als Erste, man muss es leider sagen, die von der Feuerwehr. „Zur Stadt!", schrien sie. „Auf den Innenring!" Dann begannen sie zu laufen. Mittmann war stehengeblieben, sah zu, wie die Leute in seiner Nähe davonliefen, alle zur Stadt.

„Nicht dorthin!", hatte er ihnen zugerufen, „der Wind treibt es auf die Stadt, wir müssen in die andere Richtung!" Und er rannte in die andere Richtung. Noch waren die Einzelfeuer getrennt, die Brandkreise wurden aber größer. Dazwischen ließ sich durchkommen, Mittmann hörte Getrappel hinter sich, einer schrie ihn an. „Bist du verrückt? Das ist falsch, nach Norden! Was machst du, wenn der Wind dreht?" Mittmann blieb stehen und sah sich um. Da stand der Einsatzleiter mit einem Funkgerät, an dem eine Lampe blinkte. Unaufhörlich und grün. Er hatte Rußschlieren im Gesicht. Und entsetzliche Angst.

„Komm!", schrie er. „Nach Süden, auf den Innenkreis, dort wird es ausgehen, dort ist nichts mehr, was brennt. Dort sind wir sicher!"

Was redet er solchen Unsinn, dachte Mittmann; er weiß doch, dass es nicht stimmt, dort in der Stadt ist niemand sicher. Er winkte ab.

„Ich geh da lang", rief er zurück, „das ist sicherer. Der Wind wird nicht drehen!"

„Arschloch!", schrie der Einsatzleiter und rannte weg. Auf die Stadt zu. Das war anscheinend das letzte, was ihn als lebenden Menschen jemand sagen hörte, und viele, die ihn gekannt haben, sind der Ansicht, es sei typisch für ihn gewesen.

Auch Mittmann rannte, in die Gegenrichtung, rannte, so schnell er konnte. Das war unlogisch, wie ihm später selbst einfiel. Entweder hielt die Windrichtung, dann war es nicht nötig zu laufen, oder sie drehte, dann nützte alles Laufen nichts, denn vor ihm lagen Kilometer um Kilometer Carbonwald als Nahrung für das Feuer. Im Norden lag der See, der mochte Rettung bieten, wenn er ein Boot fand, aber wenn der Wind wirklich die Richtung änderte, würde er es nicht bis zum See schaffen. Er überlegte sich das, als er vom Laufen vollkommen erschöpft war und nicht mehr weiterkonnte. Das Donnern war schwächer geworden. Immer noch hörbar, aber viel schwächer. Er ließ sich am Fuß eines Schopfbaums zu Boden fallen. Es entfernt sich, dachte er, es entfernt sich. Nach einer Viertelstunde atmete er wieder ruhig. Miserable Kondition, dachte er. Dass er so mies beieinander war, hatte er nicht geahnt. Noch hundert Meter und es hätte ihn der Schlag getroffen. Aber besser miese Kondition und lebendig als durchtrainiert und tot wie dieser Einsatzleiter. Mittmann wunderte sich, warum er sich so sicher war. Der Wind wehte nach Süden, immer noch, das stimmte, das konnte er auf der schweißnassen Haut spüren, sogar hier unten am Waldboden, noch deutlicher konnte er es an den Wipfeln sehen, die sich alle in eine Richtung bogen. Das schienen sie nicht gut zu vertragen, manche waren abgebrochen und lagen wie riesige grüne Pilze zwischen den Stämmen. Und der Wind würde nicht drehen. Keinesfalls. Das wusste er, aber er wusste nicht, woher. Und noch etwas wusste er mit einer Sicherheit, als könne er dabei zusehen: dass die ganze Stadt verbrennen würde, vielleicht in diesem Augenblick schon brannte. Verzweiflung befiel ihn. Er würde seine Frau und die beiden Mädchen nicht wiedersehen. Er sprang auf und lief in leichtem Trab weiter nach Norden. Es war leichter auszuhalten, wenn er lief.

Er wusste später nicht zu sagen, wie er es angestellt hatte, nicht verrückt zu werden. Er konnte sich auch nicht mehr an den geistigen und seelischen Zustand erinnern, in dem er verharrt war; laufend, dann wieder gehend, immer auf der zugewachsenen Straße, die er als bröckeliges Material unter den Schuhen spürte. Immer nach Norden. Abseits der Straße hätte er sich hilflos verirrt. Eine Art Betäubung sei es wohl gewesen, sagte er dann, ein Dämmerzustand, aber Genaues darüber wusste er nicht mehr. Die Menschen begannen in jenen dramatischen Tagen, erstaunlich viel in erstaunlich kurzer Zeit zu vergessen. Das Gehirn schützte sich auf diese Weise vor Eindrücken, die es auf eine Art bedrohten, wie es noch nie seit Bestehen des Menschengeschlechts bedroht worden war. Deshalb war auch der Abwehrmechanismus unbekannt. So argumentierten jene, die alles, was gewesen war, in hergebrachter Ordnung zusammenhalten wollten, den Menschen, die Natur und so weiter. Vor allem ließen sie den Menschen im Mittelpunkt von allem stehen, das sei das Wichtigste, sagten sie; wenn er dort bliebe, im Mittelpunkt allen Seins, sei nichts verloren, was immer rundum auch geschehen möge. Man nannte sie die „Anticarboner".

Die anderen, radikaleren, behaupteten, dieser neue, seltsame Geisteszustand komme nicht aus dem Menschen, sondern von außen, aus dem Wald, eine jener Emanationen, die auf die Psyche einwirkten – ähnlich der Hemmung, die Bäume zu zerstören. Der Wald sei der Mittelpunkt aller kommenden Tage, alles Alte dagegen sei unbedeutend geworden, der Mensch müsse sich anpassen, und das werde ihm auch gelingen. Diese Leute nannte man die „Carboner".

Mittmann erlebte das, was man bald „die Macht des Waldes" zu nennen begann, am eigenen Leib. Mit jedem Schritt, den er sich von der Stadt entfernte, wurde er ruhiger. Nach langer Zeit erreichte er die Brücke über den Fluss. Er war noch nie hier gestanden. Die Brücke kannte er nur vom Auto aus.

Mittmann dachte zum ersten Mal seit Stunden wieder an seine Familie. Die waren alle tot. Denn die Stadt war verbrannt. Und alle, die darin waren. Beides wusste er mit derselben Sicherheit. Beides war traurig, aber auf eine Weise, wie weit zurückliegende Geschehnisse traurig sind. Daran würde sich auch nichts ändern, das war ihm klar, er empfand nur leichtes Bedauern dabei; es war ihm etwas genommen worden. Nicht nur Menschen, die er geliebt hatte, sondern auch die Trauer über den Verlust; nun war es so, als habe der Verlust gar nicht stattgefunden, so lang war er her.

In einiger Entfernung lag eine Nebelbank über Fluss und Wald, flussabwärts gab es eine zweite. Er wusste keinen Grund, warum sich bei solcher Hitze Nebel bilden sollte. Entsprach das den Regeln? Nach oben zerfloss er irgendwie in den Himmel; gegen die Sonne war das nicht auszumachen. Die Nebelbank hob sich langsam, wurde durchsichtiger. Mittmann beobachtete fasziniert, wie der Nebel dünner wurde und nichts dahinter zum Vorschein kam als blassblauer Himmel über grünen Pinselbaumkronen. Was nicht zum Vorschein kam, war das Mittelgebirge, mit Erhebungen von immerhin achthundert Metern über den Talboden. Das Mittelgebirge war weg. Verschwunden waren auch die ferneren Berge im Westen, die zur Schweiz gehörten. Vielleicht war die Schweiz selbst verschwunden.

Mittmann ging zum Fluss hinunter, um zu trinken. Das Wasser war kalt und klar. Sauber. Dann entdeckte Mittmann dasselbe wie viele andere in diesen Tagen. Der Hunger ließ sie die Schösslinge abreißen und kauen. Er hatte wie viele andere für einen Augenblick vergessen, dass er die Pflanzen nicht beschädigen konnte; so entdeckte er, dass dies nur für ausgewachsene Exemplare galt. Diese Schösslinge waren saftig, schmeckten nach nichts und stillten den Hunger. Mittmann wurde natürlich ein „Carboner", das wusste er jetzt aber noch nicht. Er wusste, dass er umkehren musste. Zurück in die Stadt, auch wenn sie mit allem, was er geliebt hatte, verbrannt war.

* * *

Ein Donnern lag in der Luft wie von Wasser, das tief unter der Erde durch Höhlen und Spalten fließt. Später versäumte keiner, hinzuzufügen, das sei das Verrückteste an der ganzen Sache gewesen, dass sich der brennende Urwald angehört hatte wie ein Fluss unter der Erde. Die Flammenwand wurde immer höher, der Rauch unmittelbar darüber war verschwunden, bildete sich erst weit über den Flammen aus dem Nichts glühend heißer Luft und war auch nicht mehr schwarz, sondern hellgrau wie Nebel. Da brannte kein grünes Holz. Was da brannte, war sorgfältig getrocknet, brannte fast rauchlos und heiß. Wie war das möglich?, fragten sich die Mitglieder des Exekutivkomitees. Zuerst wollten sie den Funkmeldungen keinen Glauben schenken; Übertreibung, hieß es, hysterische Reaktion von Leuten, die noch nie ein Großfeuer gesehen hatten. Dann meldeten sich die Feuerwehrleute, die klangen noch hysterischer, manche lachten tatsächlich ins Mikrofon. Aus all dem Wirrwarr ergab sich das Bild eines Brandes, der mit hoher Geschwindigkeit auf die Stadt zulief, angetrieben von einem Nordwind, der von Minute zu Minute heftiger wurde. Der Wald brannte wie jahrelang in der Sonne ausgedörrtes Holz, brannte schneller als feines Papier, brannte wie Zunder, die Bäume fingen Feuer, wandelten sich zu Flammensäulen, die immer heller und heißer wurden, bis sie weißglühend explodierten. Der Funkenregen flog der Brandwalze voran, weit voran, die größeren Stücke, glühende Blattwedel und Äste, fielen zuerst herunter. Sobald sie den Boden berührten, entstanden neue Brandherde, kein einziger Funken verlöschte.

„Das ist nicht möglich!“, schrie Oskar Klein im Sitzungszimmer. „Die sind doch knallgrün, die strotzen doch von Wasser, diese Scheißbäume! Wo soll denn das Wasser so schnell hin, wohin denn, he?“ Niemand antwortete. Das Sitzungszimmer war längst nicht mehr so voll wie noch vor einer Viertelstunde.

„Feiglinge!“, brüllte er, „verdammte Feiglinge! Kneifen den Schwanz ein, sobald es brenzlig wird!“ Das war nicht komisch gemeint. Es lachte auch niemand.

„Kommen Sie mit“, sagte Prof. Erhart, „es hat keinen Zweck, das müssen Sie doch einsehen …“

„Aber wieso brennen diese Pflanzen so schnell? Das dürften sie doch nicht, das ist doch nicht normal!“, jammerte Oskar Klein.

„Die Pflanzen sind selber nicht normal, das ist es ja eben“, sagte Erhart. „Nicht nur äußerlich. Normal! Wachsen wie verrückt, man kann sie nicht umhacken … na, und jetzt trocknen sie halt auch viel schneller als gewöhnliches Holz. Was haben Sie denn erwartet? – Brennen tun sie jedenfalls. Wir müssen weg …“

„Wohin denn?“ Oskar Klein klang verzweifelt. Er hatte große Angst, das war ihm anzusehen.

„Nach Süden“, sagte Erhart. „Lassen Sie das blöde Funkgerät liegen und kommen Sie mit!“ Er fasste Oskar Klein am Arm und zog ihn mit; der ließ es sich gefallen. Er war sehr blass. Dieser Oskar Klein hatte keine Ähnlichkeit mehr mit dem charismatischen Oskar Klein vom Vortag, wohingegen Prof. Erhart so aussah, wie er immer ausgesehen hatte, das fiel den restlichen Mitgliedern des Exekutivkomitees besonders auf, die sich hinter Klein und Erhart aus dem Zimmer drängten. Charisma hatte dieser Prof. Erhart keines; wusste auch nicht, die Massen zu begeistern, dafür wusste er, was in schwierigen Situationen zu tun war.

In normaleren Zeiten hätten so wichtige Leute wie die Mitglieder des Exekutivausschusses ein paar dunkle Limousinen bestiegen und das Weite gesucht. Das war unmöglich. Auf allen Straßen und offenen Flächen der Stadt schoben sich die Schopf- und Pinselbäume, die Riesenschachtelhalme und Baumfarne immer noch zentimeterweise dem strahlend blauen Himmel entgegen. Die Bäume glitzerten von dem Wasser, das die Feuerwehr bis vor Kurzem draufgespritzt hatte, auch die Hausfassaden und Dächer glänzten vor Nässe. Die Pumpen an den Hydranten arbeiteten jetzt nicht mehr. Es waren Kleingeräte, die man auf schmalen Handwagen zwischen den Carbonbäumen durchbugsieren konnte, für die Löschwagen gab es kein Durchkommen mehr. Diese Pumpen waren über die ganze Stadt verteilt. Später wurden schwere Vorwürfe gegen die Feuerwehr erhoben. Es habe genug Wasser gegeben, hieß es, und genug Personal, man hätte dem großen Feuer Einhalt gebieten können, wenn man nur die Pumpen und Schläuche weiter bedient hätte, aber die Feuerwehrleute seien ja davongelaufen wie die Hasen. Die Feuerwehr wehrte sich gegen solche Angriffe. Davonlaufen sei die einzige vernünftige Maßnahme gewesen – ob man denn ein Feuer, in dem saftstrotzende Baumriesen wie Papier verbrennen, mit ein paar Motorspritzen aufhalten wolle?

Als die Exekutivler auf die Straße traten, blieb ihnen wie allen anderen nur die Flucht zu Fuß. Prof. Erhart erinnerte sich noch, hinter Oskar Klein hergelaufen zu sein; auf der Hauptstraße bis zur Brücke, in ganz leichtem Trab, Oskar Klein sei gut unterwegs gewesen, körperlich fit, was wohl mit seinem

Beruf als Detektiv zusammenhänge; er selbst, Erhart, habe ihn mehrmals bitten müssen, doch nicht so schnell zu rennen. Dann, kurz vor der Brücke, sei Oskar Klein in eine Seitenstraße rechts abgebogen. Wo er denn hinwolle, habe Erhart gerufen. Nach Süden!, habe Oskar Klein zurückgerufen, das sei eine Abkürzung! Die Richtung, in die Oskar Klein nun lief, war aber eindeutig Westen. Sie trennten sich, Prof. Erhart lief nach Süden weiter, immer weiter und weiter. Süden war richtig. Von Oskar Klein hat man nie wieder etwas gehört oder gesehen; er gehört zu den wenigen Personen, die wirklich verschwunden sind.

Jagd

Sie kamen aus dem Wald links und rechts der Gleise. Zuerst nur zwei, dann noch zwei, dann einer, dann drei auf einmal, dann wieder einer, wieder drei … die Grüppchen wurden größer, soviel ließ sich sagen. Sie sammelten diese Leute auf wie ein Kescher, den man durch einen Schwarm von Fischen zieht. Immer mehr Fische sammelten sich im Netz.

Weil neben den Gleisen kein Platz war, sammelten sie sich vor der Lok und dahinter; der Sturmherr lief nun weit voraus, zwischen ihm und der Lok immer mehr Fremde in unordentlichen Viererreihen, zwei auf den Schwellen, zwei oder drei außerhalb.

Der Sturmherr schritt an der Spitze des Zuges, Scholz konnte ihn nur sehen, wenn er sich weit aus dem Fenster lehnte, wobei ihn jedes Mal mit schiefgelegtem Kopf der Rabe beäugte, der zu diesem Zweck von der Dachmitte zum Rand trippelte. Dabei brachte er leise krächzende Laute hervor, aus denen ganz deutlich etwas Fragendes herauszuhören war.

„Ich mach mir nur langsam Sorgen“, sagte Dr. Scholz zu dem Raben, „um meine Frau. Ich habe das Gefühl, ich entferne mich immer mehr von ihr … ich sollte bei ihr sein, nicht hier.“

„Glauben Sie, er versteht Sie?“, fragte Peter Hartmann.

„Ich weiß schon nicht mehr, was ich glauben soll“, sagte Scholz. „Wenn mir gestern jemand gesagt hätte, dass ich mich allen Ernstes mit einem Raben unterhalten werde …“

„Das ist vielleicht Ihr Problem: Sie müssen wissen, was Sie glauben sollen. Aber das geht nicht, das schließt sich gegenseitig aus …“

Der Rabe unterbrach ihn, indem er seine Flügel ausbreitete und sich mit unnötig dramatisiertem Geflatter in die Lüfte hob. Er flog zu seinem Herrn.

„Jetzt erzählt er ihm von Ihren Sorgen“, sagte Peter Hartmann.

Hinter der Lok hatte sich eine lange Schlange gebildet. Sie fuhren so langsam, dass keiner Mühe hatte, Schritt zu halten, gewöhnliches Marschtempo, fand Scholz, der es dennoch allmählich zu schätzen wusste, dass er auf der Lok mitfahren durfte. Obwohl er nichts anderes tat, als aus dem Fenster zu schauen und sich Sorgen zu machen, tropfte ihm der Schweiß auf den Bahnschotter, Fahrtwind gab es keinen, sie waren zu langsam. Von den Neuankömmlingen schien niemand unter der Hitze zu leiden, sie trotteten in einer unüberschaubar langen Schlange hinter der Natronlokomotive her, angetan mit ganz unterschiedlicher Kleidung, die nicht in den Dschungel und dieses Klima passte. Gleich in der zweiten Reihe ging eine Dame im Pelzmantel. Der Herr neben ihr trug einen ausgebleichten Schlafanzug. Die beiden unterhielten sich angeregt. Weiter hinten leuchtete ein wenig weiße Haut, da gab es ein paar, die offensichtlich gar nichts anhatten. Alle redeten; mit dem Nebenmann oder der Nebenfrau, manchmal erzählte einer als Mittelpunkt einer kleinen Gruppe, die anderen hörten zu. Dr. Scholz hörte Gelächter; was das Lachen auslöste, ging im allgemeinen Gemurmel unter.

„Erzählen die etwa Witze?"

„Warum nicht?", sagte Hartmann. „Was stört Sie daran?"

„Ich hatte mir von euresgleichen eine etwas würdigere Haltung …"

„Das sieht Ihnen ähnlich, sogar den Toten Vorschriften zu machen!", unterbrach ihn Hartmann. „Sie sehen das alles viel zu verkrampft – entspannen Sie sich! Genießen Sie die Fahrt! Ich hab's zuerst für Urlaub gehalten. Warum eigentlich nicht? Stellen Sie sich einfach vor, es ist eine Urlaubsreise in so ein Tropenparadies – haben Sie gewonnen bei einem Preisausschreiben. Da würden Sie doch auch hinfahren, oder? Das würden Sie doch nicht verfallen lassen, bloß weil's dort heiß ist und Moskitos gibt? Da ist es hier ja viel besser, Mücken gibt es keine …"

Dr. Scholz erwiderte nichts darauf. So hatte er die Sache bis jetzt nicht gesehen, und es ließ sich schwer etwas gegen Hartmanns Standpunkt einwenden. Es gab tatsächlich keine

Mücken. Manchmal schwirrte eine blauglänzende Libelle von der Größe einer Amsel über den Dschungel. Eine ließ sich auf dem Dach der Lok nieder und bewegte die beiden Flügelpaare nach undurchschaubarem System. Nach einer Weile schwirrte sie ansatzlos davon, ohne die geringste Notiz von Scholz zu nehmen. Der kam sich verlassen vor. Nichts, was ihn umgab, war ihm vertraut. Der Urwald sowieso nicht, keine bekannte Pflanze darin. Es gab keine Blüten, keine Gräser, keinen Halm. Das einzige bekannte Tier war der Rabe gewesen, aber der tat so, als könne er verstehen, was Menschen sagten. Vielleicht konnte er es ja. Von den menschenähnlichen Gestalten konnte er alle streichen, die hinter der Lok hergingen. Die waren tot. Ebenso alle, die der Lok voranschritten. Bis auf den Sturmherrn, der war dafür unsterblich. Auch kein Jemand, den man jeden Tag auf der Straße trifft. Blieben Pettenkoffer und seine Frau, beides deklarierte Zwerge, die unter gewöhnlichen Umständen auf submikroskopisches Maß verkleinert in ihren geheimen Anomaliezonen lebten; eine Art Venedigermännlein. Dr. Scholz stellte fest, dass er nicht nur der einzige Vertreter des gewöhnlichen Menschengeschlechtes, sondern sogar das einzige Exemplar gewöhnlicher, seiender Dinge war. Und die Lok? Die Lok hatte er vergessen. Aber so normal war die auch nicht. Von diesem Natronantrieb hatte er in der normalen Welt nie etwas gehört. Nur die Schienen, die waren normal. Und die Schwellen. Und der Schotter dazwischen.

Er schreckte aus seinen Gedanken hoch, als der Rabe sich flatternd auf dem Dachrand niederließ. Kaum saß er, begann er leise zu krächzen, wobei er Scholz mit seinen roten Knopfaugen durchdringend anstarrte. Dann kehrte er auf seinen Posten in der Dachmitte zurück.

„Ihre Sorgen werden berücksichtigt", sagte Peter Hartmann. „Wir erhöhen die Geschwindigkeit." Pettenkoffer beugte sich aus dem Fenster.

„Wenn Sie Beschwerden haben", zischte er, „dann sagen Sie das gefälligst mir und belästigen nicht den Raben!" Bevor

Scholz etwas erwidern konnte, zog der Lokführer den Kopf zurück. Vom vorderen Führerstand war die ganze Zeit nichts zu hören gewesen, auch jetzt war es wieder still. Peter Hartmann grinste, tippte sich mit dem Zeigefinger an die Stirn, dann machte er eine wegwerfende Geste.

„Beziehungsprobleme“, flüsterte er Dr. Scholz zu, „da lässt er die Wut halt woanders aus.“ Scholz nickte. Er war verwirrt. Gleich darauf fuhr die Lok schneller, steigerte die Geschwindigkeit ganz allmählich bis auf etwa 20 km/h. Auf die Leute hinter der Lok hatte das keinen Einfluss, sie folgten mühelos. Dr. Scholz beobachtete fasziniert die erste Reihe, zwei Frauen in der Mitte, zwei Männer außen, je einer auf jeder Seite. An der Art, wie sie sich bewegten, war nichts Ungewöhnliches; sie machten große Schritte, das hatten sie vorher auch getan. Aber sie rannten nicht, sie *wanderten.* Scholz war nicht imstande, das Rätsel zu lösen. Er konnte so lange hinschauen, wie er wollte, die Füße holten aus, keineswegs schneller als bei etwas forciertem Marschtempo, nichts war da zu sehen von einem Zeitraffereffekt. Nur die Schwellen verschwanden so schnell unter den wandernden Beinen, dass er sie nicht mehr auseinanderhalten konnte – so schnell, wie es dem Tempo der Lok entsprach und dem der Schopfbäume, die links und rechts vorüberzogen.

Er merkte, dass auch Hartmann den Wanderern zusah. Manchmal blickte einer auf, löste sich vom Gespräch, winkte ihnen auf der Lok zu. Aber sie lachten nicht bei solchen Blicken, lächelten auch nicht, was ihrer Aufmerksamkeit etwas Tragisches gab; aber das war nicht beabsichtigt. Dr. Scholz war sich klar darüber, er wusste nicht woher und warum, dass im Winken und Schauen dieser Leute kein memento mori war, sie wollten ihn nicht erschrecken, nicht ängstigen, nicht einmal irritieren. Was sie aber damit bezweckten, wusste er nicht; es schien wie das unmöglich schnelle Laufen, das kein Rennen war, aus einer anderen Ordnung der Dinge zu stammen, die er nicht verstehen konnte. Hartmann blickte zu den Gestalten hin, winkte aber nicht zurück. Auch er lächelte nicht. Er lächelte erst, als er sich an Scholz wandte.

„Sie sehen konsterniert aus, Doktor. Geht es Ihnen gut?"

Scholz hörte keinen Hohn heraus, nur freundlich kühles Interesse.

„Mir geht es gut, danke. Ich bin nur verwirrt ... die laufen so schnell, obwohl es nicht so aussieht ... offenbar meinetwegen. Das ist mir nicht recht, ich möchte keine Ungelegenheiten ..."

„Machen Sie sich keine Sorgen, das ist alles in Ordnung. Es macht uns nichts aus, etwas schneller zu gehen. Wir sind ohnehin bald da."

Zum ersten Mal fragte Scholz nicht nach, wenn es auch mühsam war, den Impuls zu unterdrücken, er fand aber, es gehöre sich nicht, nachzufragen.

„Ich weiß es von dem Raben", sagte Hartmann, „es ist diese Stadt, D. Da hat es ein großes Feuer gegeben. Da müssen wir viele aufsammeln. Für den großen Zug ..."

Scholz packte Hartmann an der Strickjacke. „Ein großes Feuer!", schrie er. „Und das sagen Sie so nebenbei! Meine Frau ist doch dort!"

Hartmann streifte die Hand von seiner Jacke. Das ging ganz leicht, Scholz konnte nichts dagegen tun.

„Ihre Frau ist nicht bei uns", sagte Hartmann.

„Woher wissen Sie das?"

„Der Rabe hat sie gesehen. Beim Sender. Der wurde vom Feuer verschont. Wissen Sie, wo der Sender in D. ist?"

Scholz war verwirrt. „Natürlich weiß ich das. Aber warum ist sie dorthin gegangen?"

„Sie fragen wirklich mehr, als zehn Weise beantworten können! Sie ist ja nicht allein. Der Rabe erzählt, sie kommen aus allen Richtungen zu diesem Sender. Lauter kleine Gruppen ..."

„Warum, weiß er aber nicht, der Rabe?"

„Doch!", schrie Hartmann entnervt. „Das weiß er auch! Aber man kann ihn nicht danach fragen! Was glauben Sie eigentlich, was für ein Rabe das ist? Es ist *sein* Rabe! SEINER, verstehen Sie? Nicht die Telefonauskunft, und auch kein Internetanschluss, sondern das *Wissen der Welt!*"

Scholz traute sich nichts mehr zu fragen. Nach einer Weile fuhr Hartmann fort.

„Wir gehen nach Süden. Der Zug geht jetzt nach Süden. Es hat sich einiges geändert, das sehen Sie ja. Früher ging der Zug immer nach Norden. *Er* stammt ja aus dem Norden", fügte er erklärend hinzu. Keine Frage, wer gemeint war. Dieser eine stammte ohne Zweifel aus dem Norden.

„Sie müssen natürlich nicht mit", sagte Hartmann. „Ihre Frau auch nicht. In D. finden Sie Anschluss, nicht alle dort sind Teilnehmer unserer Reise." Dann sagte er nichts mehr. Scholz war müde. Er versuchte, über das Gehörte nachzudenken, es gelang nicht, dauernd blieb er an nebensächlichen Umständen hängen. Wie ging das mit dem Gleis? Weggefahren waren sie aus der Anomaliezone in Gisingen. Scholz hatte wie selbstverständlich angenommen, sie seien immer noch in dieser Zone gefangen. Dann fiel ihm ein, dass Pettenkoffer mit der Lok in einer Zone bei Innsbruck gestartet war und die hundertsechzig Kilometer durch dichten Dschungel in kurzer Zeit zurückgelegt hatte; jetzt fuhren sie schon etliche Stunden und sollten die knapp zwanzig Kilometer bis D. immer noch nicht hinter sich gebracht haben. Auch mit der früher von Pettenkoffer angegebenen Reichweite des Zuges passte das gar nicht zusammen. Er fragte Hartmann danach.

„Vergessen Sie die gewohnte Geografie", sagte der leichthin. „Hat sich alles verändert. Durch diesen Schmelzprozess, den Pettenkoffer erwähnt hat – erinnern Sie sich? Dadurch sind wohl alle Zonen miteinander in Verbindung gekommen und mit der Außenwelt. Jetzt ist alles irgendwie gleichermaßen Zone und nicht Zone … ist auch nicht wichtig. Wenn die sagen, wir kommen bei D. raus, dann ist das so, verlassen Sie sich drauf!"

Zur Bestätigung solch tröstlicher Worte tauchte kurz darauf ein Hausdach zwischen den Bäumen auf, dann noch ein paar andere; zu beiden Seiten der Gleise. Die Bäume waren hier noch nicht so hochgewachsen, schickten sich eben erst an, das erste Stockwerk zu überragen. Sie fuhren auch nicht mehr zu ebener Erde, sondern auf einem Damm, der mählich höher wurde. Zwischen den glatten, astlosen Stämmen ließ sich weit in den Jungwald hineinblicken, Unterholz gab es fast keines; weißgetünchte und bunte Fassaden blitzten auf, die roten Dächer trieben wie gefaltete Kartondeckel in einer grünen Flut. Auf der anderen Seite hatte sich der Wald auf Schachtelhalme reduziert, die waren schon höher gewachsen als die Pinselbäume und die Schopfbäume mit ihren langen Blättern. Wegen der Blattwirtel konnte man durch den Schachtelhalmwald nicht durchsehen, aber auf dem Damm stiegen sie immer höher über den Bewuchs hinaus, Wasser kam in Sicht jenseits der grünen Stängel. Sie wurden langsamer.

„Da sehen Sie es", sagte Hartmann, „da sind schon die Vororte …"

„Waren Sie schon einmal in D.?"

Hartmann dachte eine Weile nach, dann sagte er: „Ich kann mich nicht erinnern. Scheint nicht sehr wichtig gewesen zu sein … wenn ich darüber nachdenke, erinnere ich mich nicht einmal an Dinge, die ich für wichtig gehalten habe. Ich glaube allerdings nur, dass ich sie für wichtig gehalten habe." Der Gedanke schien ihn zu erheitern – aus Gründen, die Scholz nicht nachvollziehen konnte.

„Ich erinnere mich jedenfalls sehr gut an D.", sagte er, „ich wohne nämlich da, und ich weiß genau, dass es bei oder in dieser schönen Stadt kein Bahngleis auf einem Flussdamm gibt. Oder gab. – Das weiß ich genau", fügte er nochmals hinzu, als Peter Hartmann nicht reagierte. Es hörte sich wie das Gegenteil an, als er es aussprach. In einiger Entfernung tauchten vier rote Masten aus dem Dschungel, Scheinwerfer an der Spitze, die auf die futuristischen Umrisse des örtlichen Senders gerichtet waren. Scholz kannte das Gebäude von den Lesungen, die hier stattfanden. Es war ihm immer wie ein architektonischer Witz vorgekommen. Gebauter Kitsch.

„Wir sind da", sagte Hartmann. Die Lok blieb stehen, Pettenkoffer und seine Frau stiegen vorne aus.

„Hier müssen Sie raus", erklärte Hartmann dem begriffsstutzigen Scholz. „Dort rüber." Er deutete auf den Sender, der aluminiumfarben in der Sonne glänzte. Scholz nahm seine Tasche und stieg aus. Die Beine taten ihm weh. Verloren stand er neben der Lok, Pettenkoffer trat auf ihn zu, gab ihm die Hand, dann Frau Pettenkoffer alias Sommerring, was Scholz immer noch für einen schönen Namen hielt. Sie sah auch wieder aus wie Frau Sommerring, trug das nachtblaue Haarband. Rührselige Stimmung machte sich breit, obwohl noch keiner ein Wort gesprochen hatte. Scholz verabscheute das, es war ihm peinlich, er spürte mit Entsetzen, wie sich Wasser in seinen Augen sammelte und in der Nase. Ein Taschentuch hatte er dabei; wenn er das aber herauszog, würden die Augen überlaufen, bedingter Reflex. Pettenkoffer umarmte ihn, und die Augen liefen über. Auch bei Pettenkoffer selbst. Erst vor ein paar Stunden hätte er ihn in blinder Wut am liebsten umgebracht; er schämte sich.

„Hier trennen sich unsere Wege", sagte Pettenkoffer mit bewegter Stimme. Gleich heult er richtig los, dachte Scholz, und wenn ihm das passiert, passiert es auch mir. Pettenkoffer atmete tief durch.

„Mit dem Roman wird es ja nun nichts mehr werden", sagte er. Beim Gedanken an den Roman schien er sich zu beruhigen, die Stimme wurde fester. Scholz staunte.

„Sie tragen es mit großer Fassung", sagte er.

„Sie haben recht. Es ist erstaunlich, wenn man bedenkt, dass mit diesem Roman alles angefangen hat … ich hätte es nicht als Roman schreiben sollen."

„Wie meinen Sie das?"

„Ich hätte einfach mit der Wahrheit herausrücken sollen, ganz ungeschminkt … mit einem Sachbuch, einem Zeitungsartikel, auf einer Pressekonferenz, was weiß ich. Aber nicht mit Belletristik. Hätte ich gleich die ganze Wahrheit hinausposaunt, hätte die Gegenseite keine Chance gehabt, zu reagieren."

Die Gegenseite, vertreten durch Frau Pettenkoffer alias Sommerring, lächelte freundlich wie die ganze Zeit schon.

„Das mag sein", sagte Scholz, „aber hätte das am Einbruch des Carbons etwas geändert?"

„Nein. Aber so habe ich einen Narren aus mir gemacht. Es ging mir nicht nur um die Wahrheit, verstehen Sie? Es ging mir auch um den literarischen Ruhm ..."

„Daran ist doch nichts Falsches! Ihr Roman hat hohe literarische Qualitäten, das kann ich Ihnen versichern ..."

„Mag sein, mag sein, das ist jetzt nicht mehr wichtig. Es geht um etwas anderes: Man soll, was man weiß, nicht verklausulieren ... deine Rede sei ja, ja, nein, nein. Steht doch so irgendwo."

„Aber dann dürfte überhaupt nichts Fiktives mehr geschrieben werden!"

„Nein, nein. Ich habe gemeint, wer etwas weiß, soll nicht verklausulieren. Wer *gar nichts* weiß, mag weiterhin Romane schreiben."

Scholz ließ diese Ungeheuerlichkeit unkommentiert, daraus sprach nur der gedemütigte Autor, dem es nicht gelungen war, sein Werk zu veröffentlichen; an Bosheit und Neid übertrifft den nicht veröffentlichten Autor höchstens ein anderer nicht veröffentlichter Autor, das wusste Scholz.

„Wenn es sich nur irgendwie machen lässt", sagte er, „werde ich Ihren Roman veröffentlichen, und wenn es im Druck nicht mehr geht, dann im Rundfunk. Über Ätherwellen! Was sagen Sie dazu?"

„Ich fühle mich geschmeichelt", sagte Pettenkoffer, „aber dazu müssten Sie das Manuskript erst einmal haben ..."

„Und was, glauben Sie, ist da drin?" Scholz deutete auf die grüne Tasche. Pettenkoffer bückte sich rasch, zog den Reißverschluss auf, ließ die Seiten durch die Finger gleiten.

„Alles?", fragte er.

„Komplett“, sagte Scholz. Pettenkoffer erhob sich.

„Wahrscheinlich ist es einfach so“, sprach er, „dass Sie ein guter Mensch sind, Herr Dr. Scholz.“ Er wendete sich schnell der Lok zu und stieg ein.

Peter Hartmann beugte sich aus dem Führerstand.

„Ich will ja nicht drängen“, sagte er, „aber wir sollten langsam wieder los.“

Ohne ein weiteres Wort packte Scholz die grüne Tasche und stieg den steilen Damm hinab. Er drehte sich erst um, als er unten angekommen war. Die Lok hatte sich in Bewegung gesetzt, aus dem vorderen Führerstand winkte jemand heraus, nicht zu erkennen, ob das Pettenkoffer war oder seine Frau. Aus dem hinteren Stand winkte niemand. Hartmann war wohl beleidigt. Scholz wunderte sich, wie empfindlich Tote sein konnten. Die vielen Toten hinter der Lok nahmen keine Notiz von Scholz, der sie vorbeiziehen ließ und ihnen unablässig zuwinkte, wie er es als Kind bei jedem Eisenbahnzug getan hatte. Am Schluss des Zuges kamen die Kinder. Sie winkten zurück. Alle.

Als sie verschwunden waren, stieg er den Damm wieder hinauf. Alles weg. Die Schienen, die Schwellen, der Schotter. Nur ein schmaler Fußweg, der schon früher dagewesen war. Grüne Spitzen brachen daraus hervor. In ein paar Stunden würde alles zugewachsen sein. Scholz stand etwas verloren auf der Dammkrone. Er war nicht etwa verblüfft, er wusste genau, was er davon zu halten hatte, es gefiel ihm nur nicht. Er trat etwas zur Seite, bückte sich und berührte einen jungen Stamm, der in wenigen Tagen ein großer Pinselbaum sein würde. Der Schössling war völlig real, die grüne Haut so glatt und fest wie bei Chicorée, den Scholz früher gern gegessen hatte.

„Probieren Sie ruhig“, sagte jemand hinter ihm, „man sollte es nicht für möglich halten, aber die schmecken besser als Spargel, bedeutend besser, würd ich sagen.“

Die Stimme klang so freundlich, dass Scholz, der es hasste, von hinten angesprochen zu werden, nicht einmal erschrak. Der Mann streckte ihm die Hand hin, Scholz schlug ohne Weiteres ein, was er sonst nicht getan hätte, nicht bei jemandem in vollständiger Jagduniform, denn wie alle Intellektuellen seines Schlages mochte er keine Leute, die Tiere umbrachten. Der Mann war etwas untersetzt, schwarzgelockt und glattrasiert; er trug lederne Kniehosen, Strümpfe und hohe Schnürschuhe, ein viel zu warmes Flanellhemd und eine Jacke, alles von der seltsamen grünbraunen Farbe, die man mit Hirschgeweihen und Hörnerklang, mit Jagd in Zusammenhang bringt. Nur Gewehr hatte er keines, dafür eine Harpune. Es konnte nur eine Harpune sein, was er sich auf den Rücken geschnallt hatte, Scholz kannte die Dinger aus Südseedokumentarfilmen. Die Kombination sah so verboten aus, dass Scholz sich sorgte, ob der Mann wohl bei Verstand sei. Es hatte keinen Zweck, herumzureden.

„Sie jagen mit einer Harpune?“, fragte er.

„Bei dem, was ich im Auge habe, geht das am besten. Die Tiere tauchen bei Gefahr, das hab ich schon herausgefunden. – Essen Sie den doch, wenn Sie Hunger haben!“ Er deutete auf den Schössling. „Sie müssen nur die Hüllblätter abschälen. Der Kern schmeckt wunderbar. Ist auch nahrhafter, als er aussieht.“

Scholz tat, wie ihm geraten. Er wollte den seltsamen Jäger nicht durch Widerspruch reizen. Hunger hatte er auch. Der Jäger beobachtete wohlgefällig, wie Scholz den Kern des Schösslings kaute.

„So viel wir bis jetzt wissen, sind keine giftigen dabei“, sagte der Jäger, „und wir haben schon recht viele probiert. Aber natürlich heißt das noch nichts.“

„Wer ist wir?“

Der Jäger deutete auf das Gebäude des Senders, ohne nähere Erklärungen abzugeben.

„Ich heiße Vohringer“, sagte er dann.

„Scholz“, sagte Scholz.

Sie gaben sich noch einmal die Hand. Vohringer stieg den Damm zum Fluss hinab und Scholz folgte ihm, ohne die Einladung abzuwarten; es würde auch keine erfolgen, das wusste er, gleichzeitig wusste er mit großer Sicherheit, dass er aufgefordert war, dem Jäger zu folgen; Vohringer gehört zu den Menschen, die solches ohne Worte vermitteln, vermutete Scholz. Er brach noch einen Schössling ab und zeigte ihn dem Jäger, der nickte nur, und Scholz aß auch den zweiten Kern ganz auf.

„Sie sind gut", sagte Vohringer, „aber so ganz ohne Fleisch …"

Scholz nickte zustimmend, er verstand alles. Und Heißhunger auf Fleisch bekam er nun auch, auf Gebratenes. Es war das erste Mal seit Tagen, dass er an Fleisch dachte. Wie konnte er etwas so Wichtiges vergessen? Dieser Vohringer hatte völlig recht: Fleisch war das Um und Auf, die natürliche Mitte der Existenz, um die sich alle kulturellen Errungenschaften gruppierten. Obwohl kein Wort davon gesprochen wurde, war es vollkommen klar und einsichtig.

„Was soll ich tun?", flüsterte er.

„Nichts", sagte Vohringer mit normaler Stimme. „Bleiben Sie einfach hinter mir. Kein Lärm, keine raschen Bewegungen." Sie tasteten sich durch das Dickicht zum Ufer vor. Der Fluss war breiter, als er nach Scholz' Erinnerung sein sollte, aber vielleicht irrte er sich auch; er kannte ihn nur von der Eisenbahnbrücke aus, die den Fluss ein paar hundert Meter weiter oben überspannte. Das Wasser war dunkel und bräunlich, nicht mehr weißlich grün.

„Dort drüben", sagte Vohringer. „Sehen Sie die?" Auch Vohringer sprach jetzt leise. Scholz konnte in der angegebenen Richtung nichts erkennen. Vohringer gab ihm das Fernglas.

„Auf dem Stein, in der Mitte", sagte er. Den Stein fand Scholz. Dann brauchte er noch eine Weile, bis er das Tier sah, das darauf saß. Es war grünbraun, einen Meter lang vielleicht, vier Stummelbeine, die fast unter dem massigen Körper verschwanden. Das Imposanteste war der Kopf, breiter als der Rumpf und eigentümlich platt. Der muskulöse Schwanz lief kurz in eine Spitze aus, das war grundverkehrt; Tiere mit solchem Habitus sollten einen langen Schwanz haben, der auf dem warmen Stein sich malerisch zum Halbkreis krümmen mochte; das hier sah aus wie eine Fehlkalkulation – für das hintere Ende hatte das Material nicht mehr gereicht.

„Ich kann mir nicht helfen, aber es sieht irgendwie … wie soll ich sagen … beschränkt aus."

„Es sieht vollkommen idiotisch aus", sagte Vohringer mit großer Wärme, „das ist natürlich ein Vorurteil. Jedenfalls sind die Viecher teuflisch schnell." Er nahm die Harpune ab und spannte sie. „Bleiben Sie nur immer hinter mir. Vor allem hinter der Harpune, die Dinger sind gefährlich. – Sie könnten mir eigentlich beim Rausziehen helfen."

„Ist dieses … das Tier … so schwer?"

„Nein, die sind nur unheimlich zäh. Die Harpune wird es nicht umbringen."

„Woher wissen Sie das?"

„Ich hab schon eins geschossen. Mit dem Gewehr. Es ist einfach abgetaucht …"

„Vielleicht haben Sie nicht getroffen."

Darauf sagte Vohringer nichts, er lächelte nur säuerlich. Scholz glaubte, dass er eben eine unglaublich laienhafte Bemerkung gemacht hatte. Dem war nicht so.

„Getroffen hab ich schon. Zwölferschrot auf kurze Distanz, sollte gar kein Problem sein. Eine Schlange zum Beispiel ist damit sicher hin, aber die da fallen einfach ins Wasser und sind weg." Vohringer stellte sich an den Stamm eines meterhohen Schachtelhalms, legte die Harpune auf einen Seitentrieb passender Höhe und zielte. Scholz hielt den Atem an, wie es zweifellos der Schütze auch tat; schon fühlte er mit, schon war er dabei, schon war er Jagdgenosse.

Das Geräusch der Harpune war überraschend laut. Scholz fuhr zusammen, er hatte etwas lautlos Schwirrendes erwartet, nicht diesen Knall. Vohringer packte das Seil, zog zwei Meter herein.

„Hier! Halten Sie das!" Scholz packte das Rohr, aus dem vorn nur noch das dünne Kunststoffseil herausschaute. Es war straff gespannt.

„Halten Sie das Rohr fest und das Seil. So … um den Ärmel.“ Er zeigte Scholz, wie er sich das Seil um den Jackenärmel wickeln sollte. Dann begann er, mit langsamen Zügen das Seil einzuholen. Scholz begriff, dass er die letzte Sicherung war, falls Vohringer das Seil entkam, er begriff nur nicht, wie dieser Klotz auf die Idee kam, der Büchermensch Scholz könne eine Bestie halten, die der Kraftmensch Vohringer fahren lassen musste. Aber jetzt war nicht die Zeit für defätistische Einwände. Vohringer ließ das Seil ein paar Meter laufen, zog es dann wieder langsam ein.

„Er kämpft“, sagte er leise. „Er muss sich irgendwie am Boden festkrallen, vielleicht an Baumstämmen oder so …“

„Ist er so stark?“

„Überhaupt nicht. Ich könnt ihn einfach rausziehen, aber das Gewebe …“

Die Schnur spannte sich mit einem sirrenden Ruck, Vohringer ließ sie langsam auslaufen; nach ein paar Sekunden holte er sie ganz sacht wieder ein.

„Ich weiß nicht, wie stark das Gewebe von diesem Tier ist, wie gut der Widerhaken hält. Wenn wir das noch lang machen, diese Hin- und Herzieherei, kann es sein, dass er sich losreißt.“ Er sprach leise, als befürchte er, der reptilische Gegner könne ihn unter Wasser hören und die Unsicherheit ausnutzen. „Ich mach es zum ersten Mal – so, mit der Harpune. Die ist eigentlich für Fische. Dieses Tier hab ich auch erst einmal gejagt. Ich weiß nicht einmal, wie es heißt.“

Das schien ihn sehr zu bekümmern. Er machte auf Scholz den Eindruck eines Mannes, den leichtsinnige Freunde zu finanziellen Spekulationen überredet hatten. Jetzt wuchs ihm die Sache über den Kopf.

„Das Tier heißt überhaupt nicht irgendwie“, sagte Scholz mit fester Stimme. „Tiere bekommen ihre Namen vom Menschen. Pflanzen genauso. Überhaupt alles in der Natur. Und das bleibt unter allen Bedingungen so. Wo kämen wir sonst hin!“

Vohringer schaute ihn fragend über die Schulter an. Die Echse hatte eine Kampfpause eingelegt. Das Seil hing schlaff ins braune Wasser.

„Ja, ich mein' es ernst!", sagte Scholz. „Sie können dieses Tier benennen, wenn Sie wollen … aber erst würd ich es rausziehen. Vielleicht knabbert das Luder auf dem Seil rum, dann wär auch die schöne Harpune weg …"

Vohringer holte das Seil mit langen Schwüngen ein. Der Haken hielt. Er zerrte die Echse aufs Ufer. Sie war weit davon entfernt, tot zu sein. Die Harpune hatte den Körper in der Mitte durchschlagen, die blutige Spitze schaute auf der anderen Seite heraus. Das Tier atmete heftig und musterte seine Feinde aus kleinen, gelben Augen. Sie blieben ohne Ausdruck. Wie Glasperlen. Dann machte es mit einem Ruck kehrt zum Wasser.

„Halten Sie fest!", schrie Vohringer. „Weg vom Wasser!"

Scholz sah sich mit der Echse alleingelassen, denn Vohringer ließ los und rannte zwischen den grünen Stämmen davon. Er wolle etwas holen, rief er. Was, konnte Scholz nicht mehr verstehen. Er zog die Echse ein paar Meter zurück. Sie zerrte in die Gegenrichtung. Es half ihr nichts. Und wenn sie sich umdreht und angreift? Im halboffenen Maul erkannte er spitze Zähne. Sehr klein. Aber auch sehr zahlreich.

Scholz zog das Tier immer weiter vom Ufer weg. Es wurde müde, er hatte das Gefühl, die Gegenwehr erlahmte. Scholz war stärker als die Echse, er hätte sie mit einem Ruck heranziehen können, aber das brächte sie vielleicht in eine ausweglose Situation, in der sie angreifen würde. Deshalb gab er ab und zu einen viertel Meter in Richtung Wasser nach, um sie dann einen halben in Richtung Land zu ziehen, so, dachte er, blieb diesem Wesen die Illusion, die Flucht könnte doch gelingen. Dann kam Vohringer durch den Dschungel gerannt. Mit einer kleinen Axt. Er schlug der Echse das Ding auf den flachen Kopf, viele Male. Die Echse schien es zuerst nicht weiter zu stören, sie gab keinen Laut von sich, kein Zischeln, kein Röcheln, wie man es von einem Reptil erwarten konnte. Sie zerrte nur mit vier scharrenden Beinen zum Wasser. Die Axtschneide war rot, auf Vohringers Hosen waren breite, rote Spritzer, auch auf dem Hemd. Scholz stand dabei, hielt das Seil gespannt und schaute zu. Es war barbarisch. Er schämte sich, dass er dabei zuschaute, und noch mehr, dass es ihm nicht das Geringste ausmachte. Vohringers Gesicht war hochrot, nicht vor Wut, nur vor Anstrengung, er hatte sich jetzt auf den Nacken des Tieres konzentriert, den er mit rasenden Schlägen bearbeitete. Dann streckte es alle viere von sich, Vohringer ließ die Axt fallen. „Scheiße!", brüllte er. „Scheiße, Scheiße, Scheiße!" Es war eine verkehrte Welt. Die Bäume waren wie Fleisch und die Viecher wie Holz. Scholz hatte noch nie einen so verzweifelten Menschen gesehen.

„Entschuldigen Sie!", rief Vohringer. „Die Axt … viel zu klein, ich hätte etwas anderes …"

„Das konnten Sie nicht wissen", stellte Scholz fest.

„Es ist aber nicht waidgerecht."

„Zweifellos. Aber das Vieh selber ist auch nicht waidgerecht. Was soll das überhaupt sein? Ich hab so eins noch nie gesehen. Und weil wir grad dabei sind: der Wald kommt mir auch nicht waidgerecht vor. Diese Gemüsestängel. Was sollte hier wachsen? Eichen, Eschen, Tannen? Nicht, dass ich die einen von den anderen unterscheiden könnte – ich bin Buchhändler und Verleger – aber ich sehe, wann ein Baum normal ist und wann nicht. Die hier sind es nicht. Und da machen Sie sich Sorgen von wegen waidgerecht?"

Vohringer sah das ein und beruhigte sich. Scholz half ihm, das Tier an den Hinterbeinen am Stamm eines Schopfbaumes aufzuhängen. Dann zog Vohringer mit einem tückisch aussehenden Messer an der Bauchseite einen langen Schnitt. Ein wirrer Haufen bläulicher Schläuche quoll heraus, sackartige Erweiterungen und Gebilde, die Scholz an überhaupt nichts Bekanntes erinnerten. Vohringer durchtrennte einige strategische Stellen, die Eingeweide fielen heraus wie ein träger, sich dehnender Tropfen Sirup.

„Sieht so weit alles ganz normal aus", sagte Vohringer nachdenklich. „Sie sind Buchhändler?"

Scholz bestätigte das.

„Und Sie heißen …?"

„Scholz."

„Da ist nämlich vor zwei oder drei Stunden eine Frau im Sender angekommen …"

Er begann, die Haut des Reptils an den Innenseiten der Extremitäten einzuschneiden, was offenbar volle Aufmerksamkeit erforderte, denn er führte die Erzählung nicht fort.

„Was ist mit der Frau?", fragte Scholz, als er eine Weile zugesehen hatte, wie Vohringer versuchte, die Haut entlang der Schnitte abzuschälen. Er erinnerte sich, Ähnliches einmal bei einem Hasen gesehen zu haben, kam aber nicht dahinter, wo.

„Sie hat gesagt, sie heißt Scholz … sagen Sie, könnten Sie das hier festhalten? Einfach halten und kräftig ziehen … runterziehen."

Scholz sah sich mit beiden Händen einen Hautlappen umklammern, wobei die klebrige Masse auf der Innenseite zwischen den Fingern hervorquoll. Er hatte nicht gewusst, das Tierblut derart klebrig war, er hatte es für viel flüssiger gehalten. Vielleicht war das schon am Gerinnen oder Stocken, oder wie man da sagte. Dass er so etwas anfassen konnte, ohne sich augenblicklich zu erbrechen, hatte er auch nicht gewusst. Es war ihm nicht einmal schlecht. Vohringer schnitt auf der anderen Seite durchs Bindegewebe.

„Lässt sich wunderbar häuten … wenigstens etwas. – Sie hat gesagt, sie sucht ihren Mann."

„Wer?"

„Diese Frau Scholz. Blond. Sehr hübsch. Und spricht recht laut … kam mir jedenfalls so vor."

„Das muss sie sein", sagte Scholz.

„Ihre Frau?"

„Bis jetzt stimmt die Beschreibung. – Sagen Sie, wie lang muss ich noch dran ziehen? Das Zeug ist nicht angenehm …"

„Eine Bahn haben wir gleich, dann noch die andere Seite und fertig! – Sie war sicher, dass Sie hier aufkreuzen würden. Die beiden waren ziemlich mitgenommen. Die sind zu Fuß von F. hergelaufen …“ Vohringer verstummte und musterte Scholz. Dann sagte er aber doch noch: „Sie können sie gleich selber fragen, bis zum Sender sind es keine zwei Minuten. Gleich da lang. Ich komm hier schon zurecht!“

„Nein, nein“, sagte Scholz, „ich helfe Ihnen, bis Sie fertig sind.“

Zu zweit ging es schneller, das musste sich Vohringer eingestehen. Der Büchermensch stellte sich geschickter an, als er ihm zugetraut hatte. Die meisten kriegen Ekelanfälle, wenn sie so etwas sehen, aber Rehrücken essen, Hirschpfeffer und so weiter, das dann schon! Da war dieser Scholz eine Ausnahme. Vielleicht hatte er auch nur Hunger. Vohringer konnte das verstehen. Er musste dauernd schlucken, wenn er das feine, rosa Fleisch vor sich sah. Feste, kurze Fasern, fast kein Fett. Er wusste schon, wie es schmecken würde. Ähnlich wie Wildgeflügel. Delikat.

Sie banden das gehäutete Reptil an eine Stange. Es wurde Zeit, dass sie mit der Beute wegkamen. In der Luft mehrten sich die Insekten, alle bedrohlich schnarrende Geräusche von sich gebend und ganz verrückt auf totes Fleisch. Vorn schritt Vohringer, die Stange auf der rechten Schulter, in der Linken die Harpune, die er einigermaßen mühselig aus dem Tier herausoperiert hatte; Scholz erbot sich, die Harpune zu tragen, aber Vohringer widersprach, das sei zu gefährlich, wenn der Hintermann das spitze Ding bei sich hatte. So trug Scholz nur das andere Ende der Stange, einen Plastikbeutel mit Vohringers Jagdutensilien, Feldstecher, Schnüre, Haken und Messer. Und seine Tasche. Sie marschierten flott, um den Insekten zu entkommen, das gelang aber nicht. Die schwirrende Wolke wurde immer dichter. Sie ließen sich auf dem rosa Fleisch nieder, das schon ganz schwarzgrün gesprenkelt war. Nach der Landung pumpten sie Luft in die fingerlangen

Leiber und bewegten artig ihre Flügelpaare auf und ab; eine Wartungsmaßnahme, Erhalt der Leerlaufdrehzahl, etwas in der Art.

„Ich hoffe, die legen nicht ihre Eier rein", sagte Scholz.

„Keine Ahnung, ob sie das tun. Kann uns aber egal sein. Die Echse wird sofort gebraten, da sterben die Eier gleich ab."

Das zu hören, war beruhigend.

Die Vollendung des Äons

Gegen halb drei wurde die Direktorin vom Lärm wach, der von außen hereindrang. Es waren viele Menschen auf der Straße, und sie befanden sich alle im Zustand hochgradiger Erregung, wie sie hinter den Vorhängen hervorspähend feststellen konnte. Frau Dr. Wellenhof hatte seit der letzten Nacht kein Vertrauen mehr in ihre Mitmenschen. Sie weckte Floriani und die anderen. Sie hatten in seinem Haus ein Nachtlager errichtet, wie sie es seit ihrer Kindheit nicht mehr kannten. Aus den Rufen und Schreien der planlos herumrennenden Leute wurde aber sonst auch niemand schlau. Floriani stellte den Fernseher an, es gab schon wieder eine Sondersendung, moderiert von Veronika Wildgruber; Floriani spürte einen sanften Stich in der Herzgegend. Wie leicht die ohne ihn auskamen! Veronika erklärte alles, was zu erklären war. Dieser Doktor Erhart gab ein Interview. Das mit dem Feuer sei eine Schnapsidee gewesen. Frau Dr. Wellenhof fand das auch, der Fernseher wurde abgeschaltet. So saßen sie an Florianis Küchentisch und aßen aufgebackene Croissants aus der Truhe, Schinken mit Speck, Eier und selbst eingekochte Aprikosenmarmelade – „als ob uns das da draußen alles nichts anginge, in einem Zustand kollektiver Verdrängung“, wie es Frau Dr. Wellenhof formulierte, der es bis zum Zeitpunkt, als das Feuer durch die nördlichen Teile der Stadt D. getobt war, fast zwanzig Stunden gelungen war, weder an ihre Eltern noch an ihren Freund zu denken. Moser und Strasser nickten unisono. Floriani legte seinen Arm um Ilse Stormberger.

Wie durch ein Wunder hatte sich der Wind während des Feuers so gedreht, dass sie die Katastrophe nicht einmal richtig mitbekommen hatten – „wie in einem Nebel“ sei er gewesen, sagte Strasser hinterher. Frau Dr. Wellenhof als Empirikerin sagte dazu nichts. Für sie war wichtig, was sie *sah*. Das ganze

Viertel war verschont worden, die Fasoltsiedlung grünte vor sich hin, wie sie das seit kurzer Zeit so an sich hatte. Blühen tat sie nicht, die Blütenpflanzen hatten den Kampf aufgegeben.

Floriani stellte es später hochdramatisch hin, wie sie mit knapper Not einem furchtbaren Schicksal entkommen seien, er wolle nicht darüber reden, das falle ihm zu schwer. Dabei ließ er listig offen, ob er sich auf ihre nächtliche Flucht aus der Stadt bezog oder auf die Zeit, die sie gemütlich vor dem Fernseher verbracht hatten, während die Flammenwand auf die Stadt zugerast war.

Wirklich informiert wurden sie vom Fernsehen aber nicht. Baumann hatte zwar ein Team draußen, aber die Überspielung funktionierte nicht; so ließ er die ganze Zeit Stimmungsbilder aus der näheren Umgebung senden. Eine Menge Leute sprachen in aller Ausführlichkeit, was sie von den Ereignissen, der Reaktion der Politik und der Gentechnik hielten. Sie hielten alle gar nichts davon, von der Gentechnik überhaupt. Florianis Haus war nicht das Einzige, wo Leute vor dem Fernseher saßen. In jedem dritten Haus war das so – auch, während der Feuersturm die Stadt verschlang. Und alle hätten von der Haustür aus ein besseres Bild gehabt; im Fernsehen kam der Feuersturm nicht vor, mit keiner einzigen Einstellung.

Die Tatsache, dass überhaupt etwas gesendet wurde, musste aber bedeuten, dass das Rundfunkgebäude noch stand. Sie verließen ihr Lager und machten sich auf den Weg. Sie wussten auch nicht wirklich, was sie sonst tun sollten.

Tatsächlich war der ganze Südosten der Stadt vom Feuer verschont geblieben, wie die Gruppe feststellte, als sie abends endlich dort eintraf. Das Rundfunkgebäude war völlig unversehrt und sah genauso futuristisch aus wie eh und je, das heißt, wie man sich vor vierzig Jahren das „Weltraumzeitalter" vorgestellt hatte, das dann gar nicht angebrochen war. Viele alufarbene Rohre, die außen herumliefen und keine Funktion erfüllten. Aber das war jetzt egal. Das Gebäude stand noch, und es standen auch die Siedlungshäuser in der Umgebung, die allerdings zwischen den über Firsthöhe hinausgewachsenen Carbonbäumen verschwanden.

„Das darf doch nicht wahr sein!“, brüllte Baumann in diesem Rundfunkgebäude gerade. „Wenn irgendwo ein leerer Stadel abgebrannt ist, haben wir das im Kasten. Und jetzt, wo fast die ganze Stadt abgefackelt ist …“ Dann fing er an zu lachen. Auf Floriani war er nicht so schlecht zu sprechen, wie dieser insgeheim befürchtet hatte. Floriani hatte einfach den Verstand verloren, Punktum. Das äußert sich eben bei jedem anders. Unter solchen Bedingungen konnte man keinen geordneten, journalistischen Betrieb erwarten.

So traf Floriani auf einen unüblich milde gestimmten Baumann, als er ihn in seinem Büro aufsuchte. Baumann bat ihn, Platz zu nehmen. Das war schon ein gutes Zeichen. Wenn er jemanden abkanzeln wollte, ließ er ihn stehen. Eine Weile schwiegen sie sich an. Dann ging die Tür auf, und der Kollege Vohringer meldete, die Schösslinge seien jetzt fertig und ausgezeichnet. Baumann hatte großen Hunger. Er stand auf. „Wir reden noch darüber“, sagte er würdevoll.

„Von mir aus“, sagte Floriani, stand auf und ging.

„Was hat er? Macht einen komischen Eindruck“, fragte Vohringer.

„Ach, sicher nichts Spezielles“, sagte Baumann. „Er ist nur sehr nervös … die Pflanzen … geht uns doch nicht anders.“

Auf der Dachterrasse des Senders saß eine Menge Personen und wartete, bis Vohringer mit seiner Kocherei fertig war. Man hatte Tische und Stühle aus der Kantine hinausgeschafft; niemand sollte seine Mahlzeit drinnen einnehmen müssen, weil dies die Qualität der Mahlzeit gedrückt hätte, die das Perfekteste zu werden versprach, was Vohringer je gekocht und gebraten hatte.

Die Sonne stand schon tief, die Mutigeren hatten die Sonnenschirme zusammengeklappt und trotzten ihren Strahlen. Eine sehr sanfte Brise kam aus wechselnden Richtungen, vom Fluss her, beharrte Vohringer eigensinnig, nur vom Fluss her, das könne er riechen. Niemand stritt deswegen, was allein schon die Außerordentlichkeit dieses Abends bewies; es herrschte eine Atmosphäre froher Erwartung, gepaart mit einer gewissen Feierlichkeit, die keiner der Anwesenden zu begründen vermochte.

Der Koch- und Bratstand war gleich neben der Tür zur Kantine aufgebaut, in einem Riesentopf dünstete etwas, das Vohringer „Carbonmischgemüse" nannte. Auf Baumann wirkte der Duft betörend. Sooft er daran vorbeiging, hob er den Deckel und schnupperte. Vohringer war stolz auf seine Kocherei, er hatte sich beim Würzen der Schösslinge auf seine Intuition verlassen müssen. Das Ergebnis schmeckte umso besser, je mehr sich die Erkenntnis durchsetzte, es werde in unabsehbarer Zukunft kein anderes Gemüse zu essen geben.

Auch mit dem Braten war er zufrieden. Sein Produkt sah spektakulär aus, die Echse war über ein Bett glühender Holzkohle ausgespannt, er hatte sich entschieden, das Tier am Stück zu braten, und es außen und innen mit einer Mischung aus Honig, Bier und Gewürzen eingestrichen; der Bratenduft glich in keiner Nuance etwas Bekanntem, jeder wusste aber, dass dies etwas sehr, sehr Gutes sein musste, das so duftete. Vohringer hatte schon ein kleines Stückchen probiert, der Geschmack war delikat, wenn auch bekannter als der Geruch; ein seltenes Wildgeflügel schmeckte so ähnlich, Vohringer kam nur nicht darauf, was das für ein Federvieh gewesen war, ein Hauch von Lamm war auch dabei; das würden die meisten nicht herausschmecken.

Baumann ging auf der Dachterrasse von Gruppe zu Gruppe, von Tisch zu Tisch, und sprach mit den Leuten, seinen Untergebenen. Er sprach von der Zukunft. Nicht einmal am Tag seiner Promotion war er so von der Zukunft erfüllt gewesen wie heute, auch nicht am Tag seiner Heirat und auch nicht an jenem Tag, da er Chef des Senders geworden war. Er sprach von der Zukunft wie von etwas Materiellem, das man essen oder sich sonst wie einverleiben konnte, wie von himmlischem Manna und Ambrosia; einer neuen Designerdroge, die endlich ewiges

Glücksgefühl ohne schädliche Nebenwirkungen verschaffte. Tatsächlich verwendete er das grammatische Futur fast in jedem Satz. „Ihr werdet …", sagte er, und „Ich werde …" und „Gemeinsam werden wir …" – Das mit dem „gemeinsam" war auch neu; nie hatte ihn jemand dieses Wort so oft verwenden hören. Die meisten Anwesenden hielten ihn für übergeschnappt oder für kurz davor.

„Seine Familie ist doch in F.", sagte Strasser so leise, dass nur Moser und Floriani ihn verstehen konnten, „und er hat keine Ahnung, was mit ihnen ist …"

„Wir wissen ja auch nichts von unseren Familien", sagte Moser.

„Schon. Aber ist trotzdem nachvollziehbar, dass er ziemlich aus dem Häuschen ist, oder nicht?"

Wie es seine Art war, überlegte Moser lang, bis er die adäquate Erwiderung gefunden hatte.

„Klar", sagte er dann, „aber auf der anderen Seite mach ich mir keine besonderen Sorgen. Ich sollte mir welche machen, aber ich tu's einfach nicht. Ich habe keine Ahnung, was mit den Zwillingen ist und mit meiner Frau, aber irgendwie tief drin weiß ich, hörst du: ich weiß es einfach – dass gar nichts mit ihnen ist. Sie sind gesund und munter." Nach einer langen Pause fügte er hinzu: „Es sollte nicht so sein, aber es ist so. Ich habe keine Angst um sie. Ich kann nichts dafür."

Er deutete auf Baumann, der sich am anderen Ende der Terrasse beschwörend über einen Tisch beugte, an dem seine Leute saßen.

„Vielleicht ist es bei ihm auch so", sagte er.

Floriani war das alles egal. Sie saßen alle an einem Tisch, Floriani, Ilse, Frau Dr. Wellenhof, Moser und Strasser. Alles war friedlich. Floriani fühlte sich trotzdem unbehaglich, ihm wurde von Minute zu Minute unwohler. Er war schweißgebadet.

Vohringer begann, das Essen auszuteilen. Man aß vom Kantinengeschirr; Porzellan und Metallbesteck, richtige Gläser. Es war wie auf der Terrasse eines kleinen, nicht allzu mondänen Hotels irgendwo im Süden. Die Luft roch anders als zu Hause. Jetzt, da die Tageshitze nachgelassen hatte, kamen die Duftnoten des Urwalds zur Geltung, ein leichter, eigentümlich warmer Wind wehte sie aus den Baumkronen her; das Essen schmeckte wunderbar, aber auch anders, man aß Dinge, die man nicht kannte, und dachte nicht allzu genau darüber nach, wie diese Dinge wohl im Naturzustand ausgesehen hatten.

„Wir sitzen hier und essen eine Echse, von der wir nicht mal den Namen kennen", sagte Floriani. „Wir wissen, dass es eine Echse ist, man hat uns nicht etwa übers Ohr gehauen, wir essen sie wissend und sehenden Auges! Ob sie überhaupt essbar ist, wissen wir allerdings nicht …"

„Wie meinst du das?", fragte Strasser. Er kaute auf beiden Backen. „Schmeckt doch ausgezeichnet!"

„Ja, wie dieser japanische Fisch, wie heißt er gleich, der absolut tödlich ist …"

„Nur die Leber", sagte Moser, „nur die Leber."

„Sieh einer an, wir haben einen Fischexperten am Tisch, das hab ich gar nicht gewusst! – Wer sagt denn, dass es bei dem Vieh hier nur die Leber ist? Das ganze Vieh kann doch giftig sein, jede einzelne Muskelfaser, jedes Stückchen Haut! Überlegt euch doch zum Beispiel dieses Szenario: die Echse hat keine natürlichen Feinde, weil sie so schweinemäßig giftig ist. Jeder im Urwald da draußen weiß das, nur wir nicht … ja, jetzt wird mir manches klar! Vohringer hat das Vieh geschossen, ausgerechnet Vohringer!"

Abfällige Bemerkungen zu Lasten des Kollegen Vohringer verfehlten niemals ihre Wirkung, weil der Kollege Vohringer unbeliebt war. Manche wussten es, aber alle spürten es, dass ihm sein Verstand für die Kreatur eine natürliche Überlegenheit verlieh. Sie verachteten ihn, weil er Jäger war. Sie machten sich über seine Jagdleidenschaft lustig, weil Jagdleidenschaft in diesem Haus die letzte konzentrierte Stelle von wirklichem Leben war; bei allen anderen war das wirkliche Leben so stark verdünnt, dass es gut zu den flachen Bildern passte, die sie auf den Schirmen zeigten, und zu den fleischlosen Stimmen, die sie in den Mikrofonen erzeugten.

Floriani spürte die Veränderung. Kein Gelächter über Vohringer. Hatten sie nicht verstanden? An einem Tier, das sich von Vohringer mit der Harpune schießen ließ, musste etwas faul sein …? Moser hielt einen Augenblick inne und betrachtete den Bissen auf seiner Gabel. In seinen Zügen war große Nachdenklichkeit. Dann schob er den Bissen in den Mund und kaute weiter.

„Jetzt ist es schon zu spät“, sagte er nach dem Runterschlucken, „wenn es giftig ist, mein’ ich. Da können wir den Rest auch noch essen.“ Wie sehr die Lage sich geändert hatte, bewies auch Strasser, der bisher immer mitgemacht hatte, wenn es opportun gewesen war, über Vohringer zu lachen.

„Wenn der Vohringer sagt, man kann es essen, kann man es essen“, sagte er, „aber wenn du Bedenken hast, übernehm ich gern deine Portion …“

Floriani schob sie ihm wortlos hin und stand auf. Er hielt es nicht mehr aus.

„Idioten“, murmelte er, „ihr seid alle Idioten!“ Das Letzte presste er heraus, viel zu laut. Er sah sich um, aber die gesuchte Person war nicht auf der Terrasse. Alle saßen sie da und mampften blöd widerwärtiges Fleisch und ebenso widerwärtiges Grünzeug. Er verachtete sie, alle. Es war wie im Traum, der Urwald, das Fleisch, das keiner kannte, das aber von allen verschlungen wurde, auch von den Vegetariern, die heitere Stimmung, die nicht zur Lage passte. Ein dummer Traum, der nicht richtig wusste, worauf er hinauswollte, ein Traum in unruhigem Schlaf kurz vor dem Erwachen. Nur Erwachen, das wollten sie nicht. Zeit, ihnen zu helfen. *Zeit, ein bisschen Realität ins System zu drücken.* Der, den er suchte, sollte auch hier irgendwo sein. Er ging.

Dr. Scholz saß an einem Tisch am Rand der Terrasse. Links neben seinem Stuhl verlief ein zwei Meter breiter, dicht verwachsener Streifen ungewöhnlich hässlicher Polsterpflanzen, mehr grau als grün, aber so hatten die schon immer ausgesehen, wie ihm versichert wurde. Sie brachten unscheinbare, weiße Blüten hervor. Die Bienen seien ganz wild auf diese Blüten gewesen, hieß es. Jenseits der Polsterbepflanzung ging es geländerlos vier Stock in die Tiefe, Scholz fühlte sich unwohl, wenn er daran dachte, typischer Architektenfurz, Dachterrasse ohne Geländer, keinem Privatmann hätte man so etwas durchgehen lassen … seine Frau, Livia, saß links von ihm, Thomas rechts. Livia hielt Scholz' Hand in der ihren – auf dem Tisch, wo es alle sehen konnten, was aber mit einer Ausnahme keinen zu interessieren schien, wie er mit raschem Rundumblicken feststellte. Thomas erzählte etwas über Blattabdrücke authentischer Karbonpflanzen aus dem oberen Stepháne, und welche feinen Unterschiede es zu den rezenten Bäumen gebe. Es war nicht möglich, sich mehr als zehn Sekunden auf seine Rede zu konzentrieren, auch wenn man sich Mühe gab, wie Scholz, der stolz auf seinen Sohn war, weil er gut im Studium vorankam. Sie wurden zum Essen eingeladen, warum, war ihm nicht ganz klar, Livia hatte wohl ein Interview gegeben – „der Marsch durch den Dschungel", oder so ähnlich, im Fernsehen sollten sie auch noch auftreten, alle beide. Dann wurde er gefeiert, weil er Vohringer bei der Jagd geholfen hatte. Livia war stolz auf ihn, sie sagte auch, sie hätte ihm das gar nicht zugetraut. Vor allen Leuten.

„Da sitzt ein Rabe", sagte Thomas, „Corvus corax, glaub ich, Gattung der Sperlingsvögel … da, hinter den Polsterpflanzen."

Der Rabe krächzte leise, flatterte auf und verschwand in der Dunkelheit.

„Was für ein Rabe?" Livia Scholz hatte nichts gesehen. Auch die anderen Leute auf der Terrasse nicht. Sie aßen und lachten. Es wurde ziemlich viel getrunken.

* * *

Rund um das Gebäude stand ein fünfzig Meter breiter Ring dicht gedrängter Menschen. Der Ring wurde ständig breiter, mit jeder Minute strömten Menschen herbei. Vier große Masten markierten die Ecken, die in normalen Zeiten das Gebäude in ihrer Mitte in gleißendes Licht getaucht hatten, jede Nacht, das ganze Jahr über. Welche Energieverschwendung das gewesen war, fiel erst jetzt auf, da die Scheinwerfer dunkel blieben. Auch das Gebäudeinnere blieb dunkel, da und dort flackerte hinter einem der Außenfenster eine Kerze. Raumstation mit Notbeleuchtung, es sah lächerlich aus. Moser und Strasser standen am Rand der Menge im Dunkeln.

„Was glaubst du, wie viele das sind?", flüsterte Strasser. „Ich bin rundherum gelaufen. Die stehen auf der Rückseite genauso dicht wie hier. Ich schätze, es sind jetzt schon viertausend. Und es werden laufend mehr …"

„Na und? Die haben halt den Aufruf gehört …"

„So? Wie denn? Woher weißt denn du von der Bürgermeisterrede?"

„Ich … ich versteh nicht. Du hast es mir gesagt …"

Er verstummte plötzlich. Der Antennenbaum auf dem Dach des Senders erflammte in Aluminiumglanz. Der Mond ging auf.

„Und wie sollen *sie* diesen Aufruf gehört haben? Und überhaupt: Wo kommen die alle her? Aus der Stadt? Die ist doch abgebrannt … zum größten Teil."

„Ach was! Das sind Überlebende, ganz einfach." Strasser zupfte einen vor ihm Stehenden am Arm. „Entschuldigen Sie, sind Sie aus D.?" Der Mann drehte sich um.

„Ja", sagte der Mann. Er lächelte freundlich. Dann wandte er sich wieder dem Sender zu.

„Na also", sagte Strasser halblaut.

„Das beweist doch gar nichts", beharrte Moser. „Aber lassen wir das. Wir können nicht jeden Einzelnen fragen, wo er her ist. Da ist noch etwas: Ist dir aufgefallen, wie ruhig es hier ist?"

Bei der letzten Bemerkung war er in seine übliche Lautstärke verfallen, hörte sich an wie ein Megafon. Aber niemand schenkte ihnen Beachtung, keiner drehte sich auch nur um. Alle blickten unverwandt nach vorn zum Sender. Es war völlig ruhig, kein Murmeln, kein Scharren, keine Bewegung, wie sie eine so große Menschenmenge unweigerlich hervorbringen müsste. Ein leichter Wind hatte sich erhoben, die Blätter der Schopfbäume rauschten. Strasser fasste seinen Begleiter am Arm.

„Komm“, flüsterte er. „Wir gehen weiter raus, nur ein Stückchen. Mir ist das Gedränge hier zu groß …“ Es gab keinen Protest. Die beiden schoben sich nach außen, hielten zwanzig Meter Abstand zur Menge. Sie standen unter den Bäumen, die hier auf gut zehn Meter hochgewachsen waren.

„Mich wundert nur, was die anhaben“, sagte Strasser. „Irgendwie komisch, ich weiß auch nicht genau …“

„Schau dir bloß die Schuhe an. Die meisten sind in Pantoffeln …“

„Aber der dort nicht.“ Der Mann hatte Stiefel an, völlig verdreckte Gartenstiefel. Moser entdeckte noch zwei Leute mit Stiefeln, wie sie gern bei der Gartenarbeit getragen wurden. Recht viele in blauer Arbeitskleidung. Viele Strickjacken. Und ärmellose Pullover. Die meisten waren allerdings im Hemd. Strasser stellte erst jetzt fest, dass er selbst und Moser zu den wenigen Männern gehörten, die ein Jackett anhatten.

Auf dem Dach des Gebäudes hatten inzwischen Aktivitäten begonnen, die man im Mondlicht zwar erkennen, aber nicht beurteilen konnte. Zwei oder drei Personen hantierten dort mit klobigen Gegenständen, die an Koffer erinnerten.

Die Rede des Bürgermeisters sollte wohl ins Freie übertragen werden. Strasser spürte, wie er müde wurde. Er fühlte sich schwach, fast erschöpft. Er blickte sich um. Irgendwo da hinten im Wald hatte er einen umgestürzten Baum gesehen, ganz in der Nähe.

„Das dauert mir zu lang“, sagte er, „ich setz mich ein bisschen hin.“ Er deutete vage zum Waldrand. Der Schweiß lief in Bächen an beiden Körperseiten herunter, er zog das Jackett aus, wovon es nicht besser wurde. Schwer atmend ließ er sich auf dem Stamm nieder. Hier drin, ein paar Meter im Inneren des Waldes, war es fast völlig dunkel. Der Stamm fühlte sich weicher an als Holz sein durfte, etwa wie ein straff bezogenes Ledersofa. Recht bequem, nur die Rückenlehne fehlte.

Er atmete tief durch. Hier schwitzte er schon weniger, nur das Hemd klebte auf der Haut. Widerwärtig. Hoffentlich fing der Bürgermeister bald mit der Rede an.

* * *

Bürgermeister Stormberger saß zu diesem Zeitpunkt in einem fensterlosen Raum im Erdgeschoß vor einer Spiegelwand. Es war strahlend hell; Schminken konnte man nicht gut bei Kerzenlicht, da musste halt doch Batteriestrom geopfert werden. Er sah sein Gesicht im Spiegel glänzen. Es war nicht heiß in dem Raum, dennoch schwitzten alle Anwesenden furchtbar. Sogar mit Make-up war dem schwer beizukommen. Die Dame, die ihn schminkte, kam ihm irgendwie bekannt vor, da gab es eine vage Erinnerung, es hatte mit einem Ball zu tun, genauer konnte er sie nicht einordnen; sie selber sagte nichts, arbeitete nur höchst professionell, wie ihm schien, an seinem Aussehen. Die Schminkdame hätte auch gar nichts sagen können, weil Dr. Baumann pausenlos redete. Neben ihm kam keiner zu Wort. Er redete, seit er den Raum betreten hatte, und schien zwischen den Sätzen nicht einmal Luft zu holen; Stormberger merkte, dass er dem Rundfunkmenschen nicht zuhörte, ihm schon seit geraumer Zeit nicht zugehörte hatte. Er merkte auch, dass es den anderen im Raum genauso ging: der Schminkdame und Amann, der im Hintergrund an einem Tisch saß und Bier trank. Dr. Baumann sprach mit großer Leidenschaft, unterstrich seine Worte mit klug gesetzten Gebärden. Noch nie hatte Dr. Baumann besser gesprochen. Er sollte die Rede halten, dachte der Bürgermeister, nicht ich. Und es war nicht uninteressant, was Dr. Baumann von sich gab. Es war nur nicht möglich, es sich zu merken. Stormberger begriff jeden Satz, den er von Baumann hörte, und vergaß ihn, noch ehe der nächste Satz begonnen hatte.

Die Tür flog auf, Floriani trat ein. Er hielt einen länglichen Gegenstand über den Kopf. Stormberger sah das alles im Spiegel. Baumann drehte sich um und machte einen Schritt auf Floriani zu. Floriani schlug Baumann den länglichen Gegenstand auf den Schädel. Es krachte. Sehr hässlich. Blitzschnell schlug er wieder zu, dann noch einmal. Der längliche Gegenstand war eine Art Stange. Grau. Wie Eisen. Wenn sie so schwer war, wie sie aussah, verfügte dieser Floriani über große Körperkräfte. Baumann stürzte zu Boden, brach in sich zusammen wie ein kunstfertig gesprengtes Gebäude. Amann war aufgesprungen, hatte seine Glock gezogen. Die Schminkdame drehte sich nach Baumann um und rief: „He!" Sie schrie nicht, schreien konnte man das nicht nennen. Floriani holte wieder aus, diesmal mit beiden Armen. Stormberger begriff, dass er das Hauptziel des Angriffs war; Baumann hatte sich nur dazwischen gestellt. *Nun, selber schuld. Früher oder später wäre er sowieso drangekommen, der miese Sklaventreiber.* Stormberger begriff, dass Floriani genau dies in diesem Augenblick dachte; er begriff nur nicht, wieso er Florianis Gedanken lesen konnte; wieso er selbst umgebracht werden sollte, begriff er wohl. Wegen Ilse. Er hätte sie nicht heiraten sollen. Angst hatte Stormberger nicht. Dann krachte es ohrenbetäubend, Floriani flog auf den Spiegel zu, der nicht zu Bruch ging; Amann feuerte mehrmals, Stormberger konnte sich nachher an die Zahl der Schüsse nicht mehr erinnern; fünf seien es gewesen, sagte Amann, er habe einfach nicht aufhören können, er sei halt auch mit den Nerven herunter gewesen, nach allem, und ob man ihm daraus einen Strick drehen wolle? Das wollte natürlich niemand, und das war von allen aufrichtig gemeint. In solchen Zeiten halfen nur harte und direkte Maßnahmen. Amann hatte fünfmal gefeuert und fünfmal getroffen, darunter einige große Blutgefäße, das Blut breitete sich um die Einschüsse in zähen Pfützen aus, die sumpfig ineinanderliefen. Stormberger sah Blutspritzer auf seiner Hose, sogar auf dem Hemd, so konnte er nicht vor die Leute treten. Baumann lag reglos da, er blutete nur aus Platzwunden am Kopf und sachte aus dem linken Ohr, ein paar Tropfen.

Max betrat den Raum, hinter ihm Vohringer.

„Er hat euren Chef umgebracht", sagte Amann mit jener offiziellen Stimme, mit der er früher sogenannte Abmahnungen ausgesprochen hatte. „Dann wollte er auch noch meinen umbringen, meinen Chef, mein' ich. Ich hab ihn erschossen."

„O Scheiße, Scheiße, Scheiße!", schrie Max. Vohringer legte ihm die Hand auf die Schulter, und Max beruhigte sich.

„Wir müssen die Polizei rufen", murmelte er. Amann begann zu lachen.

„Die Polizei ist schon hier", sagte Stormberger. „Die hat ihn ja erschossen, die Polizei." Er sah zu Amann hinüber und lächelte. Der Schweiß lief ihm in Strömen über die Stirn, aber er lächelte. „Sie haben mir das Leben gerettet", sagte er. Amann nickte und starrte ernst auf Baumanns Schuhe. Nicht dass an diesen Schuhen etwas kriminaltechnisch Erhebliches zu beobachten gewesen wäre, er war nur verlegen. Alle merkten es; dass sei wirklich rührend gewesen, sagte die Schminkdame später, wie er so dagesessen und allmählich rot geworden sei. Für jemanden, der eben wen erschossen hatte, flogen Amann erstaunliche Sympathien zu; tatsächlich begann wohl in diesem Augenblick Amanns Karriere als Sympathieträger des ganzen Gemeinwesens, begründete sich hier sein irgendwann fast mythischer Ruf als unerschrockener Kämpfer gegen das Böse.

Später sollte er noch eine wichtige Rolle bei der Versöhnung von Bürgermeister Stormberger mit dessen Frau Ilse spielen; ohne sein fast unglaubliches psychologisches Geschick wäre diese Versöhnung nie zustande gekommen, hegte Ilse Stormberger am Anfang doch allen Ernstes den Verdacht, Floriani wäre einem Komplott ihres Mannes zum Opfer gefallen und Baumann schon vor dem Eintreffen Florianis umgebracht worden, zur Tarnung des geplanten Mordes. Amann schaffte es, ihr diese Wahnideen auszureden.

Im Augenblick war allerdings Vohringer der Mann der Stunde. „Ich hole eine Plane", sagte er und kam richtig nach ein paar Minuten mit einer großen, stabilen Plane wieder. Sie wickelten die beiden Leichen in die Plane und hoben das Paket auf einen jener fahrbaren Tische, mit denen die Technik schwere Ausrüstungsgegenstände und Geräte transportierte. Vohringer hatte sich einen blauen Arbeitsmantel angezogen und einen zweiten für Amann mitgebracht; diese Mäntel waren besser als Tarnkappen. Sie fuhren mit ihrer Last unbeachtet durch die dichte Menge im Foyer zum Lift. Im Keller stellten sie Wagen und Last in jener Kammer ab, wo das Verpackungsmaterial aufbewahrt wurde.

Niemand zweifelte auch nur einen Augenblick daran, dass der Abend in der geplanten Weise seinen Fortgang nehmen müsse. Stormberger bekam eine Valiumtablette, Max einen Schnaps, die Schminkdame auch, obwohl sie sagte, sie brauche keinen. Sie war erschrocken, aber nicht geschockt. Max ging in die Redaktion hinüber und verkündete, Baumann sei es schlecht geworden, er mache einen Spaziergang und habe ihn, Max, beauftragt, die Moderation des Abends zu übernehmen. Niemand zweifelte daran, denn zu diesem Zeitpunkt beseitigten Amann und Vohringer mit Wasser und Scheuerfetzen die letzten Blutspuren im Schminkraum. Die Lautsprecheranlage wurde getestet und funktionierte. Die Spannung stieg. Alle warteten auf den Bürgermeister. Stormberger befand sich in einem pharmakologisch induzierten, lichten Nebel; es ging ihm gut, die Rede hatte er im Kopf. Er würde ruhig sprechen, ruhig und gelassen.

Stormbergers Rede wurde nie gehalten. Unter den vielen Mythen, die in jenen Tagen ihren Anfang nahmen, war ein besonders verbreiteter jener von der außerordentlichen Qualität und Einzigartigkeit dieser Rede; ein Jahrtausendereignis wäre das geworden, hieß es, wenn er sie nur hätte halten können. Alles, was später noch kam – und das eine oder andere kam ja wirklich noch – hätte einen ganz anderen, besseren Verlauf genommen; die Menschen hätten sich mehr auf das Wesentliche besonnen, den rechten Pfad eingeschlagen, wenn sie nur Stormbergers Worte gehört hätten. Er selbst schwieg dazu, er ließ nie ein Sterbenswort verlauten, was er gesagt hätte, wenn die Umstände es erlaubt hätten. Stormbergers Rede war das letzte Geheimnis. Alle Geheimnisse waren enthüllt, so dachten sie, denn die wirklichen Geheimnisse kannte niemand, der später noch da war. Nötiger als alles andere ist den Menschen das Geheimnis, ohne Geheimnis können sie nicht sein. Wenn das Jenseits offenbar ist, muss ein neues Geheimnis gefunden oder erfunden werden, denn sie verzehren sich danach, wissen es aber nicht. Nichts kann so banal sein, dass es sich nicht als Geheimnis eignet. Und sei es die nicht gehaltene Rede eines Bürgermeisters, der sich nie durch besondere Eloquenz oder überragende Verstandeskraft ausgezeichnet hatte. Sie hofften von dieser Rede, sie hätte das abgewendet, was unmittelbar bevorstand. All die Toten wären ihnen geblieben, wenn sie nur Stormbergers Worte hätten vernehmen dürfen, so dachten die Lebenden.

Strasser war der Erste, der die Musik vernahm. Er habe nie etwas Schöneres gehört, sagte er, und es sei mit nichts vergleichbar gewesen. Die Musikanten traten langsam aus dem Wald; von allen Seiten kamen sie und die dicht gedrängte Menge wandte sich ihnen zu. Mitten unter den Musikanten stand der Hirte mit dem Stab, den er manchmal als Lanze gebrauchte, neigte leicht sein Haupt, sodass für einen Augenblick auch das gesunde Auge unter der breiten Krempe des Hutes verschwand.

Strasser war ganz aufgeregt. „Hört!", schrie er, „hört doch die Musik! So hört doch hin!" Er sagte später, es habe ihn die entsetzliche Furcht geplagt, als Einziger diese Musik zu hören, das sei ihm auf eine nicht zu begründende Art schlecht und pervers vorgekommen, wenn er der Einzige geblieben wäre; dabei stand er vor dem Gebäude mit ein paar tausend Leuten, aber die hatte er gar nicht gemeint. Die, das wusste er, hörten die Musik ohnehin, für sie wurde sie gespielt.

Dann begann der Sturmherr zu sprechen, wie es seine Art ist. Strasser hörte den Sturm heraus, der im Frühjahr an den

Läden rüttelt, das waren die Fensterläden an der Hütte, wo er mit Johanna übernachtet hatte. Sie schmiegte sich an ihn. Sie fürchtete sich vor dem Sturm. „Wird das Dach halten?", fragte sie immer wieder. „Meinst du wirklich, das Dach wird halten?" Und so kam es, dass sie noch einmal miteinander schliefen, wegen dieses Sturms, den er jetzt hörte; nie vorher und nie nachher hatte er sich einer Frau so oft und ausdauernd gewidmet wie in jener Nacht. Später hatten sie sich aus den Augen verloren. Er wusste nicht, wo diese Johanna heute war. Johanna. Er wusste nicht einmal, wie sie noch hieß. Das erfüllte ihn mit Wehmut. Aus dem Rauschen des Sturms kam die Gewissheit, dass Johanna tot war, schon lange, schon viele Jahre. Und irgendwo, das wusste er auch in diesem Augenblick, war sie im Gefolge des Sturmherrn. Und es zog sie nach Süden, wie alle anderen. In ein Land, das mit glitzerndem Eis bedeckt ist. Und er wusste, dass er sie wiedererkennen würde. Ob aber sie ihn erkennen würde, das wusste er nicht. Johanna, die gab es noch. Es gab sie noch. Das Gefolge des Sturmherrn umfasste unzählbare Legionen. Immer waren sie in Bewegung. Ein Ruhen gab es nicht. Er begann zu weinen.

Der Sturmherr stand am Rande der ungeheuren Menge, die immer noch größer wurde; immer neue Musikanten strömten aus dem Wald herbei, bald war nicht mehr genug Platz auf der Lichtung. Sie bewegten sich eilig durcheinander, auch wenn das Ganze nun zum Stehen gekommen war. Viele trugen Instrumente. Sie mischten sich unter jene, die auf die Rede des Bürgermeisters warteten, und eben die gerieten nun auch in langsam fließende, um das Gebäude kreisende Bewegung, sodass nicht mehr unterschieden werden konnte, wer zu den Neuankömmlingen zählte und wer nicht. Denn auch die Wartenden hatten Instrumente in der Hand; sie wurden ihnen von den Neuankömmlingen übergeben, und die zeigten ihnen auch, wie man darauf spielte. Es waren seltsame Instrumente, wie sie Strasser aus dem Museum kannte. Das Krummzink mit seiner eigenartigen Biegung; sehr oft das schlangengleich gewundene Serpent, das die Köpfe überragte. Viele Saiteninstrumente, die er wohl schon gesehen hatte, aber nicht benennen konnte. Saiteninstrumente interessierten ihn nicht sonderlich. Strasser entstammte einer Familie von Blasmusikanten; der Vater hatte gespielt, die beiden Onkel, bloß er selbst war so hoffnungslos unmusikalisch, dass er es nie ernsthaft versucht hatte.

Vohringer stand neben Max auf der Dachterrasse und beobachtete das Geschehen. Das war das *Nachtvolk*, das seine Großtante als junges Mädchen mehrmals gesehen hatte, wie es mit wunderbarer Musik über eine mondbeschienene Alpenwiese herabschwebte; aber die Großtante hatte nur einen kleinen Teil vom Ganzen gesehen … einen Ableger, eine Gruppe? Wie sollte man da sagen? Von dem dort drüben hatte sie nichts gesagt, aber vielleicht hatte sie sich auch nicht getraut, davon zu erzählen. Er selber traute sich nicht hinzuschauen. Es überlief ihn wie mit eisigem Wasser, wenn er es versuchte.

„Wer sind die?", fragte Max unbekümmert. „Wo kommen die alle her?"

„Nicht so laut!" Vohringer spürte, wie ihm der Schweiß über die Stirn lief. „Du darfst sie nicht beleidigen …"

„Hab ich doch gar nicht vor, ich wollte nur …"

„Verstehst du nicht? Das ist das Totenheer. Das Nachtvolk. Die wilde Jagd." Max schien nicht sehr beeindruckt. Er schaute den Raben zu, die über der Menge ihre Kreise zogen. Durch eine Eigentümlichkeit der Beleuchtung waren sie gut zu erkennen, es waren Raben, nicht bloße Schatten, er dachte darüber nach, wie das sein konnte, als der Sturmherr zu sprechen begann; ein einziges Wort. Wie ein Windstoß klang es, wie eine Bö, die das große Dreiecksegel erfasste, das Boot gegen die Klippen drückte, und dann ging alles schnell, Max fiel ins Wasser, weil das Boot kenterte. Christine fiel auch ins Wasser. Sie war seine Cousine, und er hatte ihr damit imponieren wollen, dass er schon segeln konnte, obwohl er erst zehn Jahre alt war. Natürlich war es verboten, allein. Sie war acht. Sie konnte gut schwimmen, aber die Brandung warf sie gegen die Felsen, und sie ging unter. Max hatte viele Jahre gebraucht, darüber wegzukommen. Und seit vielen Jahren hatte er nicht mehr daran gedacht. Er war jetzt achtunddreißig und hatte selbst eine Tochter. Er begann zu zittern und wäre einfach umgefallen, wenn ihn Vohringer nicht am Arm gepackt und auf einen Stuhl gedrückt hätte. Er fragte nicht, was los war. Er wusste es schon. Vohringer merkte solche Dinge und wusste solche Dinge. Auch er hatte das Wort des Sturmherrn gehört, aber für ihn war es nur ein Windstoß im Wipfel einer Tanne gewesen, auf einem lang zurückliegenden Ansitz um vier Uhr früh. Nichts Besonderes war damals geschehen, der Hirsch, auf den sie warteten, trat nicht heraus, dafür andere, die sie durchs Glas beobachteten; er und dieser Dr. Hinterstoisser, der Jagdherr, ach ja, es war doch etwas passiert: bei dem Windstoß war Dr. Hinterstoisser aufgewacht. Er war ein ausgelaugter Industriemanager und hätte um vier Uhr morgens im Bett sein sollen, nicht auf einem Hochsitz. Weil keine Tiere zu sehen waren, hatte Vohringer ihn schlafen lassen. Als er wach war, ärgerte er sich, dass er geschlafen hatte. Vohringer musste hoch und heilig versichern, dass er nichts versäumt hatte. Dass alles fiel ihm bei diesem Windstoß ein. Zwei Jahre später war Dr. Hinterstoisser an einem Herzinfarkt gestorben. Vielleicht war der Windstoß ja für ihn gedacht gewesen. Vohringer wusste, dass Max durch dieses Geräusch an etwas ganz anderes erinnert wurde. Er fragte nicht.

Auf das Zeichen des Sturmherrn begann sich die Menge zu lichten.

„Sie gehen“, flüsterte Vohringer, „siehst du, wie sie lachen? Die meisten lachen, das musst du zugeben …“

„Und die anderen sehen zufrieden aus“, sagte Max tonlos, „zufrieden, oder? Was meinst du?“

„Du hast recht! Kein einziges unzufriedenes Gesicht hab ich gesehen, das schwör ich dir. Und man erkennt jedes Gesicht …“

„Was tun sie jetzt?“

„Sie ziehen nach Süden, glaub ich. Dort ist angeblich das Klima besser …“

Max fing an zu lachen. Es war unpassend, aber er konnte es nicht unterdrücken.

„Das Klima? Die brauchen ein günstiges Klima? Ich hab geglaubt, die sind … nun … bedürfnislos …“ Vohringer sagte nichts. Dann warf er Max einen kurzen Blick zu.

„Du hast bis heute vieles geglaubt, was nicht stimmt“, sagte er. Max gab keine Antwort. Er schaute der Menge zu. Die Leute ließen sich Zeit. Ein Schlendern war das, kein Laufen. Klangfetzen tönten herauf; Triller und Läufe. Die probierten schon auf ihren neuen Instrumenten. Nach kurzer Zeit war der Platz leer. Christine war auch dabei, vielleicht nicht auf diesem Platz, aber sie war dabei; er wurde sich dieser Sache desto sicherer, je länger er ihnen zuschaute, wie sie allmählich im Wald versickerten, die einen, die schon lang dabei waren, und die anderen, die erst seit dem Feuer dabei waren. Und für ihn würden sie auch ein Instrument haben. Dieses schlangengleiche. Der Ton war entsetzlich. Aber das hätte er gern gespielt.

Die Raben waren verschwunden. Und der Sturmherr. Max stand auf.

„Geht es wieder?“, fragte Vohringer.

„Kein Problem.“ Er war nur etwas schwach in den Knien. Sie gingen hinunter. Im Foyer stand ein Häuflein Unentwegter. Männer, Frauen und Kinder. Einer der Männer kam auf Max zu.

„Entschuldigen Sie, der Vortrag des Bürgermeisters, findet der nun statt?“ Max schüttelte den Kopf.

Das schien der andere erwartet zu haben.

„Macht ja auch nichts, wenn wir ehrlich sind. Ich will eurem Bürgermeister nicht zu nahetreten, aber glauben Sie wirklich, eine Politikerrede ist das, was wir jetzt brauchen? Ich hätte da eine viel bessere Idee, die noch dazu den Vorzug hat, etwas Licht auf diese verwirrenden Ereignisse zu werfen. Ich meine, wenn noch irgendjemand Interesse hat; darf ich mich übrigens vorstellen, Scholz mein Name, das ist meine Frau, der Sohn studiert Biologie …“ Dann brachte er seinen Vorschlag.

Max nahm alles in einem leicht rosa Nebel wahr, er fühlte sich erschüttert und gleichzeitig beschwingt, es war so verwirrend, dass er nicht richtig zuhören konnte; alles hatte seine Richtigkeit und Ordnung wie in einem Traum kurz vor dem glücklichen Ende, solche Träume gab es ja auch. Jemand hielt seinen Arm fest, es war Angelika, der rosa Nebel lichtete sich. Sie sah ihn besorgt an, dieser Scholz sah ihn auch besorgt an und die Frau des Scholz ebenfalls, nur der Sohn saß auf den unteren Treppenstufen und las in einem dicken Manuskript.

„Geht's wieder?“, fragte Angelika. „Der Baumann ist verschwunden, der Bürgermeister will nicht mehr sprechen, es hat keinen Zweck mehr, sagt er, und er fühlt sich nicht mehr in der Lage … was sagst du dazu? Weil der Baumann weg ist, meinen alle, du bist der Dienstälteste, du musst jetzt entscheiden. Soll Dr. Scholz diesen Roman vorlesen? Statt der Rede vom Stormberger …“

„Wie viel ist das denn?“

„Rund tausend Seiten“, sagte Scholz.

„Natürlich in Fortsetzungen“, sagte Angelika.

„Macht doch, was ihr wollt“, sagte Max und ging weg.

„Was hat er denn?“, fragte Livia.

„Er ist manchmal so, wenn er viel Stress hat“, sagte Angelika. An der Tür blieb Max stehen und drehte sich um:

„Okay, okay, meinen Segen habt ihr, der soll seinen Roman vorlesen, aber nicht mehr als eine halbe Stunde pro Fortsetzung und mit zwei Musikbrücken. Der Vohringer soll was Schönes raussuchen. Ich muss an die frische Luft.“ Damit ging er.

Er ging aber nicht an die frische Luft, sondern in den Keller. Er ging so schnell, dass ihn die Bewegung über das eigene Zögern gleichsam hinwegtrug bis in den Raum mit dem Verpackungsmaterial. Die Plane war noch da. Die Eingewickelten nicht mehr. Sind wahrscheinlich gar nicht mehr ins Foyer hinauf, sondern gleich über den Betriebshof rausgegangen; sehr rücksichtsvoll, ganz anders, als sie das in den Horrorfilmen machen. Max fing an zu lachen. Er brauchte ein paar Minuten, bis er sich halbwegs beruhigt hatte. Dann ging er wirklich an die frische Luft. Auch über den Betriebshof.

So kam es, dass Werner Scholz nur wenige Minuten später an einem Tischchen auf dem Podium des Studios 3 saß. Eine einzige kleine Lampe beleuchtete eben so viel, dass er lesen konnte, sonst lag der Raum im Dunkeln. Vielleicht waren fünfzig Leute da, vielleicht auch hundert, er konnte nicht einen einzigen Menschen erkennen. Ein Glas mit Wasser war auch da. Er nahm das erste Blatt vom Stapel. Alte Bedenken fielen ihm ein. War es klug, den Roman ansatzlos mit einer Rede zu beginnen, die vor über hundert Jahren vor dem Verein deutscher Ingenieure gehalten worden war? Pettenkoffer hatte auf diesen Einwand nur gesagt, es sei halt ein hermetisches Werk. Scholz dachte an die Zuhörer. Würden sie das verkraften? Dann dachte er daran, was sie schon alles verkraftet hatten. Und schließlich würden sie hier die Wahrheit erfahren. Nicht gleich, aber in ein paar Wochen, wenn er zu Seite 500 oder so vorgedrungen war. Wer wollte, konnte wiederkommen, wer nicht wollte, ließ es halt bleiben. Vohringer hatte ihn gebeten, untertags bei der Jagd behilflich zu sein, er habe das rechte Geschick dafür; im Sommer würden sie pausieren mit dem Roman. Dann konnten sie eine Expedition nach Hause machen … wieso eigentlich nicht? Thomas konnte inzwischen seine botanischen und zoologischen Studien betreiben, und Livia … für Livia fiel ihm auf die Schnelle keine adäquate Beschäftigung ein, das beschämte ihn. Er erwachte aus dem Leselampentraum, nahm einen Schluck Wasser und begann.

„Werte Herren! Wenn ich mir die Ehre gebe, über die neue epochemachende Erfindung des Hrn. Moritz Honigmann in Grevenberg näher zu berichten, so glaube ich, meine Berechtigung, mit der ich als Referent in diesem Gegenstande vor Ihnen erscheine, damit begründen zu sollen, dass mir von Seiten des Hrn. Professor Riedler die ehrenvolle und dankbare Aufgabe zuteilwurde, die von ihm veranlassten und in der Grevenberger Sodafabrik begonnenen Versuche an Natronkesseln fortzusetzen, zu ergänzen und zu einem gewissen Abschlusse zu bringen und namentlich auch zu versuchen, die theoretischen Grundlagen des Prozesses näher zu verfolgen, so weit die vorhandenen Apparate die Untersuchung überhaupt zuließen.

Durch die Versuche gelang es, bei Verwendung durchgehend genügend großer Apparate …“

Sie wunderten sich nicht, mich zu sehen. „Guten Abend“, sagte Baumann. Das Blut war verschwunden. Floriani nickte nur. Sie standen draußen im dunklen Foyer und blickten auf die rote Tür. Die Stimme von Dr. Scholz kam über Lautsprecher.

„… physikalischer Natur ist offenbar die Erwärmung der Lauge, welche allein die Kondensation des Auspuffdampfes hervorruft, da durch die Aggregatzustandsänderung des Dampfes dessen latente Wärme frei und an die Laugenmasse übertragen wird. Als Träger der chemischen Wärmeerregung dagegen ist die mit der Laugenverdünnung verbundene, chemische Reaktion zu betrachten, die in einer bei der Wasseraufnahme stattfindenden Kontraktion der Moleküle zu bestehen scheint. Ohne das Hinzutreten der letzteren Wärmeentwicklung würde der Verlauf des Prozesses ein derartiger sein, dass von einer praktischen Verwendung desselben in der benutzten Weise nicht die Rede sein könnte …“

„Interessant, nicht?“

Sie gaben keine Antwort. Ich hörte Scholz noch eine Weile zu. Er las wirklich gut. Dann wurde es Zeit.

„Es sind alle fortgegangen“, sagte ich. „Nur ihr seid geblieben. Warum?“

„Ich weiß nicht“, sagte Baumann. „Ich sollte schon woanders sein, aber dieser Mensch hat wirklich eine schöne Radiostimme …“

„Du hast recht“, sagte Floriani. „Den hätten wir viel früher einsetzen sollen.“ In seinem Jackett prangten Einschusslöcher. „Aber ich glaube, jetzt ist es zu spät.“

„Hier könnt ihr nicht bleiben“, sagte ich. „Ihr müsst zu den anderen. Ihr müsst nach Süden.“

„Wer bist du?“, fragte Baumann.

Ich antwortete nicht gleich.

„Was geschmolzen ist, muss wieder erstarren, was zu einem Hauch geworden ist, muss wieder zu Wasser werden. Wo Reiche in eins gefallen sind, müssen sich neue erheben. Was vereint war, muss geschieden werden. Der alte Äon ist vollendet, er ist verbraucht. Aus dem, was ist, muss der neue werden. Und aus dem, was noch nicht ist.

Ich bin die Weisheit der Griechen und die Gnosis der Barbaren … ich bin die, die überall gehasst wurde und die, die überall geliebt wurde. Ich bin die, die man ‚das Leben‘ nennt, und doch habt ihr mich den ‚Tod‘ genannt. Ich bin die, die man ‚das Gesetz‘ nennt, und doch habt ihr mich ‚die Ungesetzlichkeit‘ genannt … ich bin der Verstand der Verständigen und die Ruhe des Schlafenden. Ich bin die Erkenntnis, zu der das Fragen nach mir führt, und das Finden für die, die nach mir suchen, und der Befehl für die, die mich bitten.“ Für eine Weile sprach niemand.

„… die richtige Wahl der Natron- und Wassermengen ist demnach eine Grundbedingung für die Erreichung eines bestimmten Beharrungszustandes des Prozesses bei bestimmtem Dampfverbrauch und gegebener Betriebsdauer“, sagte Dr. Gutermuth nach Wahl Pettenkoffers, des Zwergs, mit Billigung des Herrn der Stürme und mit der Stimme des Buchhändlers und Verlegers Dr. Werner Scholz.

„Hätte mich interessiert“, sagte Baumann, „diese Natronlok. – Daran kann man, glaube ich, ersehen, dass ich tot bin. Nie im Leben hätte mich so was wie die Natronlok interessiert. Dich etwa?“

„Nein“, sagte Floriani. „Hast du mich eigentlich erschossen?“

„Nein, das war der Amann, der Depp. Dafür hast du mich erschlagen. Mit einer Eisenstange.“

„Warum?“

„Keine Ahnung. Vielleicht weiß sie es.“

Sie blickten mich fragend an.

„Ihr müsst fort", sagte ich. „Nur das zählt. Die haben auch eine Natronlok dort ..."

„Wirklich?", sagte Floriani. „Nach Süden, immer geradeaus?"

„Ja. Nach Süden."

„Warum hast du das alles getan?", fragte Baumann. „Du warst es doch, die es getan hat, oder?"

Da sagte ich es ihnen. Dass der Kometenkern zwanzig Kilometer Durchmesser gehabt und die Erde voll getroffen habe. Allerdings sei er auf dieser neuen Erde in eine Anomaliezone gefallen. Als unbedeutendes Stäubchen.

„Aber das widerspricht doch allen Naturgesetzen!", rief Floriani.

Das sei ja der Witz, dass es allen Naturgesetzen widerspreche. Ob sie denn lieber in hunderttausend Grad heißes Plasma umgewandelt worden wären.

„Nein, nein – aber all diese nicht unbedeutenden Änderungen – nur unseretwegen?"

Ich nickte.

„Vielleicht liegt es ja daran, dass sie eine Frau ist – dass sie sich diese Mühe gemacht hat", sagte Baumann.

„Irgendwie bin ich schon geschmeichelt", sagte Floriani. „Das ganze Universum umgemodelt – für uns. Schönen Dank auch!"

Dazu sagte ich nichts.

„Was machst du denn jetzt?", fragte Baumann.

„Ich erschaffe einen neuen Äon."

„Viel Spaß!", sagte Baumann. Er drehte sich um und ging mit seinem Mörder in die warme Nacht des Carbon hinaus.

ENDE